普通高等教育"十二五"规划教材

辽宁省"十二五"普通高等教育本科省级规划教材

Visual FoxPro 程序设计与应用教程
（第二版）

范立南　张　宇等　编著

科学出版社

北　京

内 容 简 介

本书以 VFP（Visual FoxPro）9.0 为平台，从方便学生自学的目的出发，由浅入深、循序渐进地介绍了 VFP 的知识点和使用中常见问题的解决办法，针对学生的特点、结合大量的实际例子、将使用与理论相结合。本书采用图文并茂的形式，结合大量实用、丰富多彩的实例、深入浅出地讲述面向对象编程的概念，使读者逐步掌握 Visual FoxPro 的基本操作及面向对象编程技术，并能独立进行小型应用系统开发。考虑到自学的特点，在程序设计部分分两种情况：先介绍面向过程的内容，再介绍面向对象的内容。

本书编写内容符合《全国计算机等级考试二级 Visual FoxPro 程序设计考试大纲》的要求。本书既可作为高等院校教学用书、全国计算机等级考试用书及各类相关等级考试的参考用书，也可作为使用数据库的初学者、数据库管理人员和系统开发人员自学用书。

本书提供了大量的有针对性的习题供学习者巩固知识使用。本书还有相应的实验指导与习题教材，配套使用会使学习效果更佳。

图书在版编目（CIP）数据

Visual FoxPro 程序设计与应用教程 / 范立南，张宇等编著. —2 版. —北京：科学出版社，2014.1
普通高等教育"十二五"规划教材
辽宁省"十二五"普通高等教育本科省级规划教材
ISBN 978-7-03-039564-1

Ⅰ. ①V… Ⅱ. ①范… ②张… Ⅲ. ①关系数据库系统—程序设计—高等学校—教材 Ⅳ. ①TP311.138

中国版本图书馆 CIP 数据核字（2014）第 007450 号

责任编辑：于海云 / 责任校对：赵桂芬
责任印制：徐晓晨 / 封面设计：迷底书装

科 学 出 版 社 出版
北京东黄城根北街 16 号
邮政编码：100717
http://www.sciencep.com

北京京华虎彩印制有限公司 印刷

科学出版社发行 各地新华书店经销

*

2007 年 9 月第 一 版 开本：787×1092 1/16
2014 年 1 月第 二 版 印张：19 1/4
2018 年 3 月第五次印刷 字数：456 000

定价：59.00 元

（如有印装质量问题，我社负责调换）

前　言

Visual FoxPro 简称 VFP，是目前最为实用的数据库管理系统和中小型数据库应用系统的开发工具之一，全面支持可视化编程和面向对象的编程，也是全国计算机等级考试二级的一个考试科目。可见 VFP 的影响是很大的。

本书作者从事 Visual FoxPro 的教学、项目开发多年，有丰富的教学及实际开发的经验，在此基础上以适合教学、学生自学为目的编写了本书，旨在使读者能够轻松、容易、系统地掌握 Visual FoxPro 这个工具。为了给想进行开发应用的读者提供帮助，本书还利用一定的篇幅，适当介绍了一些开发中遇到的问题及解决办法。

为方便读者系统掌握 Visual FoxPro 9.0 的知识体系，经过详细的体系划分，将本书分 12 章。第 1 章介绍数据库系统的基本概念、VFP 9.0 数据库管理系统的特点和功能等。第 2 章介绍 VFP 9.0 的基本知识，包括数据类型、函数及表达式等。第 3 章介绍表的基本操作和表记录的编辑与维护等。第 4 章介绍查询与统计及多表操作、查询与统计的操作方法、索引与排序、多工作区操作等。第 5 章介绍数据库操作，包括数据库的打开/关闭，在项目中添加/移去数据库，使用多个数据库等。第 6 章主要介绍查询与视图，阐述了创建查询与视图的方法。第 7 章介绍关系数据库标准语言 SQL，描述了 SQL 语言的使用方法。第 8 章主要介绍结构化程序设计的内容，包括顺序结构、选择结构、循环结构、过程结构及内存变量、函数等，并用大量的实例加以讲解。第 9 章介绍面向对象的程序设计，包括类、控件和对象，以及创建类和使用类等。第 10 章介绍表单向导、表单设计器及在表单上设置控件的方法等表单的基本操作。第 11 章介绍创建菜单、修改菜单、将菜单添加到表单中等基本的使用操作。第 12 章介绍建立报表、使用报表向导创建报表和报表设计器等内容。

本书由范立南、张宇、王立武、秦凯、刘莹昕编写。其中第 1 章由范立南、刘莹昕编写，第 2 章由刘莹昕编写，第 3、4、5 章由秦凯编写，第 6、7、8 章由张宇编写，第 9、10、11、12 章由王立武编写。全书由范立南统稿。

本书既可作为高等院校教学用书、全国计算机等级考试用书及各类相关等级考试的参考用书，也可作为使用数据库的初学者、数据库管理人员和系统开发人员阅读自学用书。

由于作者水平有限，加之时间仓促，书中疏漏之处在所难免，恳请读者批评指正。

编　者

2013 年 9 月

目　　录

第 1 章　数据库技术的发展及基本理论

教学提示： 数据库技术是计算机学科中的一个重要分支，是一门综合性技术。它涉及操作系统、数据结构、算法设计和程序设计等很多方面的知识。本章介绍数据库及数据库系统的相关概念，这些是学习和理解 Visual FoxPro 数据库的基础。详细介绍 Visual FoxPro 9.0 数据库系统的特点、功能及操作界面和操作方式，便于后续的学习。

教学目标： 通过本章的学习，学生将掌握数据库系统的基本概念，了解数据库系统的发展和分类，掌握关系数据库设计理论，了解 Visual FoxPro 9.0 数据库系统的特点、功能及操作界面和操作方式，为以后章节的学习打下基础。

1.1　计算机数据管理技术

1.1.1　信息、数据和数据处理

1. 信息

1）信息的定义

"信息(information)"一词是一个抽象的概念，应用的领域很多，适用范围非常广泛，从不同的层次，不同的角度有不同的理解和认识。对信息的定义，说法很多。信息论的创始人申农认为，信息是用来消除未来的某种不确定性的因素，信息是通信的内容。控制论的创始人之一维纳认为，信息是人们在适应外部世界并且使之反作用于外部世界的过程中，同外部世界进行相互交换的内容和名称。

从信息管理的观点出发，对信息作如下定义：

(1) 信息是人们头脑对现实世界事物的抽象反映，是通过对人的感知和人脑的加工所形成的对事物的概念。这种概念不但为人们所理解、承认，而且把它作为一个固有的知识来认识事物或进行推理，从而达到信息的管理，进一步认识世界、改造世界和支配世界的目的。这里所指的事物，既包括那些客观的可以触及的物质，如人、树、汽车等，又包括那些不可触及的抽象概念，如社会、思想等。信息是用来反映现实世界中各种事物的状态和特征的，例如要识别某一个学生，可以通过他的姓名、性别、年龄、籍贯等这些信息去识别。

(2) 信息是数据经过加工以后并对客观世界产生影响的数据，是对计划、决策、管理和行动有用的结果数据。例如对某学院所有的学生进行汇总统计，就可以得到该学院学生的文化素质、年龄结构等情况，供管理人员及时做出决策。信息的表现形式是多样的，企业管理处理的大量数据、账单、文件等都是表现信息的主要形式。

从信息管理的角度看，信息是按照用户的需要经过加工处理的数据，对信息的加工是信息管理工作的核心。信息一般用数字、文本、声音和图像等形式来表现。

2）信息的特征

信息是对客观世界的反应，它具有以下 5 个基本特征。

（1）客观性。信息的内容是关于客观事物或思想的知识，能反映已存在的客观事实，并能预测未发生事物的状态。

（2）有用性。信息是人们活动的必需知识，利用信息能够克服工作中的盲目性，提高工作的科学性和创造性。

（3）传递性。信息能够在空间和时间上被传递，在空间上传递信息称为信息通信，在时间上传递信息称为信息存储。人与人之间的信息传递是用语言、表情和动作来实现的，社会活动的信息传递通过文字、报纸和各种文件等形式来实现。电子技术的发展使信息可以通过Internet网络传递，电子数据管理技术的发展使全球信息资源充分共享。

（4）多态性。信息的多态性是指同一个信息可以有多种表现形式，而且各种形式之间可以互相转换，信息在表现形式变化时本身的具体内涵可以保持不变，其存在的形式取决于传递信息的载体。信息可以从一种形式转换为另一种形式，如物质信息可以转换成语言、文字、图像、图表等信息形式，也可以转换为计算机的代码，广播电视、电信的信号。反之，代码和电信号也可以转换为语言、文字、图像、图表信息。

（5）共享性。信息的共享性是指信息可以被多个接收者共同(同时或者先后)利用，被共享的前后信息总量不变而信息的作用可以成倍扩大。信息的共享性是信息区别于物质或能量的重要属性，是信息最基本的本质特征。正是由于这一重要属性，可以预言，信息必将成为人类社会区别于物质或能源的重要的第三资源。随着社会的不断发展，信息资源对国家和民族的发展，对人们的工作、生活越来越重要，将成为国民经济和社会发展的重要战略资源，因此，对信息的充分利用必将成为人类社会发展的又一个重要动力。

3）信息的属性

信息具有可感知、可存储、可加工、可传递和可再生等自然属性，它也是社会各行业中不可缺少的资源，这是其社会属性。

2. 数据

数据(Data)是信息的载体，是描述事物的符号记录，信息是数据的内容。也就是说数据是信息的一种表现形式，数据通过能书写的信息编码表示信息。尽管信息可以通过手势、眼神、声音或图像等多种形式来表达，但数据是信息的最佳表现形式，数据可以经过编码后存入计算机加以处理。

数据有以下 3 个特征：

（1）数据有"型"和"值"之分。数据的型是指数据的结构，而数据的值是指数据的具体取值。数据的结构是指数据的内部构成和对外联系。例如："学生"数据由"学号"、"姓名"、"年龄"、"性别"、"系别"等属性构成，"学生"为数据名，"学号"、"姓名"等为属性名；"课程"也是数据名，由"课程编号"、"课程名称"、"任课教师"等数据项构成。"学生"和"课程"之间有"选课"的联系，"学生"和"课程"数据的内部构成及其相互联系就是数据的型，"2013001，李一，20，女，自动化"就是"学生"数据的值。

（2）数据具有约束性。数据受数据类型和取值范围的约束，数据类型是针对不同的应用场合设计的数据约束。根据数据类型不同，数据的表示形式、存储方式，以及能进行的操作运算各不相同。数据的取值范围称为数据的值域，如学生"性别"的值域为{"男"，"女"}，为数据设置值域是为了保证数据的有效性。

（3）数据具有载体和多种表现形式。数据是客体(即客观物体或概念)属性的记录，它必须有一定的物理载体。当数据记录在纸上时，纸张是数据的载体；当数据记录在计算机的外存上时，保存数据的硬盘、优盘就是数据的载体。数据具有多种表现形式，可以是数值数据，如具体数字，也可以是非数值数据，如声音、图像等。

3. 数据处理

围绕着数据所做的工作均称为数据处理(Data Processing)。数据处理是对数据的收集、组织、整理、加工、存储和传播等工作。计算机对数据进行处理的特征，就是利用计算机能存储大量的数据和具有快速运算的功能，把来自生产实践、社会经济活动和科学研究领域中的初始数据和对数据的处理方法输入计算机中，由计算机及其支持软件对数据按照给定的方法自动地进行处理，最后产生出结果数据，为各个部门提供所需要的报表、资料等信息。经过处理的数据是精炼的、能反映事物本质的，并具有内在联系的。

数据处理工作主要有以下 3 类：

(1) 数据管理：主要是收集信息，将信息用数据表示，并有组织地保存，其目的是把数据编辑并存储起来，为各种使用和数据处理提供正确的数据。

(2) 数据加工：主要是对数据进行变换和运算，从而使人们得到正确的数据，正确地指导和控制决策。

(3) 数据传播：主要是在空间或时间上以各种形式传递信息，使更多的人获得并理解信息，从而充分发挥信息的作用。

1.1.2 数据管理技术的发展历程

数据库技术是 20 世纪 60 年代开始兴起的一门信息管理自动化的新兴学科，是数据管理的产物。随着计算机及其应用的不断发展，数据库管理技术经历了手工数据管理、文件系统数据管理和数据库系统数据管理 3 个发展阶段。

1. 手工数据管理阶段

在 20 世纪 50 年代中期以前，计算机主要用于科学计算，没有大容量的外存，只有纸带、卡片和磁带作为存储；没有操作系统和数据库管理软件；数据处理方式是批处理。数据管理是由程序员个人设计和安排的，程序员除了编制程序，还要考虑数据的逻辑定义和物理组织，以及数据在计算机存储设备中的物理存储方式，程序和数据混为一体。手工管理数据具有以下特点：

(1) 数据不长期保存，用完就删除。在手工管理阶段，由于数据管理规模小，硬件和软件条件比较差，数据管理涉及的数据基本不需要也不允许长期保存。

(2) 应用程序管理数据，没有相应的软件系统负责数据的管理工作。手工管理阶段的程序员不仅要规定数据的逻辑结构，还要在程序中设计物理结构，使程序中存取数据的子程序随着数据存储机制的改变而改变，程序和数据不具有相对独立性，给程序的设计和维护带来了麻烦。

(3) 数据不共享。数据是面向应用的，一组数据只能对应一个程序，不能重用，即使两个应用程序涉及某些相同的数据，也必须各自定义，因此程序中有大量冗余数据。

2. 文件系统数据管理阶段

从 20 世纪 50 年代后期到 20 世纪 60 年代中期，计算机主要应用于科学计算，并扩展到了数据处理方面；有了磁盘、磁鼓等存取设备；软件有了操作系统和数据管理软件；处理方式不仅有批处理，而且能够联机实时处理。文件系统管理数据有以下特点：

（1）数据以文件的形式长期保存在计算机中，方便查询、修改、插入和删除等操作。在文件管理阶段，由于计算机大量用于数据处理，一次性的输入数据无法满足使用要求，数据必须长期保留在外存上。

（2）数据存取是以记录为单位的。文件系统以文件、记录和数据项的结构组织数据。文件的基本数据存取单位是记录，即文件系统按记录进行读写操作。在文件系统中，只有通过对整条记录的读取操作，才能获得其中的数据项的信息，不能直接对记录中的数据项进行数据存取操作。

（3）程序与数据之间有一定的独立性，但共享性较差。数据文件彼此独立，不能反映现实世界事物之间的相互联系，不能共享相同的数据，造成数据的冗余度大，存储空间浪费严重。

3. 数据库系统数据管理阶段

20世纪60年代后期，计算机应用越来越广泛，管理的规模越来越大，数据量急剧增加，出现了数据库。数据库技术的出现主要是为了克服文件管理系统在管理数据上的诸多缺陷，满足人们对数据管理的需求。从此，人们开始了对数据组织方法的研究，并开发出了对数据进行统一管理和控制的数据库管理系统，数据库技术这一分支在计算机领域逐步形成。数据库系统有以下特点：

（1）数据结构化是数据库与文件系统的根本区别。数据库中的数据从整体来看是有结构的，是面向全组织的、复杂的数据结构。

（2）数据可以共享并保证数据的一致性，减少数据冗余。数据库中的数据能为多个用户共享，可在不同的应用程序中使用。数据的共享性还能够避免数据之间的不相容性与一致性。由于在数据库中可共享数据，减少了数据冗余，但必要的冗余是需要的，因为必要的冗余可保持数据间的联系。

（3）数据独立性高。数据的独立性是数据库领域中的一个常用术语，包括数据库的物理独立性和逻辑独立性。

物理独立性是指物理数据库(存储结构、存取方法)改变时，概念数据库可以不改变，改变的只是物理存储，因此应用程序不必做修改。这样就保证了数据的独立性。

逻辑独立性是指用户数据库与概念数据库之间的独立性。当概念数据库发生变化(数据定义的修改、增加新的数据类型等)时，改变的只是逻辑结构，应用程序不必修改。

数据与程序的独立，把数据的定义从程序中分离出去，加上数据的存取由DBMS(数据库管理系统)负责，从而简化了应用程序的编制，大大减少了应用程序的维护和修改工作。

（4）数据安全可靠。数据库技术有一套安全控制机制，可以有效地防止数据库中的数据被非法使用或非法修改，能够保证数据库中的数据安全可靠。数据库中还有一套完整的备份和恢复机制，当数据遭到破坏时，能够很快地将数据库恢复到正确的状态，并使数据不丢失或只有很少的丢失，从而保证系统能够连续、可靠地运行。

1.2 数据库系统

数据库系统(DataBase System，DBS)指的是在一个数据库环境下，利用数据库技术进行数据管理的计算机系统。数据库系统由计算机硬件、数据库、数据库管理系统、数据库应用程序和数据库系统的人员5部分组成。

1. 计算机硬件

计算机硬件是指系统所有的物理设备，由于数据库系统建立在计算机硬件基础之上，它在必需的硬件资源支持下才能工作。支持数据库系统的计算机硬件资源包括计算机(服务器或客户机)，计算机网络，数据传输设备和输入/输出设备，如扫描仪、显示器和打印机等。在进行数据库系统的硬件配置时，要保证计算机内存足够大，可以建立较多、较大的程序工作区或数据缓冲区，以管理更多的数据文件和控制更多的程序运行，进行比较复杂的数据管理和更快地进行数据操作；需要较大的计算机外存空间，硬盘是主要的外存设备，硬盘大可以为数据文件和数据库软件提供足够的存储空间，可以为系统的临时文件提供存储空间，保证系统的正常运行，从而加快数据存取速度。

2. 数据库的概念

数据库(DataBase，DB)是存放数据的仓库。严格的定义是：数据库是长期存储在计算机内的，有组织、可共享的数据集合。数据库中的数据按一定的数据模型组织、描述和存储，用于满足各种不同的信息需求，并且集中的数据彼此之间有相互的联系，具有较小的冗余度、较高的数据独立性和易扩展性。

为了便于管理和处理，数据存入数据库时必须具有一定的数据结构和文件组织方式。常用的文件组织方式有顺序文件、索引文件和散列(Hash)文件等。以往数据文件的定义是在程序内部，因此文件仅为特定的用户或应用程序所使用。在数据库中，数据的定义与应用程序分开，数据库描述是独立的，因此，数据库可以为多种业务(应用程序)所使用，达到共享数据的目的。

3. 数据库管理系统

数据库管理系统(DataBase Management System，DBMS)是位于用户与操作系统之间的一种数据管理软件，它是用户和数据库之间的接口，提供用户对数据库进行操作的各种命令，包括数据库的建立，记录的修改、检索、显示、删除和统计等。数据库管理系统的目标是使用户能够科学地组织和存储数据，能够从数据库中高效地获得需要的数据，能够方便地处理数据。数据库管理系统具有下列功能：

(1) 支持数据定义语言(Data Definition Language，DDL)，供用户定义数据库结构，建立所需数据库。

(2) 支持数据操作语言(Data Manipulation Language，DML)，供用户对数据库进行查询(包括索引与统计)、存储操作(包括增加、删除与修改数据)。实现数据的插入、修改、删除、查询、统计等数据存取操作的功能为数据操纵功能。

(3) 数据库的建立和维护功能。数据库的建立功能是指数据的载入、转储、重组功能及数据库的恢复功能。数据库的维护功能是指数据库的结构的修改、变更及扩充功能，并向数据库系统提供一组管理和控制程序，保障数据库的安全、通信及其他管理事务。

数据库管理系统是数据库系统的一个重要组成部分。

4. 数据库应用程序

数据库应用程序是数据库管理系统为应用开发人员和最终用户提供的高效率、多功能的应用生成器、第四代计算机语言等各种软件工具，如报表生成器、表单生成器、查询和视图设计器等，它们为数据库系统的开发和使用提供了良好的环境和帮助。

5. 数据库系统的人员

数据库系统的人员由软件开发人员、软件使用人员及软件管理人员组成。软件开发人员包括系统分析员、系统设计员及程序设计员，他们负责数据库系统的开发设计工作；软件使用人员即数据库最终用户，他们利用功能菜单实现数据查询及数据管理工作；软件管理人员为数据库管理员(DataBase Administrator，DBA)，他们负责全面管理和控制数据库系统。

1.3　数据库系统的分代和分类

1.3.1　数据库系统的分代

1. 第一代——非关系型数据库系统

非关系型数据库系统是第一代数据库系统的总称，它包括"层次"与"网状"两种。数据库系统以记录型(Record Type)为数据结构，在不同的记录型之间允许存在联系，其中层次模型(Hierarchical Model)在记录型之间只能有单向联系，如图 1-1 所示。

层次模型用树型结构表示实体与实体之间的联系，现实世界中许多实体之间的联系本身就呈现一种自然的层次关系，如家庭关系、行政关系等。构成层次模型的树是由结点和连线组成的，结点表示实体，连线表示相连的两个实体间的联系，这种联系是一对多的，通常把表示"一"的实体放在上方，称为父结点；把表示"多"的实体放在下方，称为子结点。层次模型可以直接、方便地表示一对多的联系。层次数据库不支持多对多联系，因为层次模型具有以下两个限制：

（1）有且仅有一个节点无父结点，这个结点为树的根。

（2）其他节点有且仅有一个父结点。

网状模型(Network Model)则允许记录型之间存在两种或多于两种的联系，如图 1-2 所示。

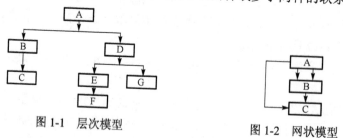

图 1-1　层次模型　　　　　　　　　　图 1-2　网状模型

用图形结构表示实体和实体之间的联系的数据模型称为网状数据模型。网状模型的典型代表是 DBTG 系统，也称为 CODASYL 系统，它是 20 世纪 70 年代美国数据系统语言研究会 CODASYL 下属的数据库任务组 DBTG 提出的一个系统方案。

2. 第二代——关系型数据库系统

1970～1972 年，关系型数据库的创始人科德(E.F.Codd)先后发表了 5 篇论文，为关系型数据库奠定了理论基础。商品化的关系型数据库(Relational DataBase System，RDBS)产生于 20 世纪 70 年代，到了 20 世纪 80 年代普遍在微型机上实现。RDBS 以常用的二维表为基本的数据结构，以公共的关键字段实现不同的二维表之间的数据联系。

从 1981 年开始，数据库技术进入成熟时期。30 多年来，数据库技术作为计算机学科中的一个重要分支得到了惊人的发展，甚至在功能较强的微型计算机系统中也出现了数据库管理系统，如 FoxBASE+、FoxPro、Visual FoxPro 等。

1989 年，美国 Fox 软件公司发表 FoxPro 1.0 作为 FoxBASE 的升级产品。1993 年 Fox 软件公司被微软收购，推出 FoxPro 2.5 for DOS 和 FoxPro 2.5 for Windows。1994 年又推出 FoxPro 2.6 for Windows。

3. 第三代——对象-关系数据库系统

20 世纪 80 年代中期以来，出现了对象-关系型数据库系统(ORDBS)和面向对象型数据库系统(OODBS)的多个分支。对象-关系型数据库系统是在关系型数据库技术基础之上发展起来的，成长迅速，已经成为数据库系统的主流。它除能存储传统文本数据外，还能存储图形、声音等多媒体对象，于是第三代数据库系统便随之产生，将数据库技术与面向对象技术相结合是它的发展方向。

1.3.2 数据库系统的分类

从最终用户角度来看，数据库系统分为单用户结构、多用户结构、主从式结构、客户-服务器结构和分布式结构。

1. 单用户数据库系统

单用户数据库系统是一种早期简单的数据库系统，在这种系统中，整个数据库系统(包括应用程序、DBMS、数据)都装在一台计算机上，由一个用户独占，不同计算机之间不能共享数据。

2. 多用户数据库系统

随着网络的发展扩大，供网络用户共享的多用户数据库开始流行。早期的 FoxBASE+多用户数据库管理系统开始使用。

3. 主从式结构数据库系统

主从式结构是指一个主机带多个终端的多用户结构，在这种结构中，数据库系统都集中在主机上，所有处理任务都由主机来完成，各个用户通过主机的终端并发地存取数据库，共享数据资源。

多用户数据库的关键是保证并行存取(Concurrent Access)的正确执行，例如飞机的订购机票的售票系统就是典型的多用户数据库管理系统，在不同地点的机票售票点可以预订同一航班的机票，多个乘客可同时购票，而决不容许一票两订或其他事件发生。

4. 客户-服务器结构数据库系统

主从式数据库系统中的主机是一个通用计算机，既执行 DBMS 功能，又执行应用程序。随着工作站功能的增强和广泛使用，人们开始把 DBMS 功能和应用分开，网络中某个结点上的计算机专门用于执行 DBMS 功能，称为数据库服务器，简称服务器。其他结点上的计算机安装 DBMS 的外围应用开发工具，支持用户的应用，称为客户机，这就是客户-服务器结构的数据库系统。

在客户-服务器结构中，客户端的用户请求被传送到数据库服务器，数据库服务器进行处理后，只将结果返回给用户，从而减少网络上的数据传输量，提高系统的性能、吞吐量和负载能力。这种结构一般都能在多种不同的硬件和软件平台上运行，应用程序具有更强的可移植性。

5. 分布式结构数据库系统

分布式结构的意思是数据库中的数据在逻辑上是一个整体，但物理上分布在计算机网络的不同结点上。每个结点都可以独立处理本地数据库中的数据，同时也可以存取和处理多个异地数据库中的数据。

分布式数据库系统(DDBS)包含分布式数据库管理系统(DDBMS)和分布式数据库(DDB)。在分布式数据库系统中，一个应用程序可以对数据库进行透明操作，数据库中的数据分别在不同的局部数据库中存储、由不同的 DBMS 进行管理、在不同的机器上运行、由不同的操作系统支持、被不同的通信网络连接在一起。分布式数据库系统适应了地理位置上分散的公司和组织对数据库应用的要求，但是给数据的处理、管理和维护带来困难。

随着科学技术的发展，人工智能日益走向成熟，人工智能和数据库技术的融合，如专家数据库、知识数据库、演绎推理数据库、查询搜索优化等技术，正在不断研究和发展，人工智能与数据库技术的相互渗透将会给计算机应用带来更广阔的发展前景。

1.4 微机 Xbase 关系数据库系统的发展过程

数据库理论的研究在 20 世纪 70 年代后期进入较为成熟的阶段，随着 20 世纪 80 年代初 IBM/PC 及其兼容机的广泛使用，数据库产品的代表作之一，Ashton-Tate 公司开发的 dBase 很快进入微机世界，成为一个相当普遍而且受欢迎的数据库管理系统。用户只需键入简单的命令，即可轻易完成数据库的建立、增添、修改、查询、索引以及产生报表或标签，或者利用其程序语言开发应用系统程序。由于它易于使用，功能较强，很快成为 20 世纪 80 年代中期的主导数据库系统(极盛时期在个人计算机的数据库管理系统市场上的占有率曾高达 80%～85%)。继 dBase II 之后，dBase III、dBase III Plus 以及 dBase IV 相继诞生，其功能逐渐增强。

但是，dBase 存在的一些缺陷使其应用受到越来越多的限制。首先，它运行速度慢，这在建立大型数据库时显得尤为突出。其次，早期的 dBase 不带编译器，仅是解释执行，后来虽然增加了编译器，但编译与解释执行时存在许多差异。再就是设计标准问题，随着 dBase 增强版本的出现，由于各版本之间不相兼容，其标准变得越来越模糊，Ashton-Tate 公司不再定义 dBase 标准，就连 dBase IV 本身也未按标准设计。后来，人们常用 XBase 来表示各种数据库管理系统的程序设计语言。

致力于改进 dBase 语言的软件公司的着眼点则放在兼顾速度与友好性。其做法是：继续保有如 dBase 般以交互式与用户双向通信的用户界面，以维持其友好性；对于程序，将其转成非常接近机器码的中间码，以节省汇编时间，加快其执行速度。

从事该项工作之一的 Fox Software 正是看到了 dBase 在性能与速度上存在的问题，也预见到了 PC 平台上 DBMS 的巨大潜力，在成立后的第二年(1984 年)便推出了与 dBase 全兼容的 FoxBASE，其速度大大快于 dBase，并且在 FoxBASE 中第一次引入了编译器。

1986 年，与 dBase III Plus 兼容的 FoxBASE+推出后不久，FoxPro/LAN 也投入市场，一时间引起轰动。

1987 年之后相继推出了 FoxBASE+2.0 和 2.10，这两个产品不仅在速度上超越其前期产品，而且还扩充了对开发者极其有用的语言，并提供了良好的界面和较为丰富的工具。

当时人们预测，随着软件技术的快速发展，PC DBMS(数据库管理系统)必将发生巨大的变化。它将越来越易于使用，为各个层次的用户完成底层复杂的工作；它将提供更完整、更标准的 XBase 语言和丰富的工具，并且具有面向对象的特点；多媒体技术将被引入；人们可以用建立其上的分布式数据库来存取各种数据而无需考虑这些数据的物理位置。为了顺应这一发展趋势，FoxPro 诞生了，它旨在创建 XBase 语言的标准，它的每一个版本都向这一方向努力，其功能越来越完善和丰富。

1989 年下半年，FoxPro 1.0 正式推出，它首次引入了基于 DOS 环境的窗口技术 COM（面向字符的窗口），用户使用的界面再也不是圆点，而是能产生圆点提示下等效命令的菜单系统。它支持鼠标，操作方便，是一个与 dBase、FoxBASE 全兼容的编译型集成环境式的数据库系统。

1991 年，FoxPro 2.0 推出，由于使用了 Rushmore 查询优化技术、先进的关系查询与报表技术以及整套第四代语言工具，FoxPro 2.0 的性能大幅度提高了。FoxPro 2.0 面向对象与事件，其扩展版充分使用全部现存的扩展内存，是一个真正的 32 位产品。它除了支持 FoxPro 先前版本的全部功能外，还增加了 100 多条全新的命令与函数，从而使得 FoxPro 的程序设计语言逐步成为 XBase 语言的标准。在与 dBase IV、Paradox、Clipper 等同时期其他竞争产品一起参加基准测试中，FoxPro 以百倍快的速度大大超越其他竞争者。因此，该公司常用的广告用语为 Nothing Runs Like The Fox（没有东西跑得像狐狸那么快）。

FoxPro 2.0 第一次引入 SQL 结构化设计语言和直观的案例关系查询；它采用存入备注数据字段的方式，不产生独立存在的.obj 文件；其目标程序若再配合 Fox Distribution Kit 链接后即变成可直接在 DOS 下执行的.exe 文件；它支持鼠标操作，不需额外处理，即允许用户在程序中加入鼠标功能；它的应用程序生成器（application builder）、特有的项目管理程序（project manager），在寻找文件、记录文件所在位置以及处理编译后的目标程序方面，是同一时期其他同类产品所不能比拟的。这些特点使 FoxPro 荣获当年度美国诸多杂志所评选的多项优秀成果奖。

1992 年，微软公司收购了 Fox 公司，把 FoxPro 纳入自己的产品中，利用自身的技术优势和巨大的资源，在不长的时间里开发出 FoxPro 2.5、FoxPro 2.6 等大约 20 个软件产品及其相关产品，包括支持 DOS、Windows、Mac 和 UNIX 四个平台的软件产品。1995 年 6 月，微软推出了 Visual FoxPro 3.0 版，接着又很快推出了 Visual FoxPro 5.0 及中文版。

1998 年发布的可视化编程语言集成包 Visual Studio 6.0 是可运行于 Windows 95/98、Windows NT 平台的 32 位数据库开发系统。Visual Studio 6.0 是能充分发挥 32 位微处理器的强大功能、直观易用的编程工具。随后，微软公司又推出了 Visual FoxPro 7.0，它在原有版本的基础上做了较大的改进，进一步增强了网络开发功能和对象的创建和设计功能。Visual FoxPro 7.0 不但可以作为大型数据库的前端开发工具，并且可以创建和管理小型桌面数据库应用系统，它不但可满足大型数据库开发的需求，同时也适应个人用户的需要。

Visual FoxPro 8.0 是一个自函型数据库管理系统，是解释和编译混合型系统，能够以解释的方法定义、操纵数据库。它也可以将操作过程编写为程序进行编译，脱离系统直接运行。2003 年，微软公司推出了 Visual FoxPro 8.0，是一个优秀的可视化数据库编程工具，主要用于 Windows 环境。

Visual FoxPro 9.0 于 2007 年发布，是 Microsoft 公司推出的 VFP 的最新版本，也是 VFP 的最后一个版本。Visual FoxPro 9.0 是创建和管理高性能的 32 位数据库应用程序和组件的工具，是一个优秀的可视化数据库编程工具。它不仅继承了以前版本的全部功能，而且进一步强化了网络功能，新增了多种数据库类型和使用工具，使数据库应用程序的开发更加方便快捷。本书将详细介绍 Visual FoxPro 9.0 编程的方方面面，包括 Visual FoxPro 9.0 的特点、语法、数据库基础知识以及实际应用技术。

1.5 关系数据库设计理论

关系数据库是目前应用最广泛的数据库，它以数学方法为基础管理数据库。最早将这类方法用于数据处理的是 1962 年 CODASYL 发表的“信息代数”，之后由 David Child 于 1968 年在 IBM 7090 机上实现了集合论数据结构。1970 年，美国 IBM 公司的 E.F.Codd 在美国计算机学会会刊 *Communication of the ACM* 上发表的题为 A Relational Model of Data for Shared Data Banks 的论文，开创了数据库系统的新纪元。以后他连续发表多篇论文，奠定了关系数据库的理论基础。关系数据库系统是支持关系模型的数据库系统。

1.5.1 关系模型的定义

关系模型由关系数据结构、关系操作集合和关系完整性约束 3 部分组成。

数据的关系模型是若干“关系框架”组成的集合。关系模型是若干记录型的集合，它的实例都是由若干同值文件构成的，如图 1-3 所示。

在图 1-3 中，这个关系模型由 5 个关系框架构成。学生关系框架的实例如表 1-1 所示。

学生关系框架	学　号	姓　名	年　龄	性　别
课程关系框架	课程号	课程名	学时数	
教师关系框架	姓　名	年　龄	职　称	
学习关系框架	学　号	课程名	分　数	
任课关系框架	课程号	任课教师		

图 1-3　关系模型

表 1-1　学生关系表

学号	姓名	年龄	性别
02011	孟凡	19	男
02012	王龙	20	男
02013	马冬颖	18	女
02014	胡南	19	女
02015	刘德智	19	男

关系模型的数据结构非常单一，用二维表来组织数据，而这个二维表在关系数据库中就称为关系。

关系操作的基础是关系代数，关系代数是一种抽象的查询语言，这些抽象的语言与具体的 DBMS 中的实现语言并不完全一致。关系操作的特点是集合操作，即操作的对象和结构都是集合，这种操作是一次一个集合的方式，集合处理能力是关系系统区别于其他系统的一个重要特征。关系操作有选择、投影、连接、除、并、交、差等查询操作，和增加、删除、修改等更新操作两大部分。

关系模型的数据完整性是指保证数据正确性与一致性。关系模型允许定义 3 类完整性约束：实体完整性、参照完整性和用户自定义完整性。例如，学生的学号必须是唯一的，学生的性别只能是“男”或“女”。数据库是否具有数据完整性特征关系到数据库系统能否真实地反映现实世界的情况，数据库完整性是数据库的一个非常重要的内容。

1.5.2 关系模型的特点及关系性质

1. 关系模型的特点

关系必须是规范化的关系。规范化有许多要求，最基本的要求是，每一分量是单纯量，或者说每一个字段是不可分割的数据项。

实体间的联系用关系表示。如学生、课程、教师均是实体，学生和课程之间的联系“学习”、课程和教师之间的联系“任课”均用关系表示。

2. 关系的性质

普通的一个二维表称为一个关系。二维表的记录数随数据的增删而改变，但是二维表的字段数却是固定的。所以，字段个数、字段的名称、类型、长度等要素便决定了二维表的结构。在 FoxPro 中，这些二维表以文件的形式存储在存储介质中，一个关系就是一个文件，这样的文件称之为数据库文件，有时也称为数据库。

1.5.3 关系数据库基本术语

前面已经初步讨论过什么是关系，什么是关系数据模型。下面用数学语言来对关系进行较为严格的定义。

1. 关系

关系(Relation)就是二维表，二维表的名字就是关系的名字。表 1-1 中"学生"就是关系名。

2. 属性

二维表中的列称为属性(Attribute)，也叫字段。每个属性都有一个名字，称为属性名，二维表中某一列的值称为属性值。表 1-1 "学生"关系中有"学号"、"姓名"、"年龄"、"性别" 4 个属性。"02011"为"学号"属性的一个值。

3. 值域

属性的取值范围称为值域(Domain)。例如，表 1-1 中"性别"列的取值为"男"和"女"两个值，这就是"性别"属性的值域。

4. 元组

二维表中的一行称为一个元组(Tuple)，即记录值。

5. 分量

元组中的每一个属性值称为元组的一个分量(Component)。

6. 候选码

如果一个属性或属性集的值能够唯一标识一个关系的元组而又不包含多余的属性，则称该属性或属性集为候选码(Candidate Key)。候选码也称为候选关键字或候选键，在一个关系中可以有多个候选码。

7. 主码

当一个关系中有多个候选码时，可以从中选择一个作为主码(Primary Key)。每个关系只能有一个主码。

主码也称为主键，用于唯一地确定一个元组。主码可以由一个属性组成，也可以由多个属性共同组成。在表 1-1 中，"学号"就是学生基本信息表的主码。

8. 主属性和非主属性

包含在任一候选码中的属性称为主属性(Primary Attribute)，不包含在任一候选码中的属性称为非主属性(Nonprimary Attribute)。

9. 外码

如果某个属性不一定是所在关系的码,但是其他关系的码,则称该属性为外码(Foreign Key)或外键。

10. 关系模式

二维表的结构称为关系模式(Relation Schema)。设关系名为 R,其属性分别为 A1, A2, …, An,则关系模式可以表示为:

$$R(A1, A2, …, An)$$

对每个 Ai(i=1,2,…, n)还包括该属性到值域的映像,即属性的取值范围。表 1-1 所示关系的关系模式为:

学生(学号, 姓名, 年龄, 性别)

11. 关系数据库

对应于一个关系模型的所有关系的集合称为关系数据库(Relation DataBase)。

1.6　VFP 9.0 数据库管理系统概述

1.6.1　VFP 9.0 的特点及新增功能

Visual FoxPro 9.0(VFP 9.0)不仅延续了以前版本的强大功能,还增加和改进了许多特性。使用这些新特性,可以使数据库、数据表的管理和程序设计更为方便。本节简要介绍 VFP 9.0 的特点及新增功能。

1.6.2　VFP 9.0 的特点

1. 强大的项目及数据库管理

(1) 对项目及数据有更强的控制,能够使用源代码管理产品,同时可以在"项目管理器"中看到组件的状态。数据库容器允许几个用户在同一个数据库中同时创建或修改对象。利用"数据库设计器"可以迅速更改数据库中对象的外观。

(2) 借助"项目管理器"创建和集中管理应用程序中的任何元素,可以访问所有向导、生成器、工具栏和其他易于使用的工具,它提供了一个进行集中管理的环境。

(3) 对 VFP 系统本身定制工具栏,也能够为编写的应用程序定义工具栏。

2. 提供真正的面向对象程序设计

VFP 仍然支持标准的面向过程的程序设计方式,但更重要的是它现在提供真正的面向对象程序设计的能力。借助 VFP 的对象模型,可以充分使用面向对象程序设计的所有功能,包括继承性、封装性、多态性和子类。

3. 使用优化应用程序的 Rushmore 技术

Rushmore 是一种从表中快速地选取记录集的技术,它将查询响应时间从数小时或数分钟降低到数秒,可以显著地提高查询的速度。

4. 允许多个开发者一起工作

如果是几个开发者开发同一个应用程序，可以使用 VFP 提供的同时访问数据库组件的能力。同时，若要跟踪或保护对源代码的更改，还可以使用带有"项目管理器"的源代码管理程序。

5. 充分利用已有数据

如果有 VFP 先前版本的文件，只要打开它们，就会出现 VFP 转换对话框。可以把其他数据源移到 VFP 9.0 表中。对于电子表格或文本文件中的数据，比如 Microsoft Excel 及 Word，使用 VFP 可以方便地实现数据共享。

6. 多语言编程

由于 VFP 支持英语、冰岛语、日语、朝鲜语、繁体汉语以及简体汉语等多种语言的字符集，因此能在几个领域提供对国际化应用程序开发的支持。

1.6.3 VFP 9.0 的新增功能

1. 类操作增强

VFP 9.0 为类设计器加入了开发者渴望已久的特色，用户可以为用户的类定义属性设置默认值。VFP 9.0 的控件外观更加美化，功能更为强大。

2. 增加更多功能强大的命令和函数

在 VFP 9.0 中增加了许多新命令和函数，使用这些命令和函数将更加方便，扩充了用户的开发能力。对数据的操作更具有灵活性，增强了对 SQL 中的 showplan 的支持，增加 Icase() 函数来代替 IIF() 函数。

3. 对报表系统的改进

在新的报表系统中，用户将更加容易使用 VFP 9.0 来设计报表，报表生成器更加强大。报表监听器是提供新式报表行为的对象，是基于 VFP 9.0 的新的基础类 ReportListener。报表设计器中的更多细节提供给用户更大的设计空间，更便于使用已定义的报表和标签文件，在打印、描绘方面，更加出色。

4. 增强了数据功能

扩展了 SQL 性能，增添了新数据类型，用 CAST 函数转换数据类型，增加 Cursor Adapter 类的冲突检测方法，从光标处返回数据行，基于逻辑表达式的二进制索引，恢复激活的 SQL 连接句柄，使用 ALTER TABLE 命令可以将字符转换为备注型数据。

5. 设计器的改进

VFP 对表单设计器、菜单设计器、报表设计器等设计器进行了改进，使得这些设计器功能更加强大，作用更加明显。对数据环境的数据库显示方法进行优化，可在状态栏中显示所选数据库的完整路径。

6. 更加好用的交互式开发环境

VFP 在工具栏中加入了新的工具按钮，方便用户快捷地打开所需工具。改进了属性对话框的功能，提供更为实用的属性值设置范围，如对于可视化类定义函数库文件和表单文件，属性值可设计成大于 255 个字符和扩展字符。

7. 其他的新增功能

除了以上列举的新功能，VFP 9.0 为了适应软件发展的需要，还在其他方面做了改进，如增强向导功能、支持 Windows XP 主题、智能感知脚本、新的 NorthWind 样例数据库；还对错误报告、编辑器程序、类浏览器等众多功能进行新增或改进，使其更加适合用户的系统开发、数据处理等工作。

1.7　VFP 9.0 的用户界面与操作

1.7.1　VFP 9.0 用户界面的组成

Visual FoxPro 9.0 界面主要由窗口、图标、菜单与对话框等组成，具体内容如下。

1. 窗口

1）程序窗口

要启动 Visual FoxPro 9.0 应用程序，只需依次单击"开始/程序/Microsoft VFP 9.0"菜单项即可。进入 VFP 9.0 以后，屏幕上会出现一个程序窗口，作为开发或运行 VFP 的界面，如图 1-4 所示。

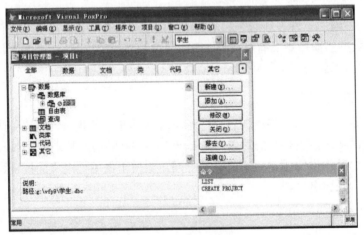

图 1-4　VFP 程序窗口

程序窗口通常由以下部分组成。

（1）标题栏：位于软件主界面的顶部，显示 Visual FoxPro 系统图标、版本信息及常用界面按钮，表明它是 VFP 的程序窗口。

（2）控制按钮：在标题栏右端有 3 个控制按钮，自左至右依次是：最小化按钮、最大化按钮、关闭按钮。

（3）菜单栏：显示 VFP 9.0 系统菜单（也称主菜单）中的菜单选项，供用户选用。任何选项被用户选中后，其下方会弹出一个子菜单，列出该菜单所含的命令。

（4）工具栏：由若干工具按钮组成。每个按钮对应于一项特定的功能。VFP 9.0 可提供十几个工具栏，它们或为条形，或为窗形。用户通过菜单栏中的"显示"选项，可决定哪些工具栏需要在程序窗口中显示。VFP 9.0 刚启动时，一般仅在菜单栏的下方显示一个条形的"常用"工具栏，其余的工具栏(条形或窗形)由用户来决定是否显示。

命令、菜单和工具有相同和不同之处。VFP 9.0 有近 500 条命令，其中仅有一部分常用的命令列为菜单命令，所以菜单命令的数量远小于 500。工具按钮中也有相当一部分与菜单命令具有相同的功能，但工具栏的操作往往比菜单栏的操作更为简便，所以 VFP 9.0 仅将最常用的命令放入工具栏。

需要指出，工具按钮和菜单命令的功能并不总是某些命令功能的重复，其中也包含了对 VFP 命令功能的扩充。在多数情况下，菜单命令对应于常用命令，工具按钮对应于最常用命令，但并非总是这样。

(5) 窗口工作区：也称主窗口，主要作用如下。

• 显示命令或程序的执行(运行)结果。

• 显示 VFP 9.0 提供的工具栏。

(6) 窗口围框：即窗口的外边，移动外边线可缩小或放大窗口的大小。

(7) 窗口角：位于两条边线的交点，移动交点可使角两边的边线同时伸长或缩短。

2) 命令窗口

窗内可以开窗，这也是 WIMP(Window/Icon/Menu/Pointing Device)界面对多窗口(Multi Windows)技术的要求。这里介绍的命令窗口和上文提到过的工具栏，都是窗内有窗的例子。

如图 1-4 所示，命令窗是一个标题为"命令"(Command)的小窗口。它的主要作用是显示命令，适用于以下两种情况：

• 当用户选择命令操作方式时，显示用户从键盘发出的命令。

• 当用户选择界面操作方式时，每当操作完成，系统将自动在命令窗内显示与操作相对应的命令。

由此可见，无论用户采用哪一种交互操作方式，凡是用过的命令总会在命令窗显示和保存下来，供用户备查或以后再用。命令窗口是桌面上的一个重要部件，在该窗口中，可以直接输入 VFP 命令，以便立即执行。尽管大多数 VFP 的命令从菜单中可以访问，简单地输入一个命令还是很有用的。如输入命令 set clock on 回车后，将在屏幕的右上角出现一个时间条；set status bar off 命令可以取消屏幕底部的状态条；Dir 命令在屏幕上显示当前目录下表的信息；Clear 命令则清除屏幕；Quit 命令可直接退出 VFP。

3) 工具窗

VFP 9.0 的工具栏有条形与窗形两种。除"常用"工具栏为条形外，其余的均采用工具窗或条形工具栏的形式，例如图 1-4 中的"调色板"工具窗。工具窗一般仅设一个"关闭"按钮，位于标题栏的右端，窗口中除工具钮外没有其他内容。

2. 图标

图标是用来表示不同程序和文件的小图像，在 VFP 9.0 的界面中处处可见。

在程序窗标题栏的左端通常有一个图标，代表在该窗口中运行的程序。在控制按钮或工具按钮的表面也都会有图标，各自代表按钮所对应的程序。例如在图 1-4 中，狐狸头和笔图标分别代表主程序窗口和命令窗的对应程序；而控制按钮面上的 ⊠、▣、▢ 则分别代表实现窗口关闭、最大化和最小化使用的程序。

文件(Files)与文档(Documents)也可用图标来表示。由于图标具有直观和形象化的优点，因而受到用户的喜爱。

3. 菜单

VFP 9.0 主要使用两类菜单：下拉式菜单和弹出式菜单。

系统菜单为下拉式菜单，平时只显示菜单栏中的若干选项。如果有某个选项被选中，该选项下方就会拉伸出一个子菜单，这也是下拉式菜单名称的由来。

弹出式菜单平时不在屏幕上显示，仅当使用时才弹出。VFP 9.0 有许多设计器，这些设计器窗口中提供的"快捷菜单"，都是弹出式菜单的实例。它们所包含的菜单项，常能在用户需要的时候提供及时的帮助。

需要强调的是，菜单的内容并非一成不变，它具有对数据环境的敏感性，根据当前操作的状态来改变菜单项，故有时也称之为敏感菜单。VFP 菜单的敏感性主要表现在：

(1) 子菜单的内容可变。以"显示"(View)子菜单为例，在没有打开任何文件的情况下，它只有"工具栏"(Toolbars)一个菜单项；如果已打开了某个表，其子菜单将如图 1-5 所示；当用户打开浏览窗对某个表进行浏览时，子菜单进一步变成如图 1-6 所示的内容。

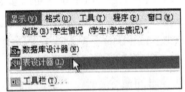

图 1-5 "显示"菜单的子菜单

图 1-6 打开浏览窗后的"显示"子菜单

(2) 菜单项的颜色可变。菜单项有深、浅两种显示颜色，随当时的数据环境而变化。如果某一菜单项当前为灰色，表示该项暂时不能使用。

VFP 还允许在菜单中使用下列符号：

• 菜单项名称中带下划线的英文字母，代表该菜单项的访问键。

• 菜单项名称前带有选择标记(√)，表示该菜单项提供的功能目前有效。

• 菜单项名称后带有省略号(…)，表示选中该菜单项后将打开一个同名的对话框。

4. 对话框

对话框是以人—机对话为主要目的一类窗口，在 VFP 中有着广泛的应用。用户可通过对话框选择所需的数据或操作；VFP 则借助于对话框引导用户正确地操作，或者向用户提供警告或提示信息。VFP 中大量使用的向导、设计器等界面操作工具，实际上都是由一个个特定的对话框构成的。

典型的对话框由若干按钮和矩形框构成。每个按钮代表一种操作命令，故有时也称为命令按钮(Command Button)。矩形框一般可分为 3 类，即文本框、选择框与列表框。现以表向导的"步骤 2"对话框为例进行介绍，如图 1-7 所示。

1) 文本框

用户可以在文本框中输入一串字符，作为对系统提问的回答。在图 1-7 中，"字段名"、"标题"和"自定义掩码"都是文本框。

2) 选择框

选择框由若干可选项构成，用户可以选择其中一项或者几项。选择框又可细分为单选钮和复选框(Check Boxes)两类，前者一次只能选择一个可选项，后者一次可同时选择几项。图 1-7 中有两个单选钮，均以圆圈 ⊙ 为标志；有一个复选框，以小方框 ☐ 为标志。

3) 列表框

列表框(Listbox)用于显示一组相关的数据，例如一个数据库表中的所有字段名等。当相关数据较多，在一个框内容纳不完时，系统会自动在列表框的下方或右侧增加滚动条，对数据实现滚动显示。图 1-7 中的"选定字段"框就是列表框的一个例子，其右侧的滚动条能使框内数据上下滚动显示。

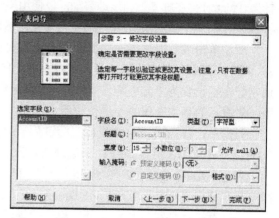

图 1-7　表向导"步骤 2"对话框

当对话框的空间较小时，可利用组合框(Combo Box)来节省空间。这种框可看成由一个文本框和一个列表框组合而成，它平时只显示一行文本，其右端有一个带▼图标的下拉按钮。一旦选中了下拉按钮，随即在文本行下方拉出一个列表框，故又称下拉列表框。在图 1-7 中有 4 个下拉列表框，其中的一个(用于显示步骤顺序)已经展开，其余 3 个都是缩拢的。

除上述 3 类矩形框外，在图 1-7 的对话框中还有两个"微调控件"(spinner，又译为"数码器")。利用控件中的▲、▼两个按钮，可以将数码文本框(本例为"宽度"和"小数位")中的数值在较小范围内增加或减小。

图 1-7 中共有 5 个按钮，标题为"取消"、"完成"、"上一步"、"下一步"与"帮助"，分别用于取消对话、结束对话、返回上一步、转入下一步和提供帮助信息。

与程序窗口、命令窗口等不同，对话框一般不设置(实际上也不需要)最大化、最小化等按钮。但有些对话框在关闭按钮的左方设一个"帮助"按钮，用于向用户提供帮助信息。

需要指出的是，并非所有的对话框都必须包含上述的全部矩形框。最简单的对话框可能只含有一条提示或提问，外加一两个命令按钮。与此相反，一些复杂的对话框却可以"选项卡"(Tag)的形式，使一个对话框包含多张重叠的选项卡。这种多卡框实际上相当于多个对话框，如项目管理器对话框，就是这类对话框的一个例子。

另外有些对话框中还设有扩展按钮，单击这种按钮，可使对话框在原来的基础上扩展出部分新内容，变成一个更大的对话框，扩展按钮为">>"。

1.7.2　VFP 9.0 的界面操作

不熟悉图形界面的读者，面对这五光十色的 VFP 界面，可能有无从下手的感觉，其实图形界面的组成一般都遵守通用的标准，其操作也具有一定的规律。本节的目的，就是介绍这些标准与规律，帮助读者在了解界面组成的基础上掌握 VFP 的操作要领。已经熟悉图形界面的读者可跳过本节不读，或快速浏览一遍即可。

1. 鼠标的操作

鼠标属于指点式输入设备，当用户手握鼠标在一个平板上移动时，在显示器上的鼠标"指针"(Pointer)会在屏幕上同步地移动，以便用户选择所需的对象。因而一次完整的鼠标操作一般都包含两步：先移动光标定位到有关对象上；然后选择"单击"、"双击"或"拖动"等操作。

所谓单击或双击是指一次操作中击键的次数。常用的鼠标有双键(左、右)和三键(左、中、右)两种，其中两键式使用较多。当右手握住鼠标时，一般用食指操作左键，中指操作右键，通常把左键设置为"当前键"，所谓单击即指单击左键，如果单击右键应称为"右单击"。以下再对鼠标的基本操作简要进行说明。

(1) 单击(Click)：轻按鼠标当前键后马上松开。

(2) 双击(Double Click)：快速地连按当前键两次，注意在两次按键之间不要移动鼠标。

(3) 拖动(Drag)：按下当前键不放并移动鼠标，当鼠标到达新的位置后再释放当前键，故有时也称为"拖放"(Drag and Drop)。

在执行以上各种操作前，都须事先把鼠标指针定位到相关的对象上。若一次移动尚未达到预定的位置，只需将已经移到平板边缘的鼠标提起来重新放回平板中央，继续向原方向移动即可。

其他指点式输入设备(如笔记本电脑常用的内置式触摸板)的操作均可仿此进行。

2. 窗口操作

常见的窗口操作，包括打开窗口、关闭窗口、移动窗口位置和改变窗口大小等。对于程序窗口和命令窗口等窗口，还可进行最大化和最小化等操作。

(1) 打开窗口：其目的就是运行该窗口所代表的程序。常用的方法有 3 种，一是在命令窗口键入一条相关的命令；二是用鼠标在工具栏中选定(即单击)相关的工具按钮；三是用鼠标打开相关的菜单，再在菜单中选定(单击)相关的菜单命令。其中第一种方法最为简便，工具按钮次之，而使用菜单所需的步骤则最多。

(2) 关闭窗口：关闭窗口的操作比较简单。所有的窗口(包括对话框)均在右上角设有"关闭"按钮，单击这一按钮窗口随即关闭。有些窗口还另在窗内设有"取消"按钮，用鼠标选定(单击)"取消"按钮也可关闭窗口。

(3) 移动窗口位置：把鼠标指针定位到窗口的标题栏上，按下鼠标的当前键，即可将窗口拖放到新的位置。

(4) 改变窗口大小：当移动鼠标指针缓慢地穿过窗口的一角或某条边线时，指针形状将改变为双向箭头形。此时若拖动鼠标，被指针压住的一角或边线即随之移动，使窗口放大或者缩小。注意拖动边线只能在一个方向(水平或垂直)改变窗口的大小，拖动窗角可同时移动角两边的边线。

(5) 窗口的最大化：单击窗口右上角的"最大化"按钮，便可将窗口放大到整个屏幕。与此同时，该按钮将变成"还原"按钮，可用于把已扩展到全屏幕的程序窗口恢复到最大化以前的大小。"还原"按钮的图标为两个重叠的矩形。

(6) 窗口的最小化：单击窗口的"最小化"按钮，窗口将缩为最小，以节省屏幕的空间。

3. 菜单操作

菜单是当前可用命令的集合。VFP 的主菜单拥有近 70 条命令。所谓菜单操作，就是从这些菜单命令中选择执行所需的命令，其中又包括打开(或激活)菜单，选定并执行命令以及关闭菜单等步骤。

VFP 主菜单基本上是二级下拉式菜单。选定一条命令一般要经历"选定子菜单/选定菜单命令"两步。少数菜单命令(例如工具菜单中的向导命令，如图 1-8 所示)在命令名的右方有一个向右箭头，表示它还有下级菜单。可见 VFP 的主菜单实际上是一个三级下拉菜单。

(1) 使用鼠标操作。将鼠标指针移到所需选项上，单击该选项，其下方会出现一个子菜单。接着将指针移到子菜单中的某个菜单命令上，单击这一命令，该命令便随即执行。

如果在菜单命令中还包含子命令(例如前面提到过的向导命令)，则当鼠标指针移到该命令上面时，只需把鼠标向右移动，就会显示出该命令的下级菜单，用户可从中选定所需的子命令。

(2) 使用键盘操作。无论是主菜单的选项还是子菜单中的菜单命令，其名称之后的括号内总有一个带下划线的字母，称为访问键。在键盘上按下 Alt+访问键(字母大小写均可)，其效果相当于用鼠标单击与该访问键相对应的选项/菜单命令。例如，若要执行文件菜单中的"新建"命令，只需在键盘上先后按下 Alt+F 与 Ctrl+N 即可。

有些常用的菜单命令除访问键外还设有快捷键，在菜单中显示在命令名的右方。如果用户记住了快捷键，便可利用它来直接选定菜单命令，省去了逐级打开菜单的麻烦。如图 1-9 所示，Ctrl+N 为"新建"命令的快捷键。在键盘上按下 Ctrl+N，就相当于先后按 Alt+F 与 Ctrl+N 产生的效果，操作更加简便。

图 1-8　子菜单中的下级菜单

图 1-9　子菜单中的快捷键

当菜单选项/菜单命令显示为灰色时，不论鼠标操作还是键盘操作均不起作用。

快捷菜单的操作快捷菜单一般用鼠标来操作。与下拉式菜单相比，其特点主要表现在：

·单击右键可打开菜单，单击左键则关闭菜单。

·快捷菜单具有对区域的敏感性，其内容将随打开菜单的区域差异而不同。但是在同一个窗口(或其他桌面区域)内，在不同位置上打开的快捷菜单都包含相同的内容。

·快捷菜单中使用的符号，其含义与下拉式菜单使用的符号是一样的。

4. 对话框操作

对话框无论繁简，总是由矩形框和按钮组成的。所以对话框的操作，也就是对按钮和各类矩形框的操作。

1) 按钮操作

对话框中的命令按钮一般都标有名称，据此可知道它的功能。有些按钮在面上刻有象形的图标，例如省略号（…）表示选择该按钮将打开另一对话框；▶表示能将数据从左方的列表框逐个地转移到右方的列表框；▶▶表示能将数据从左方的列表框成批地转移到右方的列表框等。当按钮上的名称或图标变为灰色时，表示该按钮暂时不能使用，如 1-9 图菜单中的"保存"命令为灰色显示，不可用。

按钮通常用鼠标操作，单击鼠标即可执行按钮所代表的功能。

2) 文本框操作

把鼠标指针移到文本框，单击框内要输入字符的位置，当看到一个插入光标在该位置上闪烁时，表示文本框已经激活，即可从键盘向文本框内输入字符了。

3) 选择框操作

选择框通常用鼠标来选择，单击一次鼠标可使原来未选的选项被选中，也可使原已选中的选项被取消。

单选钮以 ○ 为特征，选中后 ○ 内将出现一个黑点 ⊙ ；复选框以 □ 为特征，选中后 □ 内将出现一个"√"号 ☑。当同时有多个选项可供选择时，单选钮只能从中选择其一，即一旦在一个选项的 ○ 中出现了黑点，其他选项中原有的黑点即被取消。复选框不受这一限制，允许在多个 □ 中打上"√"号。

4) 列表框操作

（1）列表框通常含有多行相关的数据，但只有一行是选中的。当用鼠标单击列表框内的任何一行时，该行就会显示一个覆盖的光带，表示该行已被选中。

（2）当框内的已有数据超出窗口的容纳范围时，可以用鼠标拖动周边的滚动条，使窗口数据滚动显示。

5) 组合框操作

如前所述，组合框是由文本框与列表框组合而成的。文本框显示的内容，就是在列表框中选定了的选项。由于列表框平时并不显示，所以在组合框的操作中还需增加展开与关闭列表框的操作。步骤如下：

（1）单击文本框右侧的下拉按钮，使文本框下方展开一个下拉的列表框。

（2）在列表框中选择并且单击需要的选项。

（3）再次单击下拉按钮，关闭下拉的列表框。

6) 微调控件的操作

如图 1-7 所示，微调控件也可视为数码文本框与"增1"、"减1"两个微调按钮的组合。当用鼠标单击上述按钮时，每按一次按钮，文本框中的数码初值（由系统自动设定）增 1 或减 1。如果需改变较大的幅度，可单击数码文本框将它激活，然后从键盘直接输入所需的数值。

1.7.3 VFP 的工作方式

VFP 使用命令式的语言，一条命令可能相当于一般高级语言中的一段程序，能够完成一项相当复杂的功能。前面已多次提到过 VFP 的命令，本节将先对命令的格式与特点作一些补充介绍，然后讨论 VFP 的工作方式。

1. VFP 命令的格式与特点

1) 命令格式

一般地说，VFP 的命令总是由一个称为命令字的动词开头，后随一个宾语和若干子句(称为命令子句)，用来说明命令的操作对象、操作结果与操作条件。以下给出了若干简单的 VFP 命令的示例。

(1) use student   &&打开名称为 student(学生)的表文件
(2) list   &&列表显示当前表的所有记录
(3) list for 成绩<60   &&只显示成绩低于 60 分的名单

2) 命令特点

从以上的示例不难看出，VFP 的命令具有下列特点：

(1) 采用英文祈使句的形式，命令的各部分简洁规范(最简单的命令仅含一个命令字)，粗通英语的人都能看懂。VFP 中文版允许命令中的专用名词使用汉字，但其余词汇仍用英文。

(2) 操作对象、结果(目的地)和条件均可用命令子句的形式来表示。命令子句的数量不限(有些命令有二三十条子句)，顺序不限。它们使命令的附属功能可以方便地增删，十分灵活。

(3) 命令中只讲对操作的要求，不描述具体的操作过程，言简意赅，所以又称为"非过程化"(Non-Procedural)语言，而常见的高级语言都是"过程化"(Procedural)语言。

VFP 的命令既可逐条用交互的方式执行，又可编写成程序，以"程序文件"的方式执行。命令中的词汇(专用名词除外)还可使用简写，即只写出它们的前 4 个字母(例如 DISPLAY 可简写作 DISP)即可。

2. 命令分类

VFP 拥有近 500 条命令，大致可分为以下 7 类：
(1) 建立和维护数据库的命令。
(2) 数据查询命令。
(3) 程序设计命令，包括程序控制、输入/输出、打印设计、运行环境设置等命令。
(4) 界面设计命令，包括菜单设计、窗口设计、表单(包括其中的控件)设计等命令。
(5) 文件和程序的管理命令。
(6) 面向对象的设计命令。
(7) 其他命令。

1.7.4 两类工作方式

从 dBASE 到 VFP，都可以支持两类不同的工作方式，即交互操作方式与程序执行方式。

1. 交互操作方式

从 dBASE 到 FoxBASE+，交互操作方式即是命令执行方式。用户只需记住命令的格式与功能，在系统的圆点提示符(·)出现时从键盘上发一条所需的命令，即可在屏幕上显示执行的结果。由于早期的语言命令较少，加上使用命令方式可省去编程的麻烦，曾一度为初学者乐用。

随着 Windows 的推广，越来越多的应用程序支持界面操作，把基于 DOS 的单一菜单操作方式改变为基于 Windows 的综合运用菜单、窗口和对话框技术的图形界面操作。在众所周知的 Word、Excel 等办公软件中，界面操作已成为它们主要的甚至是唯一的工作方式。

顺应这一潮流，FoxPro 尤其是 FoxPro for Windows 也开始支持界面操作，从而成为能同时支持命令执行与界面操作两种交互操作方式的数据库管理系统。

继 FoxPro 推出的 VFP 进一步完善了界面操作，使交互操作方式的内涵逐渐从以命令方式为主转变为以界面操作为主、命令方式为辅。由 VFP 提供的向导、设计器等辅助设计工具，其直观的可视化界面正被越来越多的用户所熟悉和欢迎。

2. 程序执行方式

交互操作虽然方便，但用户操作与机器执行互相交叉，会降低执行速度。为此在实际工作中常常根据需要解决的问题，将 VFP 的命令编成特定的序列，并将它们存入程序文件(或称命令文件)。用户需要时，只需通过特定的命令(例如 DO 命令)调用程序文件，VFP 就能自动执行这一程序文件，把用户的介入减至最小限度。

程序执行方式不仅运行效率高，而且可重复执行。要执行几次就调用几次，何时调用便何时执行。另一个好处是，虽然编程序的人需熟悉 VFP 的命令和掌握编程的方法，使用程序的人只需了解程序的运行步骤和运行过程中的人—机交互要求，对程序的内部结构和其中的命令可不必知道。还需指出，开发 VFP 应用程序要求同时进行结构化程序设计与面向对象程序设计，其庞大的命令集往往令初学者望而生畏。幸运的是 VFP 提供了大量的辅助设计工具，不仅可直接产生应用程序所需要的界面，而且能自动生成 VFP 的程序代码。因此在一般情况下，仅有少量代码需要由用户手工编写，这些工具充分体现了"可视化程序设计"的优越性。

习 题 1

1. 单项选择题

(1) 在数据管理技术的发展过程中，经历了手工管理阶段、文件系统阶段和数据库系统阶段，其中数据独立性最高的阶段是_____。

    A. 数据库系统   B. 文件系统   C. 手工管理   D. 数据项管理

(2) 数据库(DB)、数据库系统(DBS)和数据库管理系统(DBMS)三者之间的关系是_____。

    A. DBS 包括 DB 和 DBMS   B. DBMS 包括 DB 和 DBS

    C. DB 包括 DBS 和 DBMS   D. DBS 就是 DB，也就是 DBMS

(3) Visual FoxPro 支持的数据模型是_____。

    A. 层次数据模型   B. 关系数据模型

    C. 网状数据模型   D. 树状数据模型

(4) 下面叙述中，_____不属于数据库系统的特点。

    A. 数据独立化   B. 数据独立性高

    C. 数据冗余度高   D. 数据共享程度高

(5) 关系型数据库采用_____来表示实体及实体之间的联系。

    A. 属性   B. 二维表   C. 字段   D. 记录

(6) 数据库管理系统是_____。

    A. 系统软件   B. 应用软件   C. 教学软件   D. 工具软件

2. 填空题

(1) 所谓数据独立性是指数据与_____之间不存在相互依赖关系。

(2) 在关系数据库中，二维表的列称为属性，二维表的行称为一个_____。

(3) 数据库系统的核心是_____。

(4) 关系模型由_____、_____和_____三部分组成。

(5) _____是指以一定的组织形式存放在计算机存储介质上的相互关联的数据的集合。

3. 简答题

(1) 数据库系统主要包括哪几个部分？

(2) 数据库管理系统有哪些功能？

(3) 数据库管理技术经历了哪几个发展阶段？各有什么优缺点？

(4) 从用户角度将数据库系统分为哪几类？

(5) VFP 9.0 有哪些特点？

第 2 章　VFP 9.0 的基本知识

教学提示：Visual FoxPro 提供了用于和管理操作的许多数据类型，各种类型的数据可以保存在表、数组、变量以及其他容器中，所有数据都有所属类型。提供数据存储用的常量、变量、数组、字段、记录、对象统称为数据存储容器，简称数据容器。

教学目标：本章主要介绍 Visual FoxPro 的数据类型，常量、变量，运算符和表达式，以及常用的函数。通过学习，掌握数据类型的种类和使用，运算符、表达式和常用函数的应用。

2.1　VFP 的数据类型

2.1.1　数据类型

数据有型和值之分，型是数据的分类，值是数据的具体表示。在实际工作中所采集到的原始数据，通常要经过加工处理，变成对用户有用的信息，而数据处理的基本要求是对相同类型的数据进行选择归类。为了适应存储数据的需要，VFP 提供了用于和管理操作的许多数据类型，常用的数据类型有 11 种。

1. 字符型（C 型）

字符型数据由字母、汉字、数字、空格、符号和标点等组成，通常用来存储姓名、单位、地址等信息，宽度由用户定义，但不超过 254 个字节，每个汉字占两个字节。

2. 数值型（N 型）

数值型用于表示数量，它由数字 0～9、正负号(+或 –)和小数点(.)组成，长度为 1～20 个字节。小数点的位置和字段的宽度由用户在创建该字段时指定，宽度包含小数点和小数位数。数据还可以分为整数、实数和浮点数等。

3. 逻辑型（L 型）

逻辑型用于存储只有两个值即真(.T.)和假(.F.)的数据，其长度固定为 1 个字节。输入 T(t) 或 Y(y)表示真值；输入 F(f)或 N(n)表示假值。

4. 日期型（D 型）

日期型用于存储日期数据，其存储格式为 YYYYMMDD，占 8 个字节。显示格式有许多种，常用的为 MM/DD/YY，它受 SET DATE、SET MARK、SET CENTURY 命令设置值的影响。日期型数据的取值范围为{^0001/1/1}～{^9999/12/31}。

5. 备注型（M 型）

备注型用于数据块的存储，宽度固定为 4 个字节。字段内容并不存储在记录中，而是存放在备注文件(后缀为.FPT)中，该备注文件是系统为每个含有备注型字段的表自动建立的一个和表同名的文件，记录中仅存储指向备注文件中相应内容的指针。

6. 通用型（G 型）

通用型用于存储 OLE 对象，其中包含对 OLE 对象的引用。一个 OLE 对象的具体内容可以是一个电子表格或一个字处理器的文档、图片、声音等。这些 OLE 对象是用其他应用程序建立的，该字段类型的长度固定为 4 个字节。

7. 日期时间型（T 型）

日期时间型用于存储日期和时间值，存储格式为 YYYYMMDDHHMMSS。其日期部分显示格式受 SET DATE、SET MARK、SET CENTURY 命令设置值的影响，取值范围为{1/1/100}～{12/31/9999}；时间部分的显示格式受 SET HOURS 和 SET SECONDS 命令设置的控制，取值范围为 00：00：00A.M.～11：59：59 P.M.。

8. 货币型（Y 型）

使用金钱时可使用货币数据类型代替数值类型，其存储空间占 8 个字节。

9. 整数型（I 型）

整数型用于无小数部分数值的存取，只用于表中字段的定义，存储用二进制形式表示，占 4 个字节。

10. 双精度型（B 型）

双精度类型用于取代一般的数值类型，以便能提供更高的数值精度。它只用于表中字段的定义，采用固定存储长度的浮点数形式，存储空间占 8 个字节。双精度类型不同于数值类型，其小数点位置由输入的数据值决定。

11. 浮点型（F 型）

浮点型以浮点数的形式存储数值数据，用较精确的位数存储数据，常用于科学计算，其宽度的规定和数值型相同。

2.1.2 常量

常量是指在程序运行过程中其值不发生变化的量。Visual FoxPro 支持字符型常量、数值型常量、浮点型常量、日期型常量、日期时间型常量、货币型常量和逻辑型常量 7 种类型的常量。

1. 常量分类

1）数值型常量

数值型常量是可以带正负号"+"、"−"的整数或小数（正号可省略），如 65、68.9、−90 等都是数值型常量。数值型常量还可以用科学记数法表示，如 2.5E+15 表示 $2.5×10^{15}$。这样表示的常量是数值型（N 型），而不是浮点型（F 型）。

2）字符型常量

字符型常量是用定界符括起来的字符串。定界符有 3 种，即单引号"' '"、双引号"" ""和方括号"[]"。在定义和使用字符型常量时必须注意以下几点：

（1）在字符串的两端必须加上定界符，否则系统会把该字符串当成变量名。如姓名是一个变量名，而"姓名"是一个常量字符串。

(2) 定界符只能是 ASCII 码字符（即半角字符），不能是全角字符。

(3) 左、右定界符必须匹配。即如果左边是双引号，那么右边也必须是双引号。

(4) 定界符可以嵌套，但同一种定界符不能互相嵌套，具体例子如下所示。

合法字符串：[古语云："天下没有不散的宴席"]

非法字符串："古语云："天下没有不散的宴席""

3）逻辑型常量

逻辑型常量也称布尔型常量，只有两种值，即逻辑真值或逻辑假值。逻辑真可以用.T.或.Y.表示，也可以用.t.或.y.来表示；逻辑假可以用.F./.N.、.f./.n.来表示。

注意：T、F 等字母的两端必须紧靠小圆点（圆点与字母之间不能有空格），圆点和字母都必须是半角符号，不能是全角字符。

4）日期型常量

日期型常量一定要包括年、月、日 3 个值，每两个值之间由一个分隔符（如斜杠"/"）隔开。日期型常量要放在一对花括号中，开始位置上再加上一个"^"符号。VFP 中采用严格的日期格式，即{^yyyy/mm/dd}，例如{^2012/03/20}。空值表示为{}、{ }、{/}、{ : }。其显示格式系统原来默认的方式是{MM/DD/YY}，但可以改变，其命令如下：

```
SET CENTURY ON        &&{YYYY/MM/DI}    （年用 4 位数表示）
SET DATE TO YDM       &&{YYYY/MM/DD}
SET MARK TO '-'       &&{YYYY-MM-DD}
```

在 VFP 中，可以通过设置 SET STRICTDATE TO 0，从而不进行严格日期格式的检查。运行时 STRICTDATE 的默认设置为 0，如果 STRICTDATE 设置为 0，则无效的 Date 和 DateTimes 将作为空日期。

5）日期时间型常量

该类常量值中既含日期又含时间，日期值包括年、月、日，时间值包括时、分、秒，其中时分秒的分隔符为冒号（：）。它的书写方式近似于日期型，例{^2012/10/15 10：00P }。空值表示为{一,：}、{一,：：}、{一一,：}和{一一，::}。

6）货币型常量

货币型常量是在数值型常量的前面加前置符号"＄"来标识，如＄123.3 表示的就是货币型常量，货币型常量不能用科学计数形式表示。

7）浮点型常量

由数字（0～9）、小数点和正负号组成的浮点格式，如–0.987E+15 等。

2. 定义常量名

在 Visual FoxPro 的程序设计中，可以使用#DEFINE 预处理器命令为某个常量值命名。例如，在程序中令 PI 作为圆周率 3.1415926536 的一个常量名的定义方法如下：

```
#DEFINE  PI 3.1415926536
```

使用了此定义后，后面凡遇到要使用圆周率的地方，都可以用常量名 PI 来表示。

2.1.3 变量

变量是指在程序运行过程中其值可能发生变化的量。变量是程序的基本单元，在 Visual FoxPro 中，变量分为字段变量、内存变量、数组变量、系统变量和对象变量 5 类。

1. 字段变量

字段变量是在数据库中定义的变量，每个字段名就是一个字段变量。字段变量是永久变量，它是一种多值变量，数据表中的每一条记录对应某一字段都有一个取值。当用字段名作变量时，它的当前值就是表的当前记录的值。

2. 内存变量

内存变量是用户通过命令或程序临时定义的变量，表示一块工作单元。它具有字符型变量、数值型变量、日期型变量、时间型变量、逻辑型变量和货币型变量等多种类型内存变量。

VFP 的内存变量与其他高级语言中的变量有所不同，它不需要事先说明其类型，其数据类型是根据当前所存储的数据的类型决定的。首先必须给所使用的内存变量赋一个值，这个变量才可以使用，否则，系统会提示："内存变量没有找到！"。

1）内存变量名

内存变量名可由字母、汉字、数字或下划线组成。给变量命名应力求做到"见名知义"。变量的命名规则如下：

（1）变量的第一个字符标识该变量的数据类型，一般采用类型标识字母，如 nVarl 应解释为 N 型的变量，这样做除了意义明了之外，还可避免使用系统已使用的单词和变量（系统内存变量名的第一个字符是下划线）。

（2）变量名的其余字符标识该变量的含义，如由变量名 cName 可知它是 C 型变量，内容是某个人的姓名。

2）建立内存变量

建立内存变量有两种方式，一种是使用 STORE 赋值命令，这个命令可以一次给多个内存变量赋值；另一种是使用赋值语句（等号"="）。

· STORE 赋值命令

【语法】

  STORE ＜表达式＞ TO ＜内存变量名表＞1＜数组表＞

"内存变量名表"是用逗号","分隔的多个内存变量。STORE 赋值命令的作用是将表达式的值赋给"内存变量名表"中列出的变量，即"内存变量名表"中给出变量具有相同的值。

例如：

```
STORE 7 TO nVarl          &&定义 N 型内存变量 nVarl，其值为 7
STORE "李梅" TO cNamel, cName2  &&定义 C 型内存变量 cNamel 和 cName2，二者的值
                                 均为"李梅"
```

· 赋值语句（等号"="）

【语法】

  ＜内存变量＞|＜数组＞=＜表达式＞

其作用是将"="右边表达式求值，然后再把表达式的值赋给"="左边的变量。

例如：

```
nVar2=10        &&定义 N 型内存变量 nVar2，其值为 10
str="中国"       &&定义 C 型内存变量 str，其值为"中国"
```

3）输出内存变量

在 Visual FoxPro 中，显示表达式的值可以使用命令"?"或"??"。

【语法】

　　?|??<表达式 1>

　　[PICTURE<描述表达式>][FUNCTION<字符表达式 2>][AT<显示列位置>]

【功能】

计算并输出结果。

其中：

? 　　　　表示打印输出，最后回车换行

?? 　　　　表示回车换行

PICTURE 　　　　表示输出描述表达式

FUNCTION 　　　　表示输出描述表达式，按指定格式输出

AT<> 　　　　表示显示列位置坐标

例 2.1 　输出变量 nAl、nA2、nA3 的值。

```
STORE 3 TO nAl, nA2, nA3
?nAl, nA2, nA3
    3    3    3
??nAl, nA2, nA3
    3    3    3    3    3    3        &&在前面的结果行后面接着输出
```

　　通过 DISPLAY MEMORY[LIKE<通配符>][To PRINTER][To FILE<文件名>]命令可显示内存变量内部结构。通过 RELEASE<内存变量表>命令可释放内存变量。

　　说明：通配符有? 和*两种，其中? 代表一个字符，*表示多个字符。

　　4）字段变量与内存变量的比较

　　字段变量和内存变量二者最大的区别是，字段变量是表结构的一部分，要使用字段变量，必须首先打开包含该字段的表，因此离不开表；而内存变量与表无关，不打开表照样可以使用。

　　内存变量和字段变量可以同名，此时，将优先存取字段变量，屏蔽同名的内存变量。若要明确指定访问内存变量，则应在内存变量名前加上指定符 M.或者 M–>（由减号加大于号组成），即 M.<内存变量名>或 M–><内存变量名>。

　　3. 数组变量

　　数组变量是一种有组织的内存结构变量，其若干性质和内存变量是一样的。但它是一种结构式变量，是具有相同名称而下标不同的一组有序的内存变量。VFP 允许定义一维和二维数组，数组在使用之前需要先定义。

　　1）定义数组

　　VFP 中的数组和其他高级语言中的数组有所不同，数组本身是没有数据类型的，各种数组元素的数据类型与最近一次被赋值的类型相同。也就是说，VFP 中的数组实际上只是名称有序的内存变量。创建数组的命令如下所示。

【语法】

　　DIMENSION | DECLARE | 　PUBLIC 　<数组名1>(<EXPN 1>[,<EXPN 2>=[,<数组名 2>(<EXPN 3>[,<EXPN 4>=…

【功能】

　　定义数组。

数组名是作为一个内存变量名来管理和命名的，所以其命名规则和管理与内存变量相同。在命令中，DIMENSION、DECLARE 表示定义的是局部数组，而 PUBLIC 表示定义的是全局数组。前者只对当前程序有效，后者对整个程序有效。

例 2.2 定义 A(2)、B(2，2)数组。

```
DIMENSION A(2),B(2,2)
```

该语句表示数组 A 中有两个元素，分别为 A(1)和 A(2)。数组 B 中有 4 个元素，分别为 B(1,1)、B(1,2)、B(2,1)和 B(2,2)。

定义了数组，但是还未给数组赋值时，数组中的元素具有相同的值，其值为逻辑值.F.。

2）数组元素及其引用

数组中的每个有序变量构成了数组的成员，这些变量称为数组元素。数组元素的名称由数组名和用括号括起来的下标组成。如 AA(1)，表示一维数组 AA 的第 1 个元素；BB(2,3) 表示二维数组 BB 的第 2 行、第 3 列元素。数据元素的引用说明如下：

（1）数组下标使用圆括号，二维数组的下标之间使用逗号隔开。

（2）数组的下标可以是常量、变量和表达式，如 nA(1)，nA(b1)，nA(a+b)。

（3）数组的第 1 个下标是 1，也就是说数组下标是从 1 开始的。

（4）数组元素的类型为最近一次被赋值的类型。

（5）数组元素和简单内存变量一样都可以被赋值和引用。

3）数组赋值和引用

数组的赋值和引用遵循内存变量的规则。

例 2.3 定义数组 AA(2)、AB(2,2)，给数组元素赋值并输出。

```
DIMENSION AA(2),AB(2,2)
AA(1)="ABCD"
AA(2)=.T.
AB(1,2)=AA(1)
AB(2,2)=123
AB(2,1)=11.1
?AA(1),AA(2),AB(1,2),AB(2,2)
```

屏幕上显示结果如下所示。

```
ABCD  .T.  ABCD     123
```

4）显示数组存储内容

可以使用显示内存变量的命令显示数组的存储情况。

```
    DISPLAY MEMORY LIKE A*
AA   Pirv    A     a
     (1)     C     "ABCD"
     (2)     L     .T.
AB   Priv    A     a
     (1,1)   L     .F.
     (1,2)   C     "ABCD"
     (2,1)   N     11.1    (11.10000000)
     (2,2)   N     123     (123.00000000)
```

已经定义 2 个变量，占用了 22 个字节。

从结果可以看出数组内部的存储结构。数组元素 AB(1,1)没有赋值，则自动为逻辑型，且值为.F.。也可仅对数组名赋值，此时表示该数组中所有的数据元素具有相同的值。如 STOR 1 TO AA，则表示数据元素 AA(1)和 AA(2)的值均为 1。

4. 系统变量

系统变量是特有的变量，是系统内部提供的，使用系统变量会带来许多方便。系统提供的系统变量很多，在使用 DISPLAY MEMORY 命令显示内存变量时，可以看到这些变量的当前值。下面举例说明这些系统变量的使用方法。

例 2.4 通过_CALCVALUE 系统变量将一个数字传到计算器中，然后通过计算器的计算，输出计算结果，如图 2-1 所示。

在命令窗口中输入：

图 2-1 显示计算器

```
CLEAR                          && 清屏幕
_CALCVALUE=20                  && 给该系统变量赋值
ACTIVATE WINDOW calculator     && 显示计算器
```

2.2　VFP 的函数与表达式

2.2.1　运算符与表达式

运算是对数据进行加工的过程，描述各种不同运算的符号称为运算符，而参与运算的数据称为操作数。表达式用来表示某个求值规则，它由运算符和配对的圆括号将常量、变量、函数、对象等操作数以合理的形式组合而成。

表达式可用来执行运算、操作字符或测试数据，每个表达式都产生唯一的值，表达式的类型由运算符的类型决定。在 VFP 中有以下 5 类运算符和表达式：

- 算术运算符和算术表达式
- 字符串运算符和字符串表达式
- 日期运算符和日期表达式
- 关系运算符和关系表达式
- 逻辑运算符和逻辑表达式

1. 算术运算符和算术表达式

1) 算术运算符

算术运算符用于算术运算。参加运算的数据一般都是数值型常量、变量或函数值为数值的函数，运算结果是数值型。VFP 提供的算术运算符如表 2-1 所示。在这 6 个算术运算符中，除取负 "−" 是单目运算符外，其他均为双目运算符。算术运算符的运算含义与数学中基本相同。

表 2-1　算术运算符

运算符	名称	说　明	运算符	名称	说　明
+	加	同数学中的加法	/	除	同数学中的除法
−	减	同数学中的减法	^或**	乘方	同数学中的乘方，如 4^3 表示 4^3
*	乘	同数学中的乘法	%	求余	12%5 表示 12 除以 5 所得的余数

算术运算符的优先权依次为：

() → ^、** → *、/ → % → +、-

2）表达式的书写规则

算术表达式也称数值型表达式，由算术运算符、数值型常量、变量、函数和圆括号组成，其运算结果为一个数值。例如：50*2+(70-6)/8 的运算结果为 108.00。算术表达式的格式为：

<数值 1><算术运算符 1><数值 2>[<算术运算符 2><数值 3>…]

算术表达式与数学中的表达式写法有所区别，在书写表达式时应当特别注意：

（1）每个符号占 1 格，所有符号都必须一个一个并排写在同一横线上，不能在右上角或右下角写方次或下标。例如：2^3 要写成 2^3，X_1+X_2 要写成 X1+X2。

（2）原来在数学表达式中省略的内容必须重新写上，乘号不能省略。例如：2X 要写成 2*X。

（3）所有括号都用小括号()，且括号必须配对。例如：3[x+2(y+z)]必须写成 3*(x+2*(y+z))。

（4）要把数学表达式中的有些符号，改成 VFP 中可以表示的符号。例如：要把 $2\pi r$ 改为 2*pi*r。

2. 字符串运算符和字符串表达式

一个字符串表达式由字符串常量、字符串变量、字符串函数和字符串运算符组成，它可以是一个简单的字符串常量，也可以是若干个字符串常量或字符串变量的组合。VFP 提供的字符运算符有两个（其运算级别相同），如表 2-2 所示。

表 2-2　字符运算符

运算符	名称	说　　明
+	连接	将字符型数据进行连接
-	空格移位连接	将前一数据尾部的空格移到后面数据的尾部

字符串表达式的格式为：

<字符串 1><字符串运算符 1><字符串 2>[<字符串运算符 2><字符串 3>…]

例如：

"ABC123"+"666xyz"运算结果为："ABC123666xyz"

"计算机"+"世界"运算结果为："计算机世界"

"ABC "-"DEFG"运算结果为："ABCDEFG "

字符串表达式的值为字符串。

在字符串中嵌入引号，只需将字符串用另一种引号括起来即可。例如：

```
QM="'"
cString=cString+QM+ALLTRIM(THIS.Edit1.Value)+QM+"'"
```

3. 关系运算符和关系表达式

关系运算符用于表达式值的比较运算，进行比较运算的表达式可以是常量、变量或带运算符的式子，但参加关系运算的表达式的值，它们的数据类型必须相同，即比较相同类型表达式的值。如果关系成立，则比较运算符的结果取逻辑值"真"(.T.)，否则取逻辑值"假"(.F.)。常用的关系运算符及其说明如表 2-3 所示。

表 2-3　关系运算符

运算符	说　　明	运算符	说　　明
<	小于	<=	小于或等于
>	大于	>=	大于或等于
=	等于	<>、#、!=	不等于
==	字符串全部相等	$	包含运算

例如：

```
A=16.3                    &&定义数值型变量 A
B=15.2                    &&定义数值型变量 B
?A<B                      &&数值比较，显示表达式 A<B 的值
?A>B                      &&数值比较，显示表达式 A>B 的值
```

在上面的两个关系表达式中，由于 A<B 关系不成立，所以，运算结果为假，其值为.F.；而 A>B 关系成立，所以运算结果为真，其值为.T.。

再如：

```
? "wasd"$"wfsdkfj"    &&比较$左边的字符串是否是其右边字符串的子串
? "ab"$"abcd"         &&比较$左边的字符串是否是其右边字符串的子串
? "abcd"="abc"        &&比较=右边的字符串是否是其左边字符串的子串
? "abc"="abcd"        &&比较=右边的字符串是否是其左边字符串的子串
```

在上面的 4 个关系表达式中，由于字符串 wasd 不是字符串 wfsdkfj 的子串，所以运算结果为假，值为.F.；而字符串 ab 是字符串 abcd 的子串，所以运算结果为真，值为.T.；由于 abc 是字符串 abcd 的子串，所以运算结果为真，值为.T.；而字符串 abcd 不是字符串 abc 的子串，所以运算结果为假，值为.F.。

其中"="在进行字符串比较时，其结果与 SET EXACT ON|OFF 的状态有关，若为 ON，这是精确比较，"="两边内容必须完全相同；若为 OFF，则"="左边从第一个字符开始包含"="右边的字符串，结果就为".T."，系统默认为 SET EXACT ON。

例如：

```
A="abcdef"
B="abcd"
?A=B
```

A=B的输出结果在SET EXACT OFF状态下为.T.，在SET EXACT ON状态下为.F.。

4. 逻辑运算符和逻辑表达式

逻辑运算符用于表达式之间的逻辑运算，这些表达式应有逻辑值，其运算结果也是逻辑值。逻辑运算符的优先级从高到低依次为非、与、或。逻辑运算符如表2-4所示。

逻辑运算符的意义如下：

表 2-4 逻辑运算符

```
.NOT. A        &&当 A 值为真时，结果取假，否则结果取真
A .OR. B       &&当 A 和 B 中至少有一个值为真时,运算结果取真
A .AND. B      &&当 A 和 B 中值都为真时，运算结果取真，否则取假
```

运算符	说　　明
.NOT.	逻辑非
.AND.	逻辑与
.OR.	逻辑或

例如：

```
?5+5>=9.OR.4+3>2.AND.7+3>9        &&结果为.T.
```

由于.OR.的优先级低于.AND.，所以先计算表达式 4+3>2.AND.7+3>9 的值，由于 4+3 大于 2，且 7+3 大于 9，所以表达式 4+3>2.AND.7+3>9 的值为.T.，所以整个表达式的值.T.。

5. 日期运算符和日期表达式

日期型表达式由算术运算符"+"、"–"、算术表达式、日期型常量、日期型变量和日期函

数组成。日期型数据是一种特殊的数值型数据，它们之间只能进行加"+"、减"−"运算。日期型运算主要有以下 3 种情况：

（1）两个日期型数据可以相减，结果是一个数值型数据（两个日期相差的天数）。例如：{^2012/12/19}-{^2012/11/16}结果为数值型数据：33。

（2）一个表示天数的数值型数据可加到日期型数据中，其结果仍然为一日期型数据（向后推算日期）。例如：{^2012/11/16}+33 结果为日期型数据：{^2012/12/19}。

（3）一个表示天数的数值型数据可从日期型数据中减掉它，其结果仍然为一日期型数据（向前推算日期）。例如：{^2012/12/19}-33，结果为日期型数据：{^2012/11/16}。

VFP 将无效的日期处理成空日期。

6. 类与对象运算符

类与对象运算符专门用于实现面向对象的程序设计，有以下两种：

（1）点运算符，确定对象与类的关系，以及属性、事件和方法与其对象的从属关系。

（2）作用域运算符，用于在子类中调用父类的方法。

7. 名表达式

在 VFP 中，许多命令和函数需要提供一个名。可在 VFP 中使用的名如下：

表/.DBF 文件名、表/.DBF 别名、表/.DBF 字段名、索引文件名、文件名、内存变量和数组名、窗口名、菜单名、表单名、对象名、属性名……

在 VFP 中定义一个名时，需要遵循以下原则：

（1）名只能由字母或下划线开始。

（2）名中只能使用字母、数字和下划线字符。

（3）不能使用 VFP 的保留字。

（4）名的长度可以为 1～128 个字符，但自由表中的字段名、索引标记名最多为 10 个字符。文件名遵从操作系统的规定。

名不是变量或字段，但是可以定义一个名表达式，以代替同名的变量或字段的值。

名表达式为 VFP 的命令和函数提供了灵活性。将名存放到变量或数组元素中，就可以在命令或函数中用变量来代替该名，只要将存放一个名的变量或数组元素用一对括号括起来。如：

```
STORE "CITY" TO a
REPLACE (a) WITH "Beijing"
```

字段名 CITY 被存放在变量 a 中，在使用 REPLACE 命令时，名表达式(a)将用字段名代替变量，这种方法称为间接引用。

2.2.2 函数

对于用户来说，程序设计语言中的函数与数学中的函数没有什么区别，使用函数要有参数（自变量），可以从函数得到一个返回的值（因变量）；而从程序设计的角度来看，函数是子程序的一种，它能完成一种特定的运算。

1. 函数的分类

VFP 的函数有两种，一种是用户自定义的函数，一种是系统函数。自定义函数由用户根据需要自行编写，系统函数则是由 VFP 提供的内部函数，用户可以随时调用。

VFP 提供的系统函数有几百个，主要有数值函数、字符处理函数、表和数据库函数、日期时间函数、类型转换函数、测试函数、菜单函数、窗口函数、数组函数、SQL 查询函数、位运算函数、对象特征函数、文件管理函数以及系统调用函数等 16 类。

2. 常用函数

VFP 提供了大量的系统函数供编程人员使用，系统提供的数学函数如表 2-5 所示，系统提供的字符串函数如表 2-6 所示，表 2-7 是日期函数，表 2-8 是类型转换函数。

表 2-5 数学函数

函数格式	说　明	函数格式	说　明
ABS(N)	求 N 的绝对值	PI()	求圆周率
COS(N)	求 N 的余弦函数	RAND(N)	产生在 0～1 的随机数
EXP(N)	求 N 的 e 指数函数	ROUND(N1,N2)	按 N2 指定的小数位数求 N1 四舍五入后的值
INT(N)	取 N 的整数，对负数取较小的整数	SIGN(N)	求 N 的正负符号
LOG(N)	求 N 的自然对数	SIN(N)	求 N 的正弦函数
MAX(N1,N2)	求 N1、N2 中的最大者	SQRT(N)	求 N 的平方根
MIN(N1,N2)	求 N1、N2 中的最小者	TAN(N)	求 N 的正切函数
MOD(N1,N2)	求 N1 除以 N2 的余数		

表 2-6 字符串函数

函数格式	说　明	函数格式	说　明
ALLTRIM(C)	去掉 C 的前导空格和尾随空格	RIGHT(C, n)	从字符串 C 的右边取长度为 n 的子串
ASC(C)	求 C 中最左边一个字符的 ASCII 码值	LOWER(C)	将字符串 C 中的大写字母转换为小写字母
AT(C1, C2)	返回 C1 在 C2 中出现的开始位置（整数值）	SPACE(n)	返回 n 个空格字符组成的字符串
LEFT(C, n)	从字符串 C 的左边取长度为 n 的子串	SUBSTR(C,n[,m])	从字符串 C 中提取从 n 开始的 m 个字符的子串，若省略 m 则取 n 开始的所有字符
LEN(C)	求字符串 C 长度		

表 2-7 日期函数

函数格式	说　明	函数格式	说　明
DATE()	系统当前日期	MONTH(D)	取日期 D 的月份值
TIME()	系统当前时间	DAY(D)	取日期 D 在月份中的天数值
DATETIME()	系统当前日期和时间	HOUR(D)	取时间 D 中的小时数
DOW(D)	取日期表达式 D 的星期号（1 为星期天）	MINUTE(D)	取时间 D 中的分钟数
YEAR(D)	取日期 D 的年份值	SEC(D)	取时间 D 中的秒数

表 2-8 类型转换函数

函数格式	说　明	函数格式	说　明
CHR(ASCII 码)	返回与 ASCII 码相应的字符	STR(N,n,m)	转换数值表达式 N 为数字字符串
CTOD(C)	转换 C 表达式为对应的日期值	TTOC(D)	转换日期时间表达式 D 为字符串
CTOT(C)	转换 C 表达式为对应的日期时间值	VAL(C)	返回数字字符串 C 对应的数值
DTOC(D)	转换日期表达式 D 为字符串		

3. 常用函数举例

1）数值型数据运算函数

数值函数是指函数值为数值的一类函数，它们的自变量与函数值通常也是数值型数据。

（1）取绝对值函数 ABS()

【格式】

ABS(<数值型表达式>)

【功能】

ABS()函数用于计算<数值型表达式>的值，并返回该值的绝对值。

例 2.5 ABS()函数应用举例。

```
? ABS(30-45)
     15
? ABS(12), ABS(-5)
  12    5
```

（2）指数函数 EXP()

【格式】

EXP(<数值型表达式>)

【功能】

EXP()函数用于求以 e 为底，以<数值型表达式>的值 n 为指数的幂，即返回 e^n 的值。

例 2.6 EXP()函数应用举例。

```
STORE 0 TO mn
   ? EXP(mn), EXP(mn+1)
     1.00  2.72
```

（3）取整函数 INT()

【格式】

INT(<数值型表达式>)

【功能】

INT()函数用于返回<数值型表达式>值的整数部分，即舍掉表达式的小数部分。

例 2.7 INT()函数应用举例。

```
? INT(19.6)
    19
? INT(-7.3)
    -7
```

（4）自然对数函数 LOG()

【格式】

LOG(<数值型表达式>)

【功能】

LOG()函数用于求<数值型表达式>的自然对数，该函数是函数 EXP()的逆运算。

例 2.8 LOG()函数应用举例。

```
x=10
? LOG(x)
   2.30
? LOG(5+x)
   2.71
```

（5）求最大值函数 MAX()

【格式】

    MAX(<表达式 1>,<表达式 2> [,<表达式 3>…])

【功能】

  MAX()函数用于返回两个或多个表达式中的最大值，各表达式可以是数值型、字符型、货币型、日期型等各种类型，但在同一函数中，各表达式类型必须一致。

  例 2.9 MAX()函数应用举例。

```
? MAX(12,48)
  48
SET CENTURY ON
? MAX(CTOD("04/03/2012"),CTOD("04/01/2012"))
  04/03/2012
```

（6）求最小值函数 MIN()

【格式】

    MIN(<表达式 1>,<表达式 2>[,<表达式 3>…])

【功能】

  MIN()函数用于返回两个或多个表达式的最小值，各表达式可以是数值型、字符型、货币型、日期型等各种类型，但在同一函数中，各表达式类型必须一致。

  例 2.10 MIN()函数应用举例。

```
? MIN(12,48)
    12
SET CENTURY ON
? MIN(CTOD("04/03/2012"),CTOD("04/01/2012"))
04/01/2012
```

（7）求模函数 MOD()

【格式】

    MOD(<数值型表达式 1>, <数值型表达式 2>)

【功能】

  MOD()函数的值等于<数值型表达式 1>除以<数值型表达式 2>的余数。函数结果的符号与<数值型表达式 1>的符号相同，即余数与被除数符号相同。如果被除数和除数同号，则结果为两数相除的余数；否则，结果为两数相除的余数再加上除数的值。

  例 2.11 MOD()函数应用举例。

```
? MOD(34,10)
  4
? MOD(5*3,2)
  1
? MOD(10,3), MOD(10,-3),MOD(-10,3)
  1 -2   2
```

（8）四舍五入函数 ROUND（）

【格式】

  ROUND（<数值型表达式 1>，<数值型表达式 2>）

【功能】

  ROUND（）函数可以用定值的方式求<数值型表达式 1>的四舍五入值。<数值型表达式 2>用于指定舍入的位数，若为非负数则用来指定小数部分位数；若为负数，则用来指定整数部分位数。

  例 2.12 ROUND（）函数应用举例。

```
STORE 1993.567 TO tt
? ROUND(tt,2)
    1993.57
? ROUND(tt,0)
    1994
? ROUND(tt,-1), ROUND(tt,-3)
    1990    2000
```

（9）求平方根函数 SQRT（）

【格式】

  SQRT（<数值型表达式>）

【功能】

  SQRT（）函数用于求<数值型表达式>的平方根，数值型表达式的值必须为非负。

  例 2.13 SQRT（）函数应用举例。

```
? SQRT(16)
    4.00
? SQRT(100)
    10.00
```

2）字符操作函数

  字符函数是处理字符型数据的函数，其自变量或函数值中至少有一个是字符型数据。

（1）宏代替函数&

【格式】

  &<字符型变量>

【功能】

  &函数用于替换一个<字符型变量>的内容。如果&函数后面还有其他字符时，则要用一个或多个空格与其他字符分开，或在&函数后面加上"."符号。

  例 2.14 宏代替函数&应用举例。

```
STORE "辽宁" TO mn
?mn
辽宁
STORE "中国&mn" to mw
? mw
中国辽宁
STORE "students" TO mn
USE &mn
```

```
use g:\VFP9\学生情况.dbf
STORE "list" To x
&x
```

Record#	学号	姓名	性别	出生日期	党员	专业	助学金	简历
1	10001	王晓芳	女	05/07/93	.T.	计算机	1400.00	班长
2	20010	李秋枫	男	11/25/94	.F.	数学	1500.00	党员
3	10021	刘春苹	女	08/12/94	.F.	计算机	1400.00	备注
4	30011	高山	男	10/08/94	.F.	工业会计	1450.00	备注
5	20005	王刚	男	04/03/94	.T.	数学	1300.00	备注
6	10012	张纯玉	男	07/21/92	.F.	计算机	1500.00	备注
7	30018	张冬云	女	12/26/94	.F.	工业会计	1350.00	学委

(2) 字符串检索函数 AT()

【格式】

AT(<字符型表达式 1>,<字符型表达式 2>)

【功能】

AT()函数在<字符型表达式 2>中检索<字符型表达式 1>，如<字符型表达式 1> 包含在<字符型表达式 2>中，则返回其在<字符型表达式 2>中的起始位置，函数值为整数；否则，函数返回值为 0。

例 2.15　AT()函数应用举例。

```
STORE "That is" TO yzm
? yzm
That is
? AT("h",yzm)
2
? AT("i",yzm)
6
```

(3) 求左子串函数 LEFT()

【格式】

LEFT(<字符型表达式>,<数值型表达式>)

【功能】

LEFT 函数从<字符型表达式>的左边的第一个字符开始，向右截取<数值型表达式>指定的字符个数，形成一个新的字符串。

当<字符型表达式>的值为 0 或负数时，返回一个空串。当其值大于字符串的长度时，返回整个字符串。

例 2.16　LEFT()函数应用举例。

```
STORE "This is a pen" TO yzm
? yzm
This is a pen
? LEFT(yzm,7)
This is
```

(4) 字符串前导空格删除函数 LTRIM()

【格式】

LTRIM(<字符型表达式>)

【功能】

LTRIM()函数用于删除字符串的前导空格。

例2.17 LTRIM()函数应用举例。

```
STORE "  辽宁" to yzm
? yzm
  辽宁
? "中国"+yzm
中国  辽宁
? "中国"+LTRIM(yzm)
中国辽宁
```

（5）求右子串函数 RIGHT()

【格式】

RIGHT(<字符型表达式>,<数值型表达式>)

【功能】

RIGHT()函数从<字符型表达式>右边的第一个字符开始，向左截取<数值型表达式>指定的字符个数，形成一个新的字符串。

当<字符型表达式>的值为0或负数时，返回一个空串。当其值大于字符串的长度时，返回整个字符串。

例2.18 RIGHT()函数应用举例。

```
STORE "This is a pen" TO yzm
? yzm
This is a pen
? RIGHT(yzm,3)
pen
```

（6）字符重复函数 REPLICATE()

【格式】

REPLICATE(<字符型表达式>,<数值型表达式>)

【功能】

REPLICATE()函数按<数值型表达式>指定的次数重复<字符型表达式>，生成一个新的字符串。

REPLICATE()函数的结果不能超过254个字符。<数值型表达式>的值若为小数，则只取整数部分。

例2.19 REPLICATE()函数应用举例。

```
STORE "$" TO yzm
? yzm
  $
? REPLICATE(yzm,4)
$$$$
```

（7）字符串尾部空格删除函 RTRIM()/TRIM()/ALLTRIM()

【格式】

RTRIM/TRIM/ALLTRIM(<字符型表达式>)

【功能】

RTRIM()/TRIM()函数用于删除字符串尾部的空格。

ALLTRIM()函数用于删除字符串的首部及尾部空格。

例 2.20 TRIM()函数应用举例。

```
? TRIM("中国      ")+"辽宁"
中国辽宁
```

(8) 字符串替换函数 STUFF()

【格式】

STUFF(<字符型表达式 1>,<起始位置>,<字符个数>,<字符型表达式 2>)

【功能】

STUFF()函数用<字符型表达式 2>替换<字符型表达式 1>中的一部分。<起始位置>是替换的起始字符在<字符型表达式 1>的位置，<字符个数>是指明所要替换的字符个数。

当<字符个数>为 0 时，则插入一个字符串。当<字符型表达式 2>为空串时，则删除指定个数的字符。

例 2.21 STUFF()函数应用举例。

```
STORE "This is a pen" TO yzm
? yzm
This is a pen
? STUFF(yzm,3,2,"at")
That is a pen
```

(9) 求子串函数 SUBSTR()

【格式】

SUBSTR(<字符型表达式>,<起始位置>[,<字符个数>])

【功能】

SUBSTR()函数在<字符型表达式>中，从<起始位置>开始截取指定的<字符个数>，形成一个新的字符串，如省略<字符个数>则截取到最后一个字符。

例 2.22 SUBSTR()函数应用举例。

```
? SUBSTR("That is a pencil",6)
is a pencil
? SUBSTR("That is a pencil",2,6)
hat is
```

(10) 空格生成函数 SPACE()

【格式】

SPACE(<数值型表达式>)

【功能】

SPACE()函数用于生成指定个数的空格，即返回包含<数值型表达式>个数的空格字符串。

例 2.23 SPACE()函数应用举例。

```
? "How"+SPACE(1)+"are"+ SPACE(1)+ "you?"
How are you?
```

3）日期和时间函数

（1）文字星期函数 CDOW()

【格式】

　　CDOW(<日期型表达式>)

【功能】

CDOW()函数用于返回<日期型表达式>的星期文字名称。

例 2.24　CDOW()函数应用举例。

```
SET CENTURY ON
STORE CTOD("05/26/2012") TO zym
? zym
05/26/2012
? CDOW(zym)
Saturday
```

（2）文字月份函数 CMONTH()

【格式】

　　CMONTH(<日期型表达式>)

【功能】

CMONTH()函数用于返回<日期型表达式>中月份的文字名称。

例 2.25　CMONTH()函数应用举例。

```
? CMONTH(CTOD("10/06/2012"))
October
```

（3）日期函数 DATE()

【格式】

　　DATE()

【功能】

DATE()函数返回当前系统日期。返回格式可以用 SET DATE 命令设置，默认格式为 mm/dd/yy。

例 2.26　DATE()函数应用举例。

```
SET CENTURY ON
? DATE()
10/18/2012
```

（4）求日函数 DAY()

【格式】

　　DAY(<日期型表达式>)

【功能】

DAY()函数返回<日期型表达式>中日的数值，即从日期表达式中返回一个用数字表示的日数。

例 2.27　DAY()函数应用举例。

```
? DAY(CTOD("05/26/2012"))
26
```

（5）数字星期函数 DOW()

【格式】

DOW(<日期型表达式>)

【功能】

DOW()函数返回<日期型表达式>对应的星期的数字值，星期日为 1、星期一为 2。

例 2.28 DOW()函数应用举例。

```
? DOW(CTOD("05/26/2012"))
7
```

（6）数字月份函数 MONTH()

【格式】

MONTH(<日期型表达式>)

【功能】

MONTH()函数返回<日期型表达式>中月份的数字值，即从日期表达式中返回一个用数字表示的月份。

例 2.29 MONTH()函数应用举例。

```
? MONTH(CTOD("05/26/2012"))
5
```

（7）时间函数 TIME()

【格式】

TIME([<表达式>])

【功能】

TIME()函数以 hh:mm:ss 格式返回当前系统时间，如选择<表达式>，返回的时间可达 1/100 秒。

例 2.30 TIME()函数应用举例。

```
? TIME()
08:53:07
? TIME(1)
08:53:09.05
```

（8）求年函数 YEAR()

【格式】

YEAR(<日期型表达式>)

【功能】

YEAR()函数返回<日期型表达式>中年的数值，即从日期表达式中返回一个由 4 位数字表示的年份。

例 2.31 YEAR()函数应用举例。

```
? YEAR(CTOD("10/06/2012"))
2012
```

例如，求 students 库中某人年龄 AGE（数值型）的算法如下：

AGE=YEAR(DATE())-YEAR(出生日期)

4）转换函数

（1）字符转换成数值函数 ASC()

【格式】

　　ASC(<字符型表达式>)

【功能】

ASC()函数将<字符型表达式>的第一个字符转换成其 ASCII 码的数值。

例 2.32　ASC()函数应用举例。

```
? ASC("AB")
65
? ASC("987")
57
```

(2) 数值转换成字符函数 CHR()

【格式】

　　CHR(<数值型表达式>)

【功能】

CHR()函数将<数值型表达式>的值作为 ASCII 码转换成一个相应的字符。

例 2.33　CHR()函数应用举例。

```
? CHR(65)
A
```

(3) 字符型转换日期型函数 CTOD()

【格式】

　　CTOD(<字符型表达式>)

【功能】

CTOD()函数将字符型数据转换成日期型数据。

例 2.34　CTOD()函数应用举例。

```
? CTOD("10/06/2012")
10/06/2012
```

(4) 日期型转换字符型函数 DTOC()

【格式】

　　DTOC(<日期型表达式>[,<1>])

【功能】

DTOC()函数将日期型数据转换成字符型数据。如指定选择项，则以年、月、日的格式输出。

例 2.35　DTOC()函数应用举例。

```
SET CENTURY ON       &&开启世纪前缀，即日期中年份用 4 位数字表示
SET DATE TO ANSI
rq={^2012.11.14}
rq=DTOC(rq)
?SUBSTR(rq,1,4)+ "年"+SUBSTR(rq,6,2)+ "月"+ SUBSTR (rq,9,2)+ "日"
2012 年 11 月 14 日
SET DATE TO mdy
STORE CTOD("10/06/2012") TO zmy
? zmy
10/06/2012
```

```
? DTOC(zmy)
10/06/2012
? DTOC(zmy,1)
20121006
```

(5) 大写字母转换小写字母函数 LOWER()

【格式】

　　LOWER(<字符型表达式>)

【功能】

LOWER()函数将<字符型表达式>中的大写字母转换成小写字母。

例 2.36 LOWER()函数应用举例。

```
? LOWER("This is a pen")
this is a pen
```

(6) 小写字母转换大写字母函数 UPPER()

【格式】

　　UPPER(<字符型表达式>)

【功能】

UPPER()函数将<字符表达式>中的小写字母转换成大写字母。

例 2.37 UPPER()函数应用举例。

```
? UPPER("This is a pen")
THIS IS A PEN
```

(7) 数值型转换字符型函数 STR()

【格式】

　　STR(<数值型表达式>[,<长度>][,<小数位>])

【功能】

　　STR() 函数将数值型数据转换成字符型数据。<长度>指出字符串的宽度，<小数位>指明小数的位数。

例 2.38 STR()函数应用举例。

```
STORE 1995.106 TO mzy
?mzy
1995.106
? STR(mzy,10,5)
1995.10600
```

(8) 字符型转换数值型函数 VAL()

【格式】

　　VAL(<字符型表达式>)

【功能】

VAL()函数将字符型数据转换成数值型数据。

例 2.39 VAL()函数应用举例。

```
? 1555+VAL("333")
1888.00
```

5）测试函数

（1）数据类型测试函数 TYPE（）

【格式】

  TYPE（<字符型表达式>）

【功能】

TYPE（）函数测试表达式的数据类型，返回值为如下大写字母之一：
C字符型，N数值型，D日期型，L逻辑型，M备注型，U未定义。

例2.40 TYPE（）函数应用举例。

```
? TYPE("4*5")
N
? TYPE("YZM=168")
U
```

（2）字母测试函数 ISALPHA（）

【格式】

  ISALPHA（<字符型表达式>）

【功能】

ISALPHA（）函数测试<字符型表达式>是否以字母开头，若以字母开头返回逻辑真值，否则返回逻辑假值。

例2.41 ISALPHA（）函数应用举例。

```
? ISALPHA("YZM")
.T.
? ISALPHA("6YZM")
.F.
```

（3）小写字母测试函数 ISLOWER（）

【格式】

  ISLOWER（<字符型表达式>）

【功能】

ISLOWER（）函数测试<字符型表达式>是否以小写字母开头，若以小写字母开头，则返回逻辑真值；否则返回逻辑假值。

例2.42 ISLOWER（）函数应用举例。

```
? ISLOWER("Yzm")
.F.
? ISLOWER("yZm")
.T.
```

（4）大写字母测试函数 ISUPPER（）

【格式】

  ISUPPER（<字符型表达式>）

【功能】

ISUPPER（）函数测试<字符型表达式>是否以大写字母开头，若以大写字母开头，则返回逻辑真值；否则返回逻辑假值。

例 2.43 ISUPPER() 函数应用举例。

```
? ISUPPER("aCX5")
.F.
```

(5) 字符串长度测试函数 LEN()

【格式】

LEN(<字符型表达式>)

【功能】

LEN() 函数测试<字符型表达式>值的长度。

例 2.44 LEN() 函数应用举例。

```
? LEN("This is a pen.")
14
```

(6) 光标行坐标测试函数 ROW()

【格式】

ROW()

【功能】

ROW() 函数返回光标当前的行坐标位置。

(7) 光标列坐标测试函数 COL()

【格式】

COL()

【功能】

COL() 函数返回光标当前的列坐标位置。

6) 数据库测试函数

(1) 文件测试函数 FILE()

【格式】

FILE(<文件名>)

【功能】

FILE() 函数测试以<文件名>为名的文件是否存在，若存在则返回逻辑真值；不存在则返回假值。<文件名>中必须带有扩展名部分，可指明文件的路径。

例 2.45 FILE() 函数应用举例。

```
? FILE("D:\students.dbf")
.T.
? FILE("students.dbf")
.F.
```

students.dbf 文件在 D 驱动器中，而当前默认驱动器是 C。

(2) 工作区测试函数 SELECT()

【格式】

SELECT()

【功能】

SELECT() 函数测试当前选择的工作区号。

例 2.46 SELECT() 函数应用举例。

```
SELECT 2
Use g:\VFP9\学生情况.dbf
? SELECT()
2
```

(3) 记录测试函数 RECCOUNT()

【格式】

　　RECCOUNT([<数值型表达式>])

【功能】

　　RECCOUNT() 函数测试指定工作区中数据库文件的记录数。若未指定<数值型表达式>，则认为是当前工作区。

例 2.47 RECCOUNT() 函数应用举例。

```
Use g:\VFP9\学生情况.dbf
? RECCOUNT()
7
```

(4) 字段数测试函数 FCOUNT()

【格式】

　　FCOUNT([<数值型表达式>])

【功能】

　　FCOUNT() 函数测试指定工作区中的字段的个数。若指定的工作区中没有文件被打开，则返回 0。若未指定<数值型表达式>，则测定当前工作区的字段数。

例 2.48 FCOUNT() 函数应用举例。

```
Use g:\VFP9\学生情况.dbf
? FCOUNT()
8
```

(5) 文件起始测试函数 BOF()

【格式】

　　BOF([<数值型表达式>])

【功能】

　　BOF() 函数测试指定工作区中数据文件的记录指针是否指在起始位置。若在起始位置，则返回逻辑真值，否则返回假值。若未指定<数值型表达式>，则对当前工作区进行测试。

例 2.49 BOF() 函数应用举例。

```
Use g:\VFP9\学生情况.dbf
? BOF()
.F.
SKIP -1
Record No.1
? BOF()
.T.
```

(6) 文件结束测试函数 EOF()

【格式】

    EOF([<数值型表达式>])

【功能】

EOF()函数测试指定工作区中数据文件的记录指针是否指在结束位置。若在结束位置，则返回逻辑真值，否则返回假值。若未指定<数值型表达式>，则对当前工作区进行测试。

例2.50   EOF()函数应用举例。

```
Use g:\VFP9\学生情况.dbf
GOTO BOTTOM
? EOF()
.F.
SKIP 1
EOF()
.T.
```

(7) 记录号测试函数RECNO()

【格式】

    RECNO([<数值型表达式>])

【功能】

RECNO()函数用于测试指定工作区中数据库文件的记录指针所在的位置。若未指定<数值型表达式>，则返回当前工作区的当前记录号。

例2.51   RECNO()函数应用举例。

```
Use g:\VFP9\学生情况.dbf
GOTO BOTTOM
? RECNO()
7
```

(8) 检索测试函数FOUND()

【格式】

    FOUND([<数值型表达式>])

【功能】

FOUND()函数测试指定工作区中最后一个SEEK、FIND、LOCATE或CONTINUE命令检索是否成功，若成功，返回逻辑真值，否则返回逻辑假值。若未指定<数值型表达式>，则对当前工作区进行测试。

例2.52   FOUND()函数应用举例。

```
Use g:\VFP9\学生情况.dbf
LOCATE ALL FOR 学号=30011
Record=4
? FOUND()
.T.
```

(9) 记录删除测试函数DELETED()

【格式】

    DELETED([<数值型表达式>])

【功能】

DELETED()函数测试指定工作区中当前记录是否带有删除标记*。如果有，则返回逻辑真值，否则返回逻辑假值。若未指定<数值型表达式>，则对当前工作区进行测试。

例2.53 DELETED()函数应用举例。

```
Use g:\VFP9\学生情况.dbf
GOTO 6
DISPLAY
? DELETED()
.F.
DELETE
1 record  deleted
? DELETED()
.T.
```

7）标识函数

（1）别名函数 ALIAS()

【格式】

　　ALIAS([<数值型表达式>])

【功能】

ALIAS()函数返回指定工作区的别名，若未指定<数值型表达式>则返回当前工作区的别名。如果在指定工作区中无数据库文件打开，则返回空串。

例2.54 ALIAS()函数应用举例。

```
SELECT 2
Use g:\VFP9\学生情况.dbf
SELECT 1
USE stu1 ALIAS st
? ALIAS()
ST
? ALIAS(2)
STUDENTS
```

（2）数据库文件函数 DBF()

【格式】

　　DBF([<数值型表达式>])

【功能】

DBF()函数返回指定工作区中打开的数据库文件名，如果未指定<数值型表达式>则返回当前工作区打开的数据库文件名。若指定工作区中无数据库文件打开，则返回一个空串。

例2.55 DBF()函数应用举例。

```
Use g:\VFP9\学生情况.dbf
? DBF()
C:.DBF
CLOSE DATABASE
? DBF()
```

（3）字段名函数 FIELD()

【格式】

　　FIELD(<数值型表达式 1>[,<数值型表达式 2>])

【功能】

FIELD()函数返回指定工作区打开的数据库文件中，与<数值型表达式 1>相对应的字段名。如果未指定<数值型表达式 2>，则对当前工作区操作。

如果指定的工作区没有数据库文件打开或<数值型表达式 1>的值大于数据库文件的字段个数，则返回一个空串。

例 2.56　FIELD()函数应用举例。

```
Use g:\VFP9\学生情况.dbf
? FIELD(2)
姓名
SELECT 2
? FIELD(2,1)
姓名
```

(4) 功能键名称函数 FKLABEL()

【格式】

FKLABEL(<数值型表达式>)

【功能】

FKLABEL()函数返回对应于<数值型表达式>的功能键名。

例 2.57　FKLABEL()函数应用举例。

```
? FKLABEL(3)
F4
```

(5) 功能键函数 FKMAX()

【格式】

FKMAX()

【功能】

FKMAX()函数返回键盘上可编程功能键的个数。

例 2.58　FKMAX()函数应用举例。

```
? FKMAX()
9
```

(6) 操作系统版本号函数 OS()

【格式】

OS()

【功能】

OS()函数返回当前使用的操作系统的版本号。

例 2.59　OS()函数应用举例。

```
? OS()
DOS 5.01
```

(7) 索引文件函数 NDX()

【格式】

NDX(<数字表达式>)

【功能】

NDX()函数返回当前工作区打开的索引文件的文件名。

<数值型表达式>指明索引文件打开时在索引文件表中的位置(在1到7之间)。如果指定的位置没有索引文件打开，则返回一个空串。

例2.60 NDX()函数应用举例。

```
Use g:\VFP9\学生情况.dbf INDEX stux3,stux2,stux1
? NDX(3)
g:\VFP9\stux1.idx
```

习　题　2

1. 单项选择题

(1) 要想将日期或日期时间型数据中的年份用4位数字显示，应当使用命令_____设置。

    A. SET CENTURY ON
        B. SET CENTURY OFF

    C. SET CENTURY TO 4
        D. SET CENTURY OF 4

(2) 字符型数据的最大长度是_____。

    A. 20
        B. 254
        C. 10
        D. 65K

(3) 下列表达式中，逻辑型常量的是_____。

    A. Y→.Y
        B. N
        C. NOT
        D. .E.→.F.

(4) {^2004/07/01} -31 的值是_____。

    A. {06/01/04}
        B. {2004/05/31}
    C. {05/31/04}
        D. {04/05/31}

(5) 设 N=886，M=345，K="M+N"，表达式 1+&K 的值是_____。

    A. 1232
        B. 346
    C. 1+M+N
        D. 数据类型不匹配

(6) 有如下赋值语句：a="你好"、b="大家"，结果为"大家好"的表达式是_____。

    A. b+AT(a, 1)
        B. b+RIGHT(a, 1)

    C. b+LEFT(a, 3, 4)
        D. b+RIGHT(a, 2)

2. 填空题

(1) 项目文件的扩展名为_____。

(2) 在命令窗口中设置工作默认路径的命令为_____。

(3) VFP 9.0 属于_____管理系统。

(4) 备注型字段的长度固定为_____。

(5) VFP 中，变量名的长度一般不能超过_____个字符。

3. 简答题

(1) VFP 提供了哪些数据类型？

(2) 简述 VFP 定义数组的几种方法。

(3) 字段变量和内存变量有什么区别？

(4) VFP 有哪几种运算符和表达式？

(5) 将数学表达式 {[(4+8)×5+36]−15} ÷ 10 转换成 VFP 算术表达式。

第3章 表的基本操作

教学提示： 在数据库管理系统中，数据与程序是分开存放的，设计程序的目的是为了将数据加工处理成符合用户要求的有用信息。在 VFP 中，数据库(database，后缀名为 DBC)和表(table，后缀名为 DBF)是两个不同的概念。表是处理数据、建立关系数据库和应用程序的基础单元，它用于存储收集来的各种信息。而数据库是表的集合，它控制这些表协同工作，共同完成某项任务。数据库中包含有关表、索引、关系、触发器等的信息。本章主要介绍 VFP 表的基本知识，包括表的概念、如何创建表、表的基本操作、表数据的输入，以及表的维护命令等内容。

教学目标： 本章介绍 VFP 的表的建立方法，以及如何使用"表设计器"创建一个表。还介绍如何修改表的结构、表数据的输入、显示及维护命令。要求学生通过本章的学习能熟练掌握这些基本内容。

3.1 VFP 的表

如果把一个 VFP 应用程序比做是一座大厦的话，那么，表就是其中一块块砖瓦——处理数据和建立关系型数据库及应用程序的基本单元。

VFP 的数据以表的形式存储，表的每一列表示一个单一的数据元素(在 VFP 中称为字段)，比如姓名、地址或电话号码。每一行是一个记录，是一个由每列中的一个数据组成的组。表的每一个字段都有特定的数据类型。可以将字段的数据类型设置为如表 3-1 所示的任意一种。

表 3-1 字段的数据类型

数据类型	代　号	说　　明	数据类型	代　　号	说　　明
字符型	C	字母、数字型文本	双精度型	B	双精度数值
货币型	Y	货币单位(价格)	整型	I	不带小数点的数值
数值型	N	整数或小数	逻辑型	L	真或假
浮点型	F	同数值型	备注型	M	不定长的字母、数字文本
日期型	D	年，月，日	通用型	G	OLE(对象链接与嵌入)
日期时间型	T	年，月，日，时，分，秒			

那么，表是什么样子的呢？下面用例子来说明。在日常的工作、生活中，遇到的大量的数据有很多都是以表格形式出现的，下面的表格是某学校学生"学生情况"表的基本数据。

学号	姓名	性别	出生日期	党员	专业	助学金	简历
10001	王晓芳	女	05/07/93	.T.	计算机	1400.00	班长
20010	李秋枫	男	11/25/94	.F.	数学	1500.00	
10021	刘春苹	女	08/12/94	.F.	计算机	1400.00	
30011	高　山	男	10/08/94	.F.	工业会计	1450.00	
20005	王　刚	男	04/03/93	.T.	数学	1300.00	党员
10012	张纯玉	男	07/21/92	.F.	计算机	1500.00	
30018	张冬云	女	12/26/94	.F.	工业会计	1350.00	学委

根据管理上的实际需要及所有信息内容，可确定该表的各字段的定义为：

文件名 学生情况.DBF

字段名	学号	姓名	性别	出生日期	党员	专业	助学金	简历
类 型	C	C	C	D	L	C	N	M
宽 度	5	8	2	8	1	8	6,1	4

后 3 行分别为各字段的名称、数据类型和宽度，其中"6,1"表示宽度为 6，小数位占 1 位。

3.2 使用"表设计器"创建表

使用"表设计器"可以方便、直接地创建表，既可以通过"项目管理器"的"数据"选项卡使用"表设计器"创建，也可以从"文件"菜单中使用"表设计器"创建。前一种方法在以后创建"项目管理器"时再介绍，这里仅介绍从"文件"菜单中创建表。

3.2.1 建立表的结构

1. 用表设计器建立表结构

选择菜单"文件/新建"，在弹出的"新建"对话框中选择"表"，如图 3-1 所示。然后选择"新建"按钮，在弹出的"创建"对话框中选择要存放的目录或文件夹，并输入表名（如："学生情况"），如图 3-2 所示，就会弹出"表设计器"对话框。

图 3-1 新建对话框

图 3-2 创建对话框

一个表中的所有字段组成了表结构。在创建表之前应先设计字段属性。字段的基本属性包括字段的名称、类型、宽度、小数位数及是否允许为空。

1）字段名

即表中每个字段的名称，比如学生表中的"学号"字段和"姓名"字段。字段名可以是以字母或汉字开头的字符串。自由表中的字段名长度不能超过 10 个字符，数据库表中的字段名长度不能超过 128 个字符。若将数据库表转为自由表，则系统自动截取字段名的前 10 个字符作为自由表的相应字段名。

注意：字段名中可以包括字母、汉字、数字或下划线，但不接受空格字符，其命令规则与内存变量的命名规则基本一致。

2）字段类型

字段的数据类型应与存储的信息类型相匹配。数据库可以存储大量的数据，并提供丰富的数据类型。这些数据可以是一段文字、一组数据、一个字符串、一幅图像或一段多媒体作品。当把不同类型的数据存入字段时，必须先定义该字段的类型，这样数据库系统才能对这个字段采取相应的处理方法。对可能超过 254 个字符或含有诸如制表符及回车符的长文本，可以使用备注数据类型。

3）字段宽度

设置以字符为单位的列宽。设置的列宽应保证能够存放所有记录相应字段的最大宽度，但也不必设置得太宽，否则将占用大量存储空间，并在使用时浪费内存。

4）小数位数

当字段类型为数值型和浮点型时，应为其设置小数位数。数值型和浮点型字段宽度的构成是"整数位数"＋"."＋"小数位数"，如若欲存放最大值为 100、一般值为 0～99.5 的学生成绩，则应该设置其字段宽度为 5，小数位数为 1。

5）是否允许为空

指是否允许字段接受 NULL 值。

在了解字段的主要属性后，将表"学生情况"中的字段属性定义如下：

选择"字段"选项卡，在"名称"区域键入字段的名称；在"类型"区域选择列表中的某一字段类型；在"宽度"区域设置以字符为单位的列宽；如果"字段类型"是"数值型"或"浮点型"，则设置"小数位数"框中的小数点位数；如果希望为字段添加索引，在"索引"列中选择一种排序方式。定义"学生情况"的各字段如图 3-3 所示。

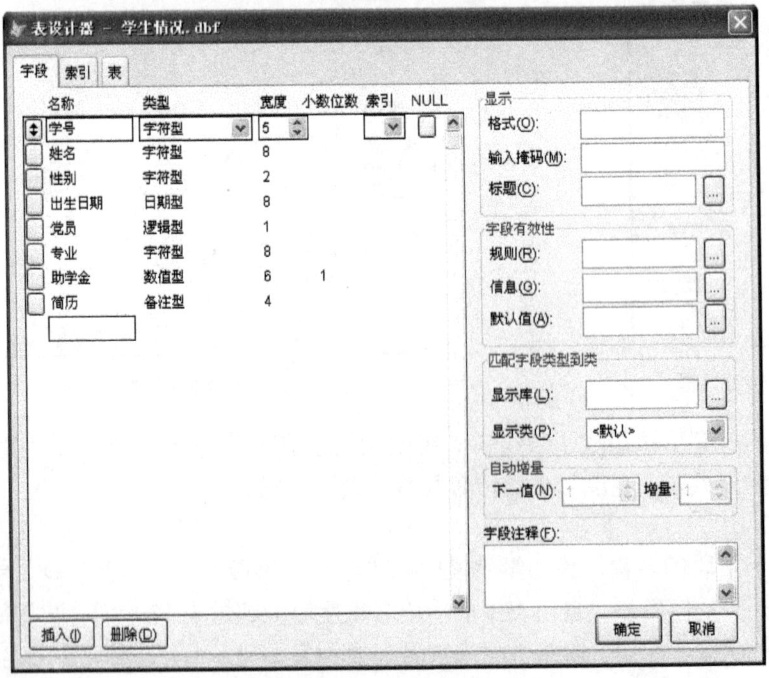

图 3-3　表设计器

请注意，这时命令窗口将会出现一条命令 CREAT，这就是建立新表的 VFP 命令，将光标移至这一行，按回车键，将再次弹出"表设计器"对话框。VFP 提供了强大的可视化设计环境，但在设计程序时，仍经常会用到一些命令。熟练地使用命令，将使设计工作更快捷、更专业，而且大部分菜单操作都会将相应的命令显示在"命令"窗口中，可以利用这个机会来学习命令的使用。

2．用命令方式建立表结构

【命令格式】

　　CREATE [<盘标：\路径>]　　<文件名>

【功能】

建立数表结构

【说明】

建表命令是在命令窗口中输入的，本章讲述的命令操作除非特别指出，否则均是在命令窗口中输入的，即用命令方式来完成表的基本操作。文件名是要建立表的文件名，扩展名为.DBF，可省略。若在文件名前指定驱动器符时，则文件建立在指定的驱动器上，若不指定，则建立在默认驱动器当前目录上。例如，在默认驱动器上建立 STUDENTS.DBF 表文件，则在命令窗口中键入：

　　CREATE　 STUDENTS

3.2.2　表设计器的字段选项卡

表设计器包括字段、索引、表 3 个选项卡，可以创建并修改数据库表、自由表、字段和索引，或实现有效性规则和默认值等高级功能。下面仅介绍"字段"选项卡的操作。

（1）"名称"列的文本框：供输入字段名。

（2）"类型"列的组合框：供选取字段类型。只要单击组合框右端的下箭头按钮即出现类型列表，用户可选定其中某一类型。

（3）"宽度"列的微调器：微调器的文本区可直接输入数字。其右端还有两个按钮，单击上箭头按钮数字增大，单击下箭头按钮数字减小。前面已提到，仅字符型、数值型或浮动型字段需要用户设定宽度，其他类型字段的宽度由 VFP 规定，操作时光标将跳过该列。

（4）"小数位数"列：用于输入小数位数。仅数值型或浮动型字段允许用户设定小数位数。

（5）"索引"列：关于索引将在后面的讲解中介绍。

（6）"NULL"列的按钮：NULL 值表示无明确的值，不同于零、空串或空格。选定 NULL 按钮，其面板上会显示 √ 号，表示该字段可接受 NULL 值，便于 VFP 与可能包含 NULL 值的 Microsoft Access 或 SQL 数据通用。本书不展开讨论 NULL 值。

（7）移动按钮：字段各行左方有一列按钮，其中仅有一个按钮标有上下双箭头，将它向上或向下拖动能改变字段的次序。单击某空白按钮，它会变成双箭头按钮。

（8）删除按钮：要删除一个字段，可选定某字段后再单击"删除"按钮。

（9）插入按钮：要插入一个字段，可输入某字段后再单击"插入"按钮。但须注意，新字段将插入在当前字段之前。

3.3 VFP 表结构的修改

利用"表设计器"可以改变已有表的结构，如增加或删除字段、设置字段的数据类型及宽度、查看表的内容，以及设置索引来排序表的内容。

3.3.1 修改已有表的结构

1. 打开"表设计器"

(1) 选定"文件/打开"，在弹出的对话框中选择要修改的表。

(2) 选定"显示/表设计器"，和创建表结构时一样，"表设计器"中显示了表的结构。

2. "表设计器"中的"表"选项卡

打开表设计器后，先看一下"表"选项卡，如图3-4所示。

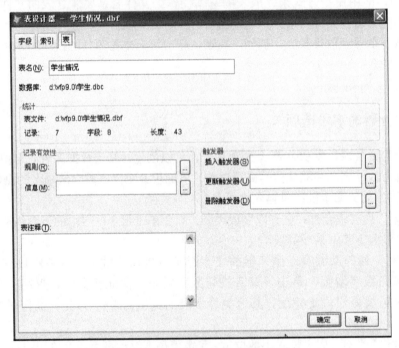

图3-4 "表设计器"中的"表"选项卡

它显示了当前表设计器所设计表的有关信息。这个表有7条记录，每条记录长43个字节，共8个字段。需要注意的是，在表设计器中，输入的表结构的各字段总长度为42，而这里是43，其中多出的一个字节是留作存放删除标志用的。

下面，再转回到"字段"选项卡，看一下如何对表结构进行修改。

3.3.2 在表中增加字段

(1) 如果要在最后增加字段，在"表设计器"的"字段"选项卡中最后一行直接输入即可。如果想使增加的字段插入到某字段的前面，可以在"表设计器"将光标移到某字段，单击"插入"按钮，就会在该字段前面插入一名为"新字段"的字段，编辑该字段即可。

（2）在"字段名"、"类型"、"宽度"、"NULL"等列中键入或选择相应内容，同前所述。

（3）在"表设计器"窗口修改过表结构后，可单击窗口内的"确定"按钮或"取消"按钮对作出的修改进行确认或取消。

·若选"确定"按钮，将出现询问"结构更改为永久性更改?"的信息窗口。单击"是"按钮表示修改有效且表设计器关闭；选"否"按钮则意义相反。与"确定"按钮作用相同的还有 Ctrl+W 快捷键。

·若选"取消"按钮，将出现询问"放弃结构更改?"的信息窗口。单击"是"按钮表示修改无效且表设计器关闭；选"否"按钮则表设计器不关闭，可继续修改。与"取消"按钮作用相同的还有窗口关闭按钮和 Esc 键。

另外，"表设计器"中的字段也可以通过上节介绍的在"浏览"窗口拖动来改变顺序。同时"表设计器"也可在命令窗口键入命令 MODIFY STRUCTURE 来打开，其前提是表须先打开。

3.4 VFP 表的打开与关闭

3.4.1 通过文件菜单的打开命令打开表

打开"学生情况.DBF"的操作步骤为：选定"文件/打开"，在弹出的"打开"对话框中选中"学生情况.DBF"，如图 3-5 所示，单击"确定"按钮。

注意，若要修改结构或记录，还应选定"打开"对话框中的"以独占方式打开"复选框，否则打开的表是只读的，不能修改。

图 3-5 打开对话框

3.4.2 用 USE 命令打开或关闭表

【命令格式】
　　USE[＜文件名＞]

【功能】

在当前工作区中打开或关闭表。表打开时，若该表有备注型或通用型字段，则自动打开同名的.FPT文件。

【说明】

(1) <文件名>表示被打开的表的名称；缺省(<文件名>)表示关闭当前工作区。例如在命令窗口键入命令USE XS即打开表XS.DBF，若要关闭该表可键入命令USE。

(2) 打开一个表时，该工作区中原来打开的表自动关闭。

(3) 已打开的表总有一个记录指针，指针所指的记录称为当前记录。表刚打开时，记录指针指向第一个记录。

(4) 表操作结束后应及时关闭，以便将内存的数据保存到表中。

3.4.3 关闭表的其他方法

(1) 可用下列命令之一关闭表。

• CLEAR ALL：关闭所有的表，并选择工作区1，从内存释放所有内存变量及用户定义的菜单和窗口，但不释放系统变量。

• CLOSE ALL：关闭所有打开的数据库与表，并选择工作区1，关闭表单设计器、查询设计器、报表设计器、项目管理器。

• CLOSE DATABASE [ALL]：关闭当前数据库及其中的表，若无打开的数据库，则关闭所有自由表，并选择工作区1。带有ALL则关闭所有打开的数据库及其中的表和所有打开的自由表。

• CLOSE TABLES [ALL]：关闭当前数据库中所有的表，但不关闭数据库。若无打开的数据库，则关闭所有自由表。带有ALL则关闭所有数据库中所有的表和自由表，但不关闭数据库。

(2) 通过窗口菜单的数据工作期命令来关闭表。

(3) 通过退出VFP来关闭。选定"文件/退出"命令，或在命令窗口中键入命令QUIT。

3.5 表数据的输入、显示与修改

在创建了新表的结构后就可以在表中输入数据了，同时还可以编辑修改数据，表中数据的编辑修改包括增加记录、修改记录和删除记录，还有查询记录。VFP为此提供了BROWSE、CHANGE、EDIT等多种命令。本节主要介绍BROWSE命令和它的浏览窗口。

3.5.1 新记录的添加

若想在表中快速增加新记录，可以将浏览窗口设置为"追加"方式，方法是选择菜单"显示/追加方式"命令。在"追加"方式中，文件底部显示了一组空字段，可以在其中填入内容来建立新记录。每完成一条记录，在文件底端会出现一条新记录，此方式适于批量数据的录入。若只需添加一条记录，可以选择菜单"表/追加新记录"命令。

数据输入要点如下：

(1) 表的数据可通过记录编辑窗口按记录逐个字段输入。一旦在最后一个记录的任何位置上输入数据，VFP即自动提供下一记录的输入位置。

(2) 逻辑型字段只能接受T、Y、F、N这4个字母之一(不论大小写)。T与Y同义，若键入Y也显示T，F与N同义，若键入N也显示F。

（3）日期型数据必须与日期格式相符，默认按美式日期格式 mm/dd/yy 输入。若要设置中式日期格式 yy.mm.dd，只要在命令窗口中键入命令 SET DATE ANSI 便可。若还要显示世纪，可键入命令 SET DATE CENTURY。回到美式日期格式的命令为 SET DATE AMERICAN。

（4）当光标停在备注型或通用型字段的 memo 或 gen 区时，若不想输入数据可按回车键跳过；若要输入数据，按 Ctrl+PgDn 快捷键或用鼠标双击都能打开相应的字段编辑窗口。

某记录的备注型或通用型字段非空时，当鼠标移动到该记录的备注或通用型字段上时，会显示其中存储的内容。

3.5.2 查看表数据

1. 使用浏览窗口查看表数据

查看表内容的最快方法是使用浏览窗口，浏览窗口中显示的内容是由一系列可以滚动的行和列组成的，如图 3-6 所示。若要浏览一个表，则执行下面的步骤：

（1）选择菜单"文件/打开"命令，选定要查看的表名，则打开了选定的表。

（2）选择菜单"显示/浏览"命令，则打开了浏览窗口。

图 3-6　表的浏览窗口

VFP 的浏览窗口功能非常强大，使用滚动条、箭头键和 Tab 键可以来回移动表，显示表中不同的字段和记录；拖动列头可以改变字段的显示顺序，但不影响字段在表结构中的顺序；拖动列头右边的分隔线可以改变字段的显示宽度，但不影响字段结构的长度；拖动窗口底部的分割条可以将窗口分为两部分以不同的方式显示(编辑方式或浏览方式)；直接用鼠标单击删除标记区，能够给记录打上删除标记。通过菜单还可以对窗口进行更多的控制，当有表打开并在浏览窗口显示时，系统的"显示"菜单条自动增添了一些新的菜单项，并在菜单栏上出现一个"表"菜单条，对表和浏览窗口的有关操作都集中在这两个菜单条上。

2. 用命令方式显示表

1）表结构的显示

操作：

在命令窗口输入命令 USE [<文件名>]就可以打开指定的表文件，然后再用下列命令：

（1）LIST STRUCTURE 命令

【命令格式】

　　LIST　STRUCTURE　[TO PRINT]

【功能】

显示数据库结构。执行时在屏幕上显示正打开的表文件的结构。如果指定了 TO PRINT 项，则将其结果同时在打印机上输出。

例 3.1 显示"学生情况"的结构。

```
USE  d:\VFP9.0\学生情况.dbf
LIST  STRUCTURE
```

运行结果如图3-7所示。

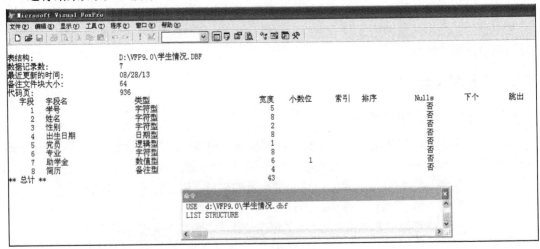

图 3-7 运行结果

从结果中可看出一条记录占用字节的总数,等于所有字段的宽度之和加 1,多出的一个字节,用于存放记录的删除标记*。

(2) LIST 命令

【命令格式】

LIST [<范围>] [[FIELDS]<表达式表>] [FOR<条件>][WHILE<条件>] [OFF] [TO PRINT]

【功能】

用于显示表数据。

【说明】

该命令的执行,把当前正打开的表文件中的记录连续列表显示。当指定了<范围>项时,则显示在指定的范围内的记录,若不指定时,取 ALL 为默认值。当指定<表达式表>时,则将指定的表达式值显示出来,列标题为表达式;否则显示所有字段,这时列标题为字段名。备注字段的显示必须用指定的表达式来实现,通常显示的宽度为 50 个字节。当指定了 FOR<条件>或 WHILE<条件>时,则显示满足条件的记录,若两项同时指定则先检查 WHILE<条件>,然后再检查 FOR<条件>。若指定了 OFF 项,则列表时不显示记录号;没有 OFF 项时,列表时显示记录号。当选择了 TO PRINT 项时,在屏幕上显示的同时也在打印机上输出。

例 3.2 将"学生情况"中所有记录列表显示出来。

```
USE  d:\VFP9.0\学生情况.dbf
LIST
```

运行结果如图3-8所示。

例 3.3 使用表达式及条件选项列出专业为"数学",字段为"学号"、"姓名"、"专业"、"助学金"的所有记录。

```
USE d:\VFP9.0\学生情况.dbf
LIST ALL FIELDS 学号,姓名,专业,助学金 FOR 专业='数学'
```

运行结果如图 3-9 所示。

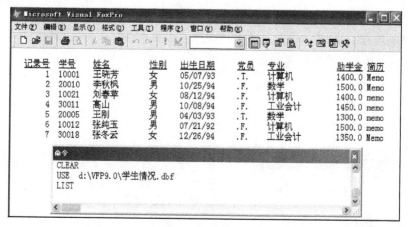

图 3-8　运行结果

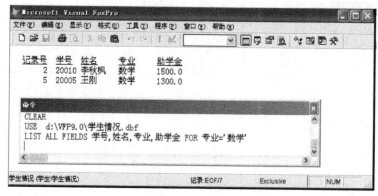

图 3-9　运行结果

例 3.4　使用[OFF]、条件及范围选项，列出 94 年以后出生的记录，并且不显示记录号。

```
LIST OFF FOR 出生日期>=CTOD("01/01/94")
```

运行结果如图 3-10 所示。

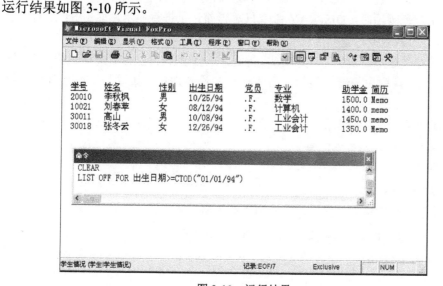

图 3-10　运行结果

例 3.5 列出是党员的在校生姓名和专业。

```
LIST FOR 党员 FIELDS 姓名,专业
```

运行结果如图 3-11 所示。

例 3.6 列出姓名、简历字段的内容。

```
USE d:\VFP9.0\学生情况.dbf
LIST 姓名，简历
```

运行结果如图 3-12 所示。

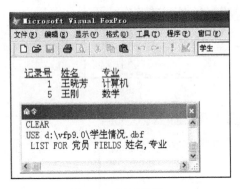

图 3-11 运行结果

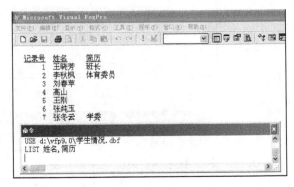

图 3-12 运行结果

(3) DISPLAY 命令

【命令格式】

  DISPLAY [<范围>] [[FIELDS]<表达式表>] [FOR<条件>]

  [WHILE <条件>] [OFF] [TO PRINT]

【功能】

用于显示数据库数据。

【说明】

DISPLAY 与 LIST 在显示表数据时功能相似，在使用时，它们之间的区别有如下两点：

·当没有指定范围项时，DISPLAY 命令只对当前记录进行显示，而 LIST 是对表所有记录，范围取 ALL 为默认值。

·当显示的结果超过一屏时，DISPLAY 每显示一屏则暂停一次，并给出提示信息："按任意键继续"，按任意键后将继续显示，而 LIST 则不停地向前滚动显示，直到全部结果显示完。

例 3.7 打开表显示当前记录。

```
USE d:\VFP9.0\学生情况.dbf
DISPLAY
```

运行结果如图 3-13 所示。

例 3.8 显示所有性别为"女"、专业为"计算机"的记录。

```
DISPLAY ALL FOR 性别="女" .AND. 专业="计算机"
```

运行结果如图 3-14 所示。

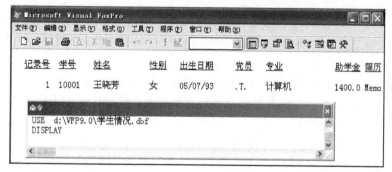

图 3-13　运行结果

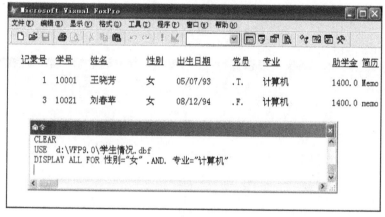

图 3-14　运行结果

3.5.3　编辑字段

若要改变字符型、数值型、逻辑型、日期型、日期时间型字段中的信息，可以把光标移到字段中并编辑信息，或者选定整个字段并键入新的信息。若要编辑备注型字段，可以在浏览窗口中双击该字段或按 Ctrl+PgDn 快捷键。这时会打开一个编辑窗口，可在其中修改、添加备注型字段的内容。

3.5.4　删除记录

在 VFP 中，删除表中的记录共有两个步骤。首先是在浏览窗口中单击每个要删除记录左边的删除标记区，标记要删除的记录。被标记过的记录并未从磁盘上消失，要想真正删除记录，应选择菜单"表/彻底删除"命令，这个过程将删除所有标记过的记录，并关闭浏览窗口。

3.6　表的维护命令

3.6.1　复制表结构

用 CREATE 命令建立的表文件结构，有时需要具有相同结构的另外文件，这时不必再重新建立，只用原来结构复制即可。

【命令格式】

　　COPY STRUCTURE TO <文件名> [FIELDS<字段名表>]

【功能】

该命令用于将当前打开的表文件的部分或全部字段复制到新生成的表文件中，只复制结构，不复制任何记录。

命令中的文件名为新生成文件的文件名。若省略扩展名，系统默认为.DBF。若指定了FIELDS <字段名表> 短语，则按字段名表中列出的字段名和顺序复制相应的字段，否则，按表结构中的顺序复制全部字段。

例3.9 复制"学生情况"表结构的全部字段，生成st1文件结构。

```
USE d:\VFP9.0\学生情况.dbf
COPY STRUCTURE TO st1
USE st1
LIST STRUCTURE
```

运行结果如图3-15所示。

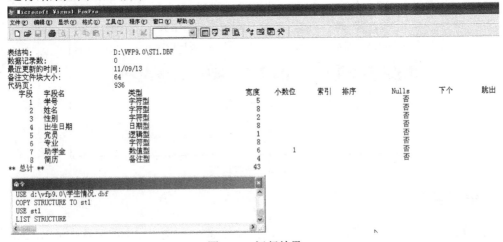

图3-15　运行结果

例3.10 复制"学生情况"表结构的部分字段，生成st2文件结构。

```
USE  d:\VFP9.0\学生情况.dbf
COPY STRUCTURE TO st2 FIELDS 学号, 姓名, 性别,助学金
USE st2
LIST STRUCTURE
```

运行结果如图3-16所示。

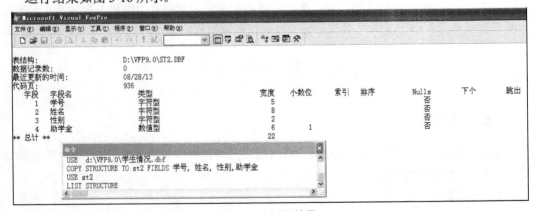

图3-16　运行结果

3.6.2 表复制

要将一个正打开的表文件的部分或全部复制生成另外一个文件，用 COPY TO 命令来实现。

【命令格式】

COPY TO <文件名> [<范围>][FIELDS<字段名表>][FOR<条件>][WHILE<条件>] [/SDF]

【功能】

该命令是在当前已打开的表文件中，将指定范围内满足条件的记录复制生成一个新的表文件。若范围省略，则默认为 ALL。

【说明】

命令中的文件名为新生成的表文件名，扩展名(.DBF)可省略。若指定了 FIELDS<字段名表>短语，则按字段名表中列出的字段名和顺序复制相应的字段，否则将复制所有的字段。

例 3.11 由"学生情况"表文件复制生成 backst 表文件作为备份。

```
USE d:\VFP9.0\学生情况.dbf
COPY To backst
USE backst
LIST
```

运行结果如图 3-17 所示。

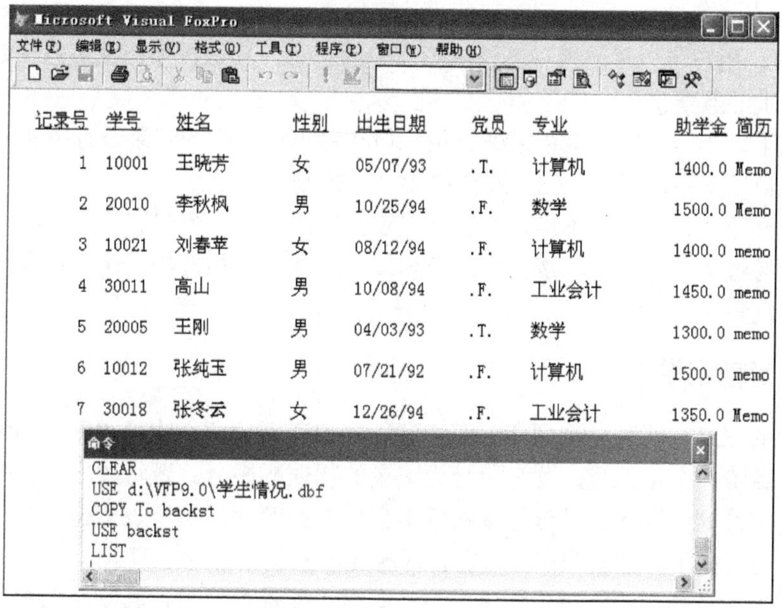

图 3-17 运行结果

例 3.12 由"学生情况"表的部分复制生成 newst 文件。

```
USE d:\VFP9.0\学生情况.dbf
COPY To newst  FIELDS 学号, 姓名, 性别, 出生日期 FOR 专业="计算机"
USE newst
LIST STRUCTURE
```

运行结果如图 3-18 所示。

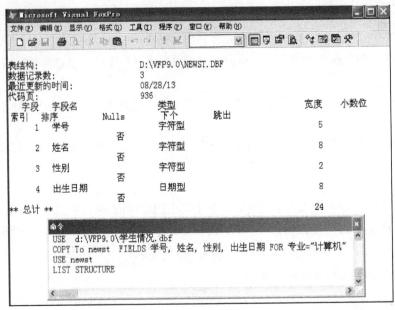

图 3-18 运行结果

3.7 表记录的编辑与维护

在 VFP 中，用户可以采取多种方法维护表中的记录，其维护操作主要包括编辑、修改、添加和删除记录的操作。

通常情况下，一个表中会有很多条记录，但在对当前表中的记录进行编辑时，在某一时刻只能有一条记录正在被编辑，此记录被称为"当前记录"。

本节主要介绍表记录的基本操作，包括记录指针的定位、表内容的更新，以及表记录的修改等内容。通过本节的学习，掌握修改表记录的基本方法和技巧，充分体现利用计算机操纵表的特点和优势。

3.7.1 定位当前记录

表文件中的记录有两种排列顺序，即物理顺序和逻辑顺序。物理顺序是当记录输入到表中，系统自动赋给一个记录号，此记录号为记录的物理顺序号。逻辑顺序是按某种条件要求即按索引关键字排列的顺序，是该记录在索引文件中的顺序，一个表可建立多个索引文件，因此逻辑顺序可有多个。逻辑顺序必须在打开相应的索引文件时才有效。

以后所说的记录顺序均指逻辑顺序，当没有索引文件打开时，其物理顺序就理解为逻辑顺序，相当于按记录号进行索引且已打开。

记录定位是指将记录指针指向当前所打开的表文件中的某一个记录，记录指针的值等于该记录的记录号。

1. 绝对定位

绝对定位是将记录指针直接定位到所要指的记录上。

【命令格式】

　　[GO/GOTO] <数值表达式>

或 GO/GOTO　TOP/BOTTOM

【功能】

将记录指针指向记录号为<数值表达式>值的记录上，或将记录指针指到逻辑顺序的第一条(TOP)或最后一条(BOTTOM)记录上。

例3.13　绝对定位记录指针命令 GO 举例。

```
USE  d:\VFP9.0\学生情况.dbf
? RECNO()        && RECNO()为显示当前记录号函数
&&  1
GOTO 3
? RECNO()
&&  3
GO BOTTOM
? RECNO()
&&  7
```

此例中没有索引文件打开，所以 TOP 记录和 BOTTOM 记录分别为物理顺序的 1 号记录和最后一个 7 号记录。

注意：当一个表文件被打开且未做任何记录指针移动时，记录指针指向第一条记录。

2. 相对定位

相对定位是将记录指针根据当前位置向前或向后移动若干个记录。

【命令格式】

　　　SKIP [<数值表达式>]

【功能】

该命令的执行，是将记录指针从当前位置开始作逻辑顺序的前后相对移动，移动的记录数等于表达式的值。当数值表达式的值为正数时，指针向后移动；为负数时，指针向前移动。当数值表达式值为 1 时，即 SKIP 1，可简写成 SKIP。

例3.14　相对定位记录指针命令 SKIP 举例。

```
USE d:\VFP9.0\学生情况.dbf
GO 5
DISPLAY
```

运行结果如图 3-19 所示。

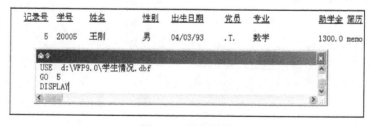

图 3-19　运行结果

```
SKIP -2
?RECNO()
DISPLAY
```

运行结果如图 3-20 所示。

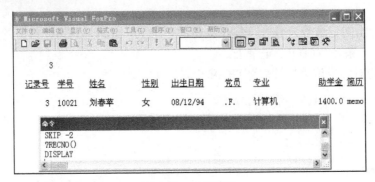

图 3-20　运行结果

3.7.2　表内容的更新

在已经建立好的表中，为了适应现实世界中所描述对象的不断变化，所以表的内容总需要不断更新，更新包括对表记录的插入、删除和修改。VFP 中有些命令可以实现这方面功能。

1. 追加记录命令 APPEND

在用 CREATE 命令建立表结构后，系统给出如下提示："现在输入数据记录吗?(Y/N)"，当回答 Y 后，便进入输入记录状态。但要向表追加记录，则必须用 APPEND 命令。

APPEND 输入记录与建立结构时的输入方法完全相同，当表中有记录时，则新输入的记录放在表的尾部。当表中一个记录也没有时，则从第一个记录开始输入。下面介绍 APPEND 命令。

【命令格式】

APPEND [BLANK]

【功能】

向表的尾部追加记录。

【说明】

当不选 BLANK 项时，进入全屏幕编辑状态，等待用户向当前打开的表尾部追加新的记录。

当选 BLANK 项时，则自动向当前打开的表尾部追加一个空记录，而且不进入全屏幕编辑方式。

例 3.15　向"学生情况"表输入记录。

在命令窗口输入如下命令：

```
USE d:\VFP9.0\学生情况.dbf
APPEND
```

当执行 APPEND 命令时，便进入全屏幕编辑方式，屏幕显示同建库后输入记录时状态一样，如图 3-21 所示。

图 3-21　运行结果

2. 插入记录命令 INSERT

使用 APPEND 命令是在表文件的尾部追加新的记录，若想在两个已存在的记录中间插入一个新的记录，则要用 INSERT 命令。

【命令格式】

INSERT [BEFORE] [BLANK]

【功能】

在当前记录前或后插入一个记录。

【说明】

INSERT 命令可输入新记录，屏幕显示和屏幕的编辑方式与 APPEND 命令完全相同，一条 INSERT 命令可以插入一个或多个记录。

如指定了 BEFORE 项，则可在当前记录之前插入一个或多个新的记录，其记录号为从当前记录的记录号开始，从当前记录开始后面的所有记录的记录号均加 1。若没有指定 BEFORE 项，则在当前记录之后插入一个新的记录，其记录号等于当前记录号加 1，当前记录之后的所有记录的记录号均加 1。

当无 BLANK 项时，等待用户输入一个具体记录。

当指定了 BLANK 项时，不进入编辑方式，自动插入一个空记录，这个空记录以后可由 EDIT、CHANGE、BROWSE、REPLACE 等编辑命令来填入数据。在插入时，如果有索引文件打开，不论记录指针在何处，均按物理顺序在文件最后追加一个记录。

例 3.16 在"学生情况"表中，3 号记录之后插入"10008 欧阳晴岚 女 04/03/92 .F. 计算机 1350.0 简历"这一个记录。

```
USE  d:\VFP9.0\学生情况.dbf
GOTO 3
INSERT
```

该命令的执行进入全屏幕编辑状态，当把记录输入完后，按 Ctrl+End 键退出 INSERT 命令，则该记录就成为"学生情况"的 4 号记录，如图 3-22 所示。

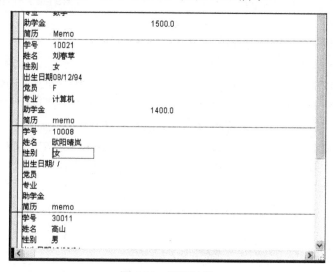

图 3-22 运行结果

下面列表显示"学生情况"表。

```
LIST
```

运行结果如图 3-23 所示。

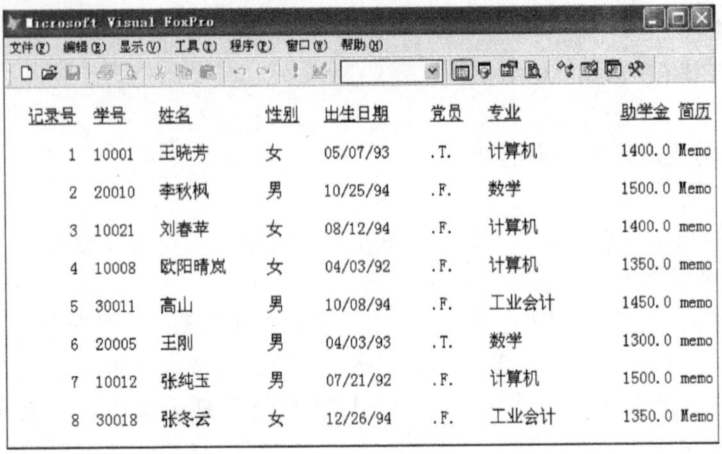

Microsoft Visual FoxPro

文件(F) 编辑(E) 显示(V) 工具(T) 程序(P) 窗口(W) 帮助(H)

记录号	学号	姓名	性别	出生日期	党员	专业	助学金	简历
1	10001	王晓芳	女	05/07/93	.T.	计算机	1400.0	Memo
2	20010	李秋枫	男	10/25/94	.F.	数学	1500.0	Memo
3	10021	刘春苹	女	08/12/94	.F.	计算机	1400.0	memo
4	10008	欧阳晴岚	女	04/03/92	.F.	计算机	1350.0	memo
5	30011	高山	男	10/08/94	.F.	工业会计	1450.0	memo
6	20005	王刚	男	04/03/93	.T.	数学	1300.0	memo
7	10012	张纯玉	男	07/21/92	.F.	计算机	1500.0	memo
8	30018	张冬云	女	12/26/94	.F.	工业会计	1350.0	Memo

图 3-23　运行结果

例如，在第 4 条记录前插入一条记录：

```
4
INSERT BEFORE
```

3. 表文件间追加记录

如果想把某一表文件的部分或全部记录追加到当前使用的表文件的尾部，需用 APPEND FROM 命令。

【命令格式】

APPEND FROM <文件名>[FIELDS <字段名表>][FOR<条件>] /[WHILE<条件>]

【功能】

该命令是在以<文件名>指定的文件中，将满足条件的记录追加到当前使用的表文件的尾部。

【说明】

被指定的文件也是表文件，扩展名可省略。

若指定了 FOR<条件>和 WHILE<条件>，则条件中含有的字段名必须是两个表文件中共有的字段，若省略 FOR<条件>和 WHILE<条件>，则将所有的记录追加到当前使用的表文件中。

FIELDS<字段名表>用于指明追加的字段，<字段名表>中的字段可来自指定的表文件，也可来自其他工作区打开的表文件，若来自已打开的其他表文件，此时要用“别名->字段名”形式引用。如果没有指定 FIELDS<字段名表>短语，则追加两个表文件中同名的字段。

例 3.17　把“学生情况”表文件中的记录追加到 stback 表中。

```
USE stback
LIST
```

运行结果如图 3-24 所示。

```
APPEND FROM d:\VFP9.0\学生情况.dbf
LIST
```

运行结果如图 3-25 所示。

4. 删除表记录

为了慎重起见，对表中的记录删除分成两步实现。第一步是用 DELETE 命令，对要删除的记录打标记*，称为删除标记(逻辑删除)，这样的记录并没有真正的从表中清除，列表显示时还出现，只是在前面标有*，需要时还可以恢复。第二步是对表进行压缩(pack 物理删除)，这时才将所有带删除标记*的记录真正从表中清除，被删除的记录不能再恢复。

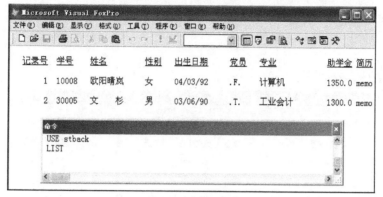

图 3-24　运行结果

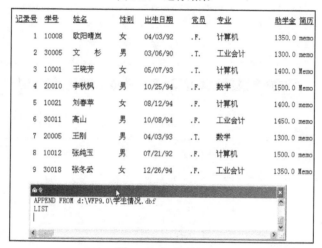

图 3-25　运行结果

1）记录的逻辑删除和恢复

（1）记录逻辑删除命令 DELETE

【命令格式】

　　　DELETE [<范围>] [FOR<条件>] [WHILE<条件>]

【功能】

删除表中指定范围内满足条件的记录。当没有任何任选项时，则删除当前记录。

【说明】

省略[<范围>]时表示只对当前记录进行操作。此命令是给待删除的记录打上删除标记*，*放在记录号后。

（2）记录恢复操作命令 RECALL

【命令格式】

　　　RECALL [<范围>] [FOR<条件>] [WHILE<条件>]

【功能】

RECALL 命令与 DELETE 命令相反，它是去掉表中指定记录的删除标记，使其恢复正常，即去掉在指定范围内满足条件的那些记录的删除标记。当无任何任选项时，只去掉当前记录的删除标记。

例 3.18 记录的逻辑删除和恢复举例。

```
USE d:\VFP9.0\学生情况.dbf
DELETE ALL
LIST
```

运行结果如图 3-26 所示。

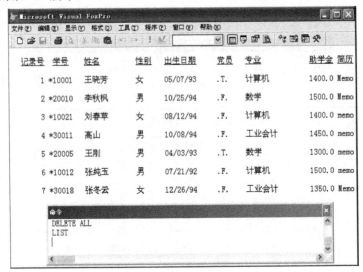

图 3-26 运行结果

```
RECALL ALL FOR 专业="数学"
GO TOP
RECALL
LIST
```

运行结果如图 3-27 所示。

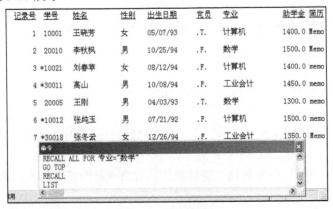

图 3-27 运行结果

2）记录的物理删除

（1）记录物理删除命令 PACK

【命令格式】

PACK

【功能】

该命令的执行,把表中已经打了删除标记*的记录真正地从表中清除掉。

【说明】

被 PACK 命令删除的记录不能再恢复了。

执行 PACK 命令时,所有打开的索引文件将自动地重新索引。

(2) 删除全部记录命令 ZAP

【命令格式】

　　ZAP

【功能】

该命令删除已打开表的所有记录,而且不可恢复,但表结构仍保留,文件仍存在。

【说明】

ZAP 命令执行时,系统首先提问,让你确认是否删除,当回答是,则执行删除,否则退出 ZAP 命令。

例 3.19 记录的物理删除举例(接上例)。

```
PACK
    && 3 records copied
LIST
```

运行结果如图 3-28 所示。

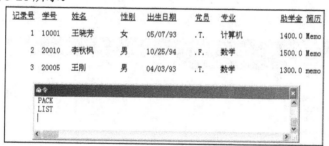

图 3-28　运行结果

```
ZAP
    Zap d:\VFP9.0\学生情况.dbf ?  &&选择"是"
BROWSE  LAST
```

删除结果如图 3-29 所示。

图 3-29　运行结果

3.7.3　修改表记录

数据记录的修改是对表中已存在的记录进行更改,使其能正确地反映所描述的对象。在 VFP 中可用编辑命令 EDIT 或 CHANGE、浏览命令 BROWSE 和替换命令 REPLACE 来实现修改。

1. 编辑命令 EDIT

【命令格式】

　　EDIT [<范围>] [FIELDS<字段名表>][FOR<条件>] [WHILE<条件>]

【功能】

编辑表记录。

【说明】

当有范围、条件任选项时，则对指定范围内满足条件的那些记录进行修改。

当无范围、条件任选项时，则对当前记录进行修改，修改后自动显示下一记录内容供修改。

指定 FIELDS 项时，则只对<字段名表>中列出的字段进行修改，否则对所有的字段进行修改。

当 GOTO <数值表达式>与没有任何任选项的 EDIT 连用时，可写成 EDIT <数值表达式>的形式，它们是完全等价的。

EDIT 命令的执行进入全屏幕编辑状态，以纵向形式显示各字段的内容，供用户修改。

例 3.20　修改"学生情况"表中第 3 号记录。

```
USE d:\VFP9.0\学生情况.dbf
GO 3
EDIT
```

按图 3-30 的屏幕显示，可对记录进行修改，其中备注字段的修改与输入时的方法完全相同。当一个记录修改完后，可按 **PgUp** 或 **PgDn** 键前后移动记录以实现对其他记录的修改。

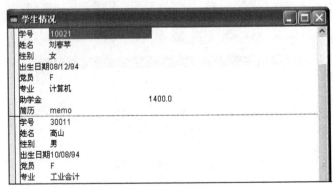

图 3-30　运行结果

当全部修改完后，可按 Ctrl+W 键退出 EDIT 并保存修改的结果，按 Esc 键退出 EDIT 保存除当前修改的记录外的所有的修改的结果。

2. 编辑命令 CHANGE

【命令格式】

　　CHANGE [<范围>] [FIELDS<字段名表>][FOR<条件>] [WHILE<条件>]

【功能】

CHANGE 命令的功能与 EDIT 命令的功能相同。

3. 浏览命令 BROWSE

BROWSE 命令是 VFP 中最有用的命令之一，使用它可以很容易地对当前表文件进行查阅、添加、修改和删除等操作。

【命令格式】

BROWSE [FIELDS <字段名表>] [LOCK<表达式>][FREEZE<字段名>][NOFOLLOW][NOMENU][NOAPPEND][WIDTH <表达式>][NOMODIFY]

【功能】

BROWSE 命令是全屏幕浏览命令，屏幕是一个窗口，在窗口中，每行显示一个记录。如果记录较长，一行显示不下，则在水平方向上显示尽可能多的字段。操作的时候，可按 PgUp 和 PgDn 键上下移动窗口，来切换记录的显示，按 Ctrl+←和 Ctrl+→键左右移动窗口来切换字段的显示。

【说明】

BROWSE 命令可以对备注字段进行编辑。在编辑备注字段时，先把光标移到备注字段处，然后按下 Ctrl+PgDn 键，便进入编辑状态，编辑完后按 Ctrl+PgUp 键退出。

• FIELDS <字段名表>：如果命令中指定了该选择项，则按字段名表中列出的字段名和顺序显示出这些字段，否则，则按表结构中的顺序显示所有字段。

• LOCK <表达式>：定义水平方向移动屏幕时，屏幕左边不参加滚动的连续字段数。

• FREEZE <字段名>：定义该字段为唯一允许修改的字段，其他字段只能显示不能修改。

• NOFOLLOW：只适用于索引文件，在修改索引关键字段时，正常情况，关键字段值改变了，记录在索引文件中的位置会发生变化，记录指针也随之改变，当前记录仍是该记录。如果指定了 NOFOLLOW 项，关键字段值改变了，记录将重新定位，但记录指针不变，得到被修改记录原来位置的记录成为当前记录。

• NOMENU：用于阻止对光标控制键菜单的显示。若指定了此项，则不显示控制键菜单，否则，取默认值。

• NOAPPEND：当指定了此项，禁止向表尾部追加记录。

• WIDTH <表达式>：用于定义字段显示的最大宽度，若指定了此项，则每个字段的显示宽度不能大于表达式的值，大于此值的字段，可用左右方向控制键将字段内容在水平方向滚动。

• NOMODIFY：当指定此项时，禁止对表做任何修改。此时 BROWSE 命令仅为查阅功能。

例 3.21 用 BROWSE 命令对“学生情况”表进行修改。

```
USE d:\VFP9.0\学生情况.dbf
BROWSE
```

运行结果如图 3-31 所示。

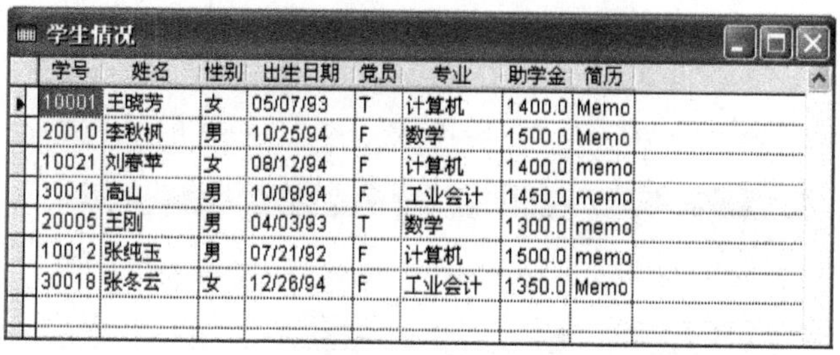
学生情况

学号	姓名	性别	出生日期	党员	专业	助学金	简历
10001	王晓芳	女	05/07/93	T	计算机	1400.0	Memo
20010	李秋枫	男	10/25/94	F	数学	1500.0	Memo
10021	刘春苹	女	08/12/94	F	计算机	1400.0	memo
30011	高山	男	10/08/94	F	工业会计	1450.0	memo
20005	王刚	男	04/03/93	T	数学	1300.0	memo
10012	张纯玉	男	07/21/92	F	计算机	1500.0	memo
30018	张冬云	女	12/26/94	F	工业会计	1350.0	Memo

图 3-31　运行结果

4. 替换命令 REPLACE

该命令是表记录进行有规律的修改或替换的命令。当对表文件成批记录的某些字段进行有规律的修改时，用此命令既快而且又不易出错，且不进入全屏幕编辑方式，实现自动修改。

【命令格式】

REPLACE [<范围>] <字段名 1> WITH <表达式 1>[,<字段名 2> WITH <表达式 2>…][FOR<条件>] [WHILE<条件>]

【功能】

在 REPLACE 命令中，当有范围或条件任选项时，则对指定范围内满足条件的那些记录，将表达式的值分别赋给相应的字段；当无上述任选项时，则对当前记录的相应字段进行替换。

【说明】

（1）<字段> WITH <表达式>的数据类型必须相同，对数字型字段，表达式的值大于字段宽度时，REPLACE 按下列规则进行替换：

· 对小数部分进行四舍五入运算，然后截去小数部分。

· 结果仍然放不下时，则采用科学记数法，但数值的精度会有所降低。

· 如果结果还放不下，则用星号*替换该字段的内容。

（2）本命令也可对索引文件修改，当对记录的索引关键字段修改后，该记录将重新被索引，因此它在索引文件中的位置会发生变化。这样不能用范围和条件任选项，不然的话容易产生错误替换，该替换的记录可能没被替换，不该替换的却被替换了。

例 3.22　替换命令使用举例。将第 4 条记录的"出生日期"改成 1990 年 10 月 8 日，"助学金"减 50 元。

```
USE  d:\VFP9.0\学生情况.dbf
GO 4
REPLACE 出生日期 with CTOD("10/08/90")，助学金 with 助学金-50
LIST
```

运行结果如图 3-32 所示。

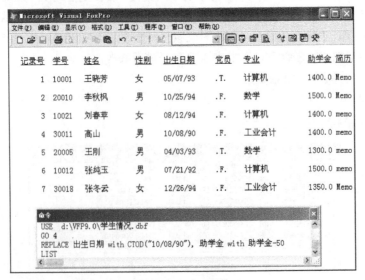

图 3-32　运行结果

```
REPLACE  ALL  FOR 党员=.T. 助学金 WITH 2000
&&将所有党员学生的"助学金"换成 2000 元
LIST
```

运行结果如图 3-33 所示。

记录号	学号	姓名	性别	出生日期	党员	专业	助学金	简历
1	10001	王晓芳	女	05/07/93	.T.	计算机	2000.0	Memo
2	20010	李秋枫	男	10/25/94	.F.	数学	1500.0	Memo
3	10021	刘春苹	女	08/12/94	.F.	计算机	1400.0	memo
4	30011	高山	男	10/08/90	.F.	工业会计	1400.0	memo
5	20005	王刚	男	04/03/93	.T.	数学	2000.0	memo
6	10012	张纯玉	男	07/21/92	.F.	计算机	1500.0	memo
7	30018	张冬云	女	12/26/94	.F.	工业会计	1350.0	Memo

命令　　　　　　　　　　　　　　　　　　　　　　✕
```
REPLACE  ALL  FOR 党员=.T. 助学金 WITH 2000
LIST
```

图 3-33　运行结果

习 题 3

1. 单项选择题

(1) 在一个表只能建立_____个主索引。

　　A. 一　　　　　　　　B. 二　　　　　　　　C. 多　　　　　　　　D. 不确定

(2) 在字段属性中，小数点占字段宽度的_____位。

　　A. 一　　　　　　　　B. 二　　　　　　　　C. 多　　　　　　　　D. 不确定

(3) LIST 或 DISPLAY 命令中，可选语句 TO PRINT 的作用是_____。

　　A. 以文件格式保存　　　　　　　　　B. 数据更新

　　C. 发送数据到打印机打印　　　　　　D. 退出

(4) 表间的临时关系在表使用的时候建立，在表关闭时_____。

　　A. 保存　　　　　　B. 自动关闭　　　　　C. 继续保留　　　　　D. 退出

(5) 彻底删除记录的命令是_____。

　　A. DELETE　　　　　B. TACK　　　　　　C. ZAP　　　　　　D. ERASER

2. 填空题

(1) 字段属性包括字段名、数据类型、_____、小数位数、索引、NULL 值等。

(2) _____是指记录被做删除标记，不能参与 VFP 中某些操作，但仍然保存在表中，可以被还原。

(3) 表文件尾位于_____，表文件头位于_____。

(4) 自由表的扩展名是_____。

(5) 自由表可以单独使用，也可以被多个_____所共享。

3. 设计题

(1) 用表生成器创建一个职工信息表 WORDERS，要求有以下字段：

职工代号(字符型，宽度 6)；职工姓名(字符型，宽度 8)；职工性别(字符型，宽度 2)；出生日期(日期型)；职工工资(数值型，宽度 6，保留 2 位小数)。

(2) 复制 WORDERS 表结构的全部字段生成 W1 文件结构。

(3) 显示"学生情况"表中的第 5 条记录。

(4) 显示"学生情况"表中的后 3 条记录。

(5) 将记录指针移到第 3 条记录上，逻辑删除该记录及该记录的后两条记录。

第 4 章　查询与统计及多表操作

教学提示: 在数据库系统中,数据查询与统计是最常见的两种应用。本章讨论顺序查询和索引查询两种查询方法,以及统计命令与函数,并将讨论的范围从单一自由表扩大到多表操作。熟练地掌握对数据的查询与统计是灵活操纵数据库表的基础。多工作区间的关联有助于更广泛地利用数据及处理数据。

教学目标: 本章主要介绍索引、排序、检索、统计与计算与多表操作等内容,本章是全书的重点章节,学生应通过对本章的学习熟练掌握表的查询统计及多表操作的具体方法,这对后续数据库的学习有很大的帮助。

4.1　索　引

创建表并输入记录时,这些记录间只存在着随机的前后顺序(即输入顺序),这样的顺序一般不能满足工作的需要,应根据需要的顺序显示表中的记录,在 VFP 中常用索引来实现。可以利用索引对其中的数据进行排序,以便加快检索数据的速度。可以用索引快速显示、查询或者打印记录。还可以选择记录,控制重复字段值的输入并支持表间的关系操作。

索引(Indexing)是表记录排序的一种方法,它与书的索引相类似。书的索引是一份关键词对页码的列表,并按关键词排序。表索引也是一个列表,是索引表达式的值与记录号的一种对应关系,可按索引表达式的值排序查找相应的记录,从而确定对记录的处理顺序。索引中不包括表记录的内容(仅含有记录号),因此不占用过多的磁盘空间。每一个索引代表一种处理记录的顺序。

索引并不改变表中所存储记录的顺序,它只改变了 VFP 读取每条记录的顺序。可以为一个表建立多个索引,每一索引代表一种处理记录的顺序。索引保存在一个复合结构索引文件中,在使用表时,该文件被打开并更新。复合结构索引文件名与相关的表同名,并具有.CDX 扩展名。

4.1.1　索引的类型

由于建立索引的方法很简单,或许想为每个字段建立一个索引,但是不常用的索引会降低程序的执行速度,所以应该只给那些经常使用的字段建立索引。在 VFP 中可以建立 4 种类型的索引。

(1) 主索引:可确保字段中输入值的唯一性,若在添加记录或修改索引字段时出现了索引字段值,VFP 将给出警告并不予接受。如果在建立该索引时,表中已经有不唯一的记录存在,那将无法建立这样的索引。

(2) 候选索引:与主索引类似,也保证表中索引值的记录是唯一的。因为一个表只能建立一个主索引,所以当要建立多个不允许有索引重复值的索引时,可以作为候选索引,同一个表允许建立多个候选索引。

(3) 普通索引:允许表中有重复索引值的记录。

（4）唯一索引：允许表中索引值的记录不唯一，但只有第一个有相同索引关键字值的记录有效。这是为兼容旧版本而保留的一种形式。

4 种索引的比较如下：

通过建立和使用索引，可以提高完成某些重复性任务的工作效率，例如对表中的记录排序，以及建立表之间的关系等。根据所建索引类型的不同，可以完成不同的任务，例如：

·若要排序记录，以便提高显示、查询或打印的速度，可以使用普通索引、候选索引或主索引。

·若要控制字段中不发生重复值的输入(如每个学生在学生表中的学号字段只能有一个唯一的值)，应对数据库表使用主索引或候选索引，对自由表使用候选索引。

· 若要作为一对一或一对多关系的"一"方，应使用主索引或候选索引；若作为一对多关系的"多"方，则使用普通索引。

主索引可确保字段中输入值的唯一性。可以为表中的每一个表建立一个主索引；如果某个表已经有了一个主索引，可以继续添加候选索引。候选索引像主索引一样要求字段值的唯一性，在数据库表和自由表中均可为每个表建立多个候选索引。普通索引允许字段中出现重复值，可以在一个表中建立多个普通索引。

4.1.2 索引文件的类型

VFP 中的索引保存在索引文件中。索引文件是一个只包含两列的简单表：被索引字段表达式的值及含有该值的每个记录在原表中的位置。在 VFP 中，索引文件有两种结构：一种是独立索引文件.IDX，这种索引文件只有一个索引关键字表达式，即只有一个索引序列；另一种是复合索引文件.CDX，复合索引文件包含多个索引关键字，这些索引关键字用不同的索引标识加以区分。复合索引文件也有两种：一种是结构复合索引文件，另一种则是非结构复合索引文件。

1. 独立索引文件

独立索引文件只包含单个索引项，扩展名为.IDX，其主文件名称不能和相关表同名，而且该文件不会随着表的打开而自动打开。

2. 结构复合索引文件

当创建或修改表结构时，可以从表结构中挑选用于创建索引的字段，系统将自动创建一个.CDX 复合索引文件。VFP 把该文件当作表的固有部分来处理，并称之为结构复合索引文件，它具有与表相同的文件标识符，且打开与它同名(文件扩展名不同)的表时自动打开该索引文件，关闭时自动关闭。当在表中进行添加、修改和删除时，系统会自动对该索引文件中的全部索引序列进行维护。

3. 非结构复合索引文件

非结构复合索引文件包含多个索引序列，扩展名为.CDX。它是另行建立的，必须用命令打开，只有在该索引文件打开时，系统才能维护其中的索引序列。非结构复合索引文件可以看作是多个.IDX 文件的组合，实际上.IDX 文件是可以加入到该类文件中的。因为主索引和候选索引都必须与表一起打开和关闭，所以它们都只能存储在结构复合索引文件中，而不能存储在非结构复合索引文件和独立索引文件中。结构复合索引文件是 VFP 表中最普通也最重要的一种索引文件。其他两种索引文件较少用到，所以在此主要讨论结构复合索引文件。

4.1.3 建立索引文件

1. 建立单一的索引文件

命令 INDEX

【命令格式】

  INDEX ON <关键字表达式> TO <索引文件名> [FOR<条件>] [UNIQUE] [ADDITIVE]

【功能】

该命令建立一个索引文件，索引文件的扩展名(.IDX)可省略。

【说明】

  索引文件只按升序排列。关键表达式可以是字符型、数据型和日期型，INDEX 中关键表达式可以是单个字段，也可以是任意表达式。关键字表达式是索引排序的标准，表记录的排序将据此而定，当表达式中有多个字段时(字段类型必须相同，如不相同，要将其转换成为同一类型)，先对列出的第一个字段进行索引，然后按列出的第二个字段进行索引，依次类推。

  如果选择了 FOR<条件>项，则建立一个带筛选条件的索引文件，索引文件里只包含满足 FOR <条件>的记录，它可以使对表文件的索引速度非常快。

  若选择了 UNIQUE 项，当有多个记录的关键表达式值相同时，只将具有该值的第一个记录包含在索引文件中。若不选此项，则所有记录均被包含在索引文件中。

  若选择了 ADDITIVE 项，在进行索引操作时，可以不必关闭当前正在使用的索引文件，如果不加此选项，则将首先关闭当前使用的索引文件，然后再进行新的索引操作。

  例 4.1 对"学生情况"表，以"出生日期"为关键表达式建立索引文件 stx1.idx。

```
USE d:\VFP9.0\学生情况.dbf
INDEX ON 出生日期 TO stx1
LIST
```

运行结果如图 4-1 所示。

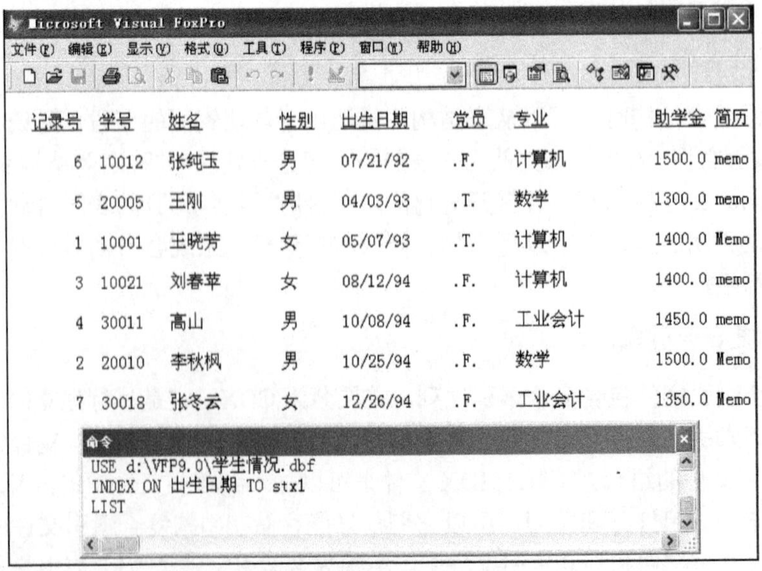

图 4-1 运行结果

例4.2 对"学生情况"表以"性别"为关键表达式建立索引文件 stx2.idx。

```
USE d:\VFP9.0\学生情况.dbf
INDEX ON 性别 TO stx2 UNIQUE
LIST
```

运行结果如图4-2所示。

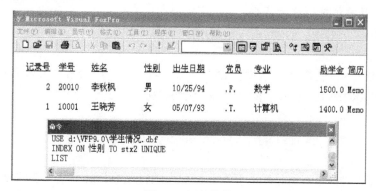

图4-2 运行结果

若在建索引文件的关键表达式中同时出现字符型、数字型和日期型中两种以上的数据时，则要用数字型转换字符型函数 STR()将数字型数据变成字符型数据，用日期型转换字符型函数 DTOC()将日期型数据变成字符型数据。

例4.3 对"学生情况"表，以"助学金"和"姓名"两个字段组成关键表达式建一个索引文件 stxx.idx。

```
USE d:\VFP9.0\学生情况.dbf
inde on str(助学金,6,2)+姓名 TO stxx
LIST
```

运行结果如图4-3所示。

记录号	学号	姓名	性别	出生日期	党员	专业	助学金	简历
5	20005	王刚	男	04/03/93	.T.	数学	1300.0	memo
7	30018	张冬云	女	12/26/94	.F.	工业会计	1350.0	Memo
3	10021	刘春苹	女	08/12/94	.F.	计算机	1400.0	memo
1	10001	王晓芳	女	05/07/93	.T.	计算机	1400.0	memo
4	30011	高山	男	10/08/94	.F.	工业会计	1450.0	memo
2	20010	李秋枫	男	10/25/94	.F.	数学	1500.0	Memo
6	10012	张纯玉	男	07/21/92	.F.	计算机	1500.0	memo

图4-3 运行结果

2. 建立组合索引文件

组合索引文件相当于将多个索引文件(.IDX)的文件组合在一起,形成一个索引文件的文件包,它的文件扩展名是.CDX。在这个文件包中可以包含有多个索引标识,每一个索引标识都相当于一个索引文件(.IDX)。它们的作用同简单索引文件的作用一样,其中的区别在于简单的索引文件(.IDX)只能按升序排列记录的次序,而索引标识即可以按表达式的值以升序排列,也可以按表达式的值以降序排列。

命令 INDEX

【命令格式】

　　INDEX ON <关键字表达式> TAG <标记名> [OF<组合索引文件名>][FOR<条件>][ASCENDING/DESCENDING][UNIQUE] [ADDITIVE]

【功能】

该命令建立一个索引文件,索引文件的扩展名(.CDX)可省略。

【说明】

· 关键字表达式:是索引排序的标准,表记录的排序将据此而定,当表达式中有多个字段时(字段类型必须相同,如不相同,要将其转换成为同一类型),先对列的第一个字段进行索引,然后按列出的第二个字段进行索引,依次类推。

· TAG 标记名:索引的标识。

· OF 组合索引文件名:选项用来确定组合索引文件名。如果是非结构化的组合索引文件,就必须指定索引文件的名称,并且文件名不得与表文件同名;如果是结构化的组合索引文件,则可以省略索引文件名,或定义为与表文件同名(主文件名)。

· FOR 条件选项:是索引条件,省略该选项时是对表的全体记录进行索引,不省略时是对该表的符合条件的记录进行索引。

· ASCENDING/DESCENDING 选项:是用来控制索引文件是按升序或降序建立索引文件。省略该选项将以升序方式建立索引文件。

· UNIQUE 选项:加上该选项,对于索引表达式中相同的值的记录只有第一个记录将被收录到索引文件中。

· ADDITIVE:该选项是用来说明建立新的索引文件时,是否同时将当前的单一索引文件或非结构化的组合索引文件关掉。选中该选项表示不关闭上述的索引文件。

在使用索引文件之前,首先必须打开索引文件,这样表的物理顺序才能按索引顺序重新调整,当操作者为表建立了结构化的组合索引文件后,每当操作者打开表的时候,系统都会自动地打开结构化的组合索引文件。下面将介绍如何打开单一索引和非结构化的组合索引文件。

打开索引文件有下面几种方法:

(1) 当用 INDEX 命令建立索引文件时,该索引文件自动被打开。

(2) 在用 USE 命令打开表文件的同时,用 INDEX 项打开索引文件,命令格式如下:

【命令格式】

　　USE <文件名> [ALIAS<别名>] [INDEX <索引文件名表>]

【功能】

该命令是用来在打开表的同时打开<索引文件名表>中的索引文件。

【说明】

INDEX <索引文件名表>选项是用来确定要打开哪些索引文件,如果要打开的索引文件个数多于一个时，则每个索引文件名之间用","分隔开，其中文件列表中的第一个为主索引文件，其他的索引文件为待用的索引文件。索引文件打开的同时自动关闭索引文件名表中没有列出的以前已经打开的索引文件。

（3）表文件已经打开时，可用下面命令打开索引文件：

【命令格式】

　　　SET INDEX TO [<索引文件名表>] [ADDITIVE]

【功能】

该命令用来在打开表后，再打开<索引文件名表>中的索引文件。

【说明】

当指定索引文件名表时，该命令与用 USE 命令打开索引文件的功能相同，但当不指定选择项时，则关闭所有已打开的索引文件。

ADDITIVE 选项表示在打开新的索引文件时是否关闭前面打开的索引文件。选择了该选项，表明在打开新索引文件时保留前面打开的索引文件。

例 4.4　假设已按"出生日期"、"姓名"、"助学金"分别对"学生情况"表建立了 stx1、stx2 和 stx3 三个索引文件，现在将它们同时打开。

```
USE    d:\VFP9.0\学生情况.dbf   INDEX stx2, stx3, stx1
LIST
```

运行结果如图 4-4 所示。

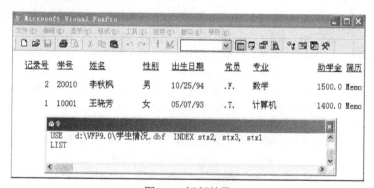

图 4-4　运行结果

从上面对"学生情况"表列表显示可以看出，只是打开的索引文件中列在最前面的一个索引文件是有效的，起到了索引文件的作用对排序有效。要使其他已打开的索引文件对排序有效，这就涉及一个新的概念：转换主索引文件。转换主索引文件可用如下命令：

【命令格式】

（1）SET ORDER TO [<数字型表达式>]

【功能】

该命令是用来指定主索引文件。

【说明】

数字型表达式取值范围为 0～"打开的索引文件数"，其最大值由打开多少个索引文件而定，数字型表达式具体取值与索引文件名表中的文件名的位置对应。当数字型表达式为 0 值或省略时，则恢复表的物理顺序。

在上面打开的索引文件中要使用 stx1 索引文件对排序有效。输入命令：

```
SET ORDER TO 3
LIST
```

运行结果如图 4-5 所示。

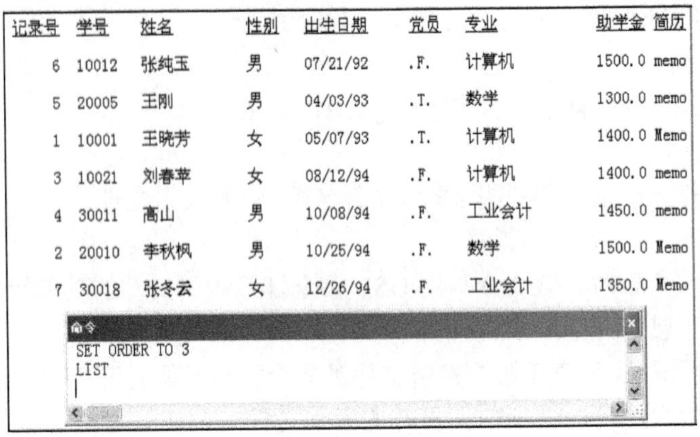

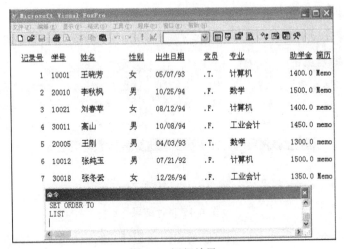

图 4-5　运行结果

```
SET ORDER TO
LIST
```

运行结果如图 4-6 所示。

图 4-6　运行结果

【命令格式】

(2) SET ORDER TO <单一索引文件名>

【功能】

该命令是用来指定主索引文件。

【说明】

当操作者不能确定打开的索引文件的位置时，可以使用单一索引的文件名来确定主索引文件。

【命令格式】

(3) SET ORDER TO <索引标识> [OF <非结构化的组合索引文件>]

【功能】

该命令是用来指定主索引文件。

【说明】

当操作者打开一个组合索引或同时打开单一索引文件和组合索引文件时，如果需要将一个索引标识转换为主索引，可以使用方式3；当这个索引标识属于结构化的组合索引文件时，可以省略 OF 后的结构化的组合索引文件名；当这个索引标识属于非结构化的组合索引文件时，则必须加上 OF 后的非结构化的组合索引文件名。

索引文件应当与表文件一起使用，这样一来，当表文件进行增加、删除和修改后，相应的索引文件也会随之自动修改。如果索引文件在打开表文件时没有同时打开，当操作者对表进行编辑、修改时，其对应的索引文件将被损坏，因而不能正常使用。这时候，索引文件就需要修改。

3. 修改索引文件

修改索引文件有下面两种方法：

（1）当对表文件更新时，所有被打开的索引文件也同时自动进行修改，以适应表文件的变化。但没有打开的索引文件不能被修改。

（2）没有随表文件进行修改的索引文件，如果被使用会产生数据混乱，如丢失记录、记录顺序不正确等。此时可用 REINDEX 命令重新索引，便可使索引文件内容与当前表内容一致。

【命令格式】

REINDEX

【功能】

该命令对当前打开的所有索引文件进行快速重新索引。

例 4.5   假设对"学生情况"表文件，在没有打开 stx1 索引文件的情况下，用 APPEND 命令追加一条第 8 号的新记录。

```
30005 文杉 男 03/06/90  .T. 工业会计 1300.00 简历
USE d:\VFP9.0\学生情况.dbf
APPEND
SET INDEX TO stx1
LIST
```

运行结果如图 4-7 所示。

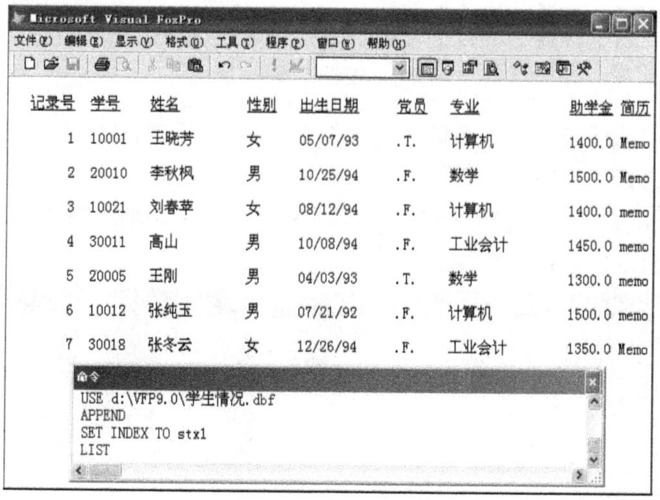

图 4-7   运行结果

```
REINDEX
LIST
```

运行结果如图4-8所示。

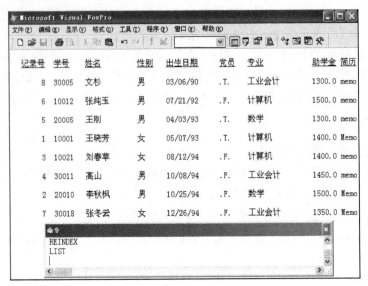

图4-8　运行结果

4. 利用项目管理器来创建使用索引文件

1) 创建索引

（1）在"项目管理器"中选定"学生情况"，然后单击"修改"按钮，打开"表设计器"，如图4-9所示。

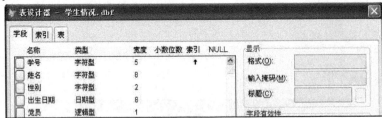

图4-9　表设计器窗口

（2）在"字段"选项卡上的"名称"列选择"学号"，再单击"索引"列的下拉箭头，在出现的下拉列表中选择"升序"。

（3）在"表设计器"中，选择"索引"选项卡。可以见到刚刚在"字段"选项卡中设置的索引，索引名将自动出现，如图4-10所示。

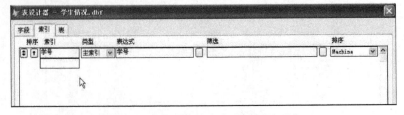

图4-10　表设计器窗口中的索引选项卡

（4）利用"索引"选项卡建立索引，在"索引名"框中，键入索引名。

（5）从"类型"列表中选定索引类型。

（6）在"表达式"框中键入作为记录排序依据的字段名，或者通过选择表达式框后面的对话按钮，弹出"表达式生成器"来建立表达式，如图 4-11 所示。

（7）若想有选择地输出记录，可在"筛选"框中输入筛选表达式，或者选择该框后面的按钮来建立表达式。如想显示"性别="男""的记录，则在筛选框中选择或输入"性别="男""，如图 4-12 所示。

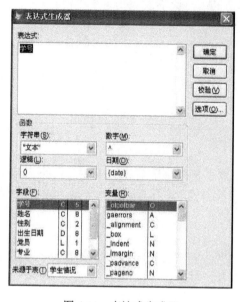

图 4-11　表达式生成器

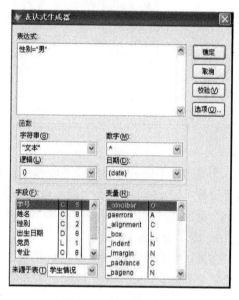

图 4-12　输入表达式

（8）"索引"左侧的箭头按钮表示升序还是降序，箭头方向向上时按升序排序，向下时则按降序排序。

（9）选择"确定"确认以上的选择。

2）使用索引

建好表的索引后，便可以用它来为记录排序，如图 4-13 所示。下面是排序的步骤：

（1）打开已建好索引的表。

（2）选择"浏览"。

（3）从"表"菜单中选择"属性"。

（4）在"索引顺序"框中，选择要用的索引。

（5）选择"确定"，确认以上的选择。

显示在浏览窗口中的表将按照索引指定的顺序排列记录。选定索引后，通过运行查询或报表，还可对它们的输出结果进行排序。

为了提高对多个字段进行筛选的查询或视图的速度，可以在索引表达式中指定多个字段对记录索引。步骤如下：

（1）打开"表设计器"。

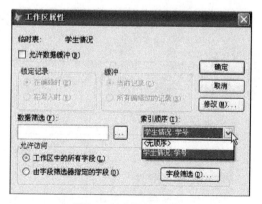

图 4-13　表属性对话框

（2）在"索引"选项卡中，输入索引名和索引类型。

（3）在"表达式"框中输入表达式，其中列出要作为排序依据的字段。

例如，如果要按照"性别"、"姓名"的顺序对记录进行排序，可以用"+"号建立"字符型"字段的索引表达式：性别+姓名。

注意：列表中的第一项应该是变化最小的字段。

（4）选择"确定"，显示结果如图 4-14 所示。

学生情况							
学号	姓名	性别	出生日期	党员	专业	助学金	简历
30011	高山	男	10/08/94	F	工业会计	1450.0	memo
20010	李秋枫	男	10/25/94	F	数学	1500.0	Memo
20005	王刚	男	04/03/93	T	数学	1300.0	memo
10012	张纯玉	男	07/21/92	F	计算机	1500.0	memo
10021	刘春苹	女	08/12/94	F	计算机	1400.0	memo
10001	王晓芳	女	05/07/93	T	计算机	1400.0	Memo
30018	张冬云	女	12/26/94	F	工业会计	1350.0	Memo

图 4-14 多重索引结果

如果想用不同数据类型的字段作为索引，可以在非字符型字段前加上 STR()，将它转换成字符型字段。例如，先按"助学金"字段排序，然后按"姓名"排序。在这个表达式中，"助学金"是数值型字段，"姓名"是字符型字段。

str(助学金,6,2)+姓名

注意：字段索引的顺序与它们在表达式中出现的顺序相同。如果用多个数值型字段建立一个索引表达式，索引将按照字段的和而不是字段本身对记录进行排序。

3）筛选

通过添加筛选表达式，可以控制哪些记录可包含在索引中。

步骤如下：

（1）打开"表设计器"。

（2）在"索引"选项卡中创建或选择一个索引。

（3）在"筛选"框中，输入一个筛选表达式。

（4）选择"确定"，如图 4-15 所示。

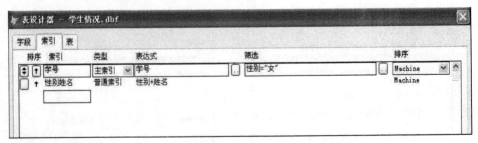

图 4-15 筛选设置

（5）选择"浏览"。

（6）选择"表"菜单中的"属性"项。

（7）在"索引顺序"框中，选择要用的"学号"索引。

(8) 选择"确定"确认以上的选择，结果如图 4-16 所示。

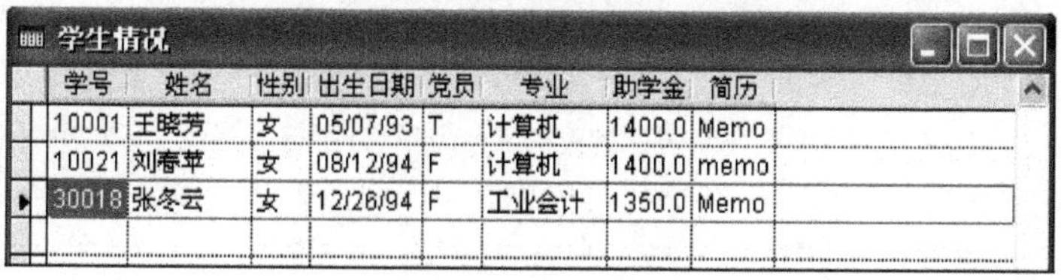

图 4-16　筛选结果

4.1.4　排序

排序就是根据表的某些字段重新排列记录。排序后将产生一个新表，其记录按新表的顺序排列，但原文件不变。下述命令可实现排序。

【命令格式】

SORT TO <文件名> ON <字段名 1> [/A] [/C] [/D] [,<字段名 2>[/A][/C][/D]...][<范围>] [FOR<条件>] [WHILE <条件>] [FIELDS <字段名表>]

【功能】

SORT 命令是根据指定的关键字段即 ON 后字段名，对当前已打开的表文件中的记录进行重新排列，生成一个新的表文件。新文件中的记录是由原文件中符合范围(省略为 ALL)和条件选项规定的所有记录组成。抽取的记录先按字段名 1 排序，字段名 1 数据值相等的记录，再按字段名 2 排序，依次类推。关键字段可以是字符型字段、数字型字段和日期型字段。

【说明】

命令中的文件名为所生成文件的名字，扩展名为.DBF，可省略。

排序可按升序或降序排列。/A 为升序，可省略，/D 为降序，/C 表示在排序时不区分大小写字母，/C 能与/A 或/D 同时使用，此时可表示为/AC、/DC 等。

若指定 FIELDS <字段名表>，则生成的文件只含有字段名表中列出的字段。字段名表中的字段可来自当前表，也可来自其他工作区打开的表文件，若来自其他打开的表文件，则必须用"别名->字段名"形式。

例 4.6　将"学生情况"表按"出生日期"升序排列，生成 stus1 表。

```
USE d:\VFP9.0\学生情况.dbf
SORT TO stus1 ON 出生日期 /A
USE stus1
LIST
```

运行结果如图 4-17 所示。

例 4.7　将"学生情况"按"专业"升序、"助学金"降序排序，生成 stus2。

```
USE d:\VFP9.0\学生情况.dbf
SORT TO stus2 ON 专业, 助学金 /D
USE stus2
LIST
```

运行结果如图 4-18 所示。

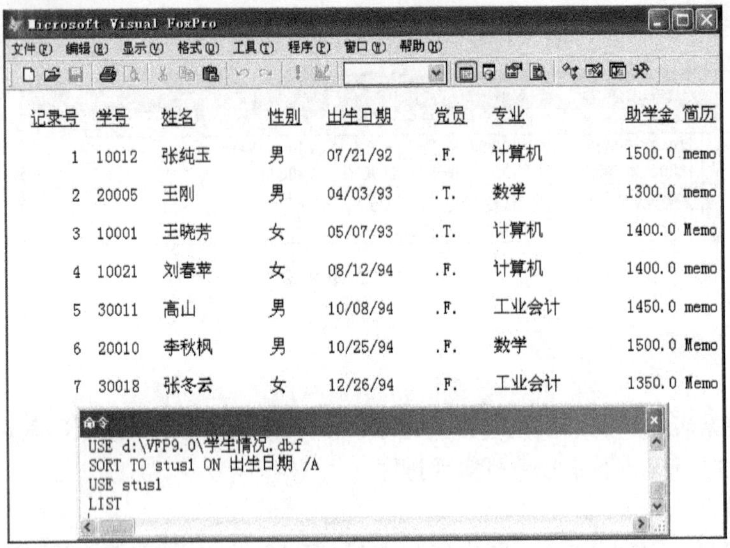

图 4-17　运行结果

图 4-18　运行结果

4.2　检　　索

表的重要用途之一就是供用户对存储的数据资源进行各种检索。要对表文件中的记录进行操作，首先必须寻找记录所在的位置，VFP 提供了两种查询方法，一种是顺序检索法，它是按记录的物理顺序逐个比较检索，用 LOCATE 和 CONTINUE 命令实现；另一种是索引检索法，它是按着索引关键字的值在索引文件中查找相应的记录号，而不是直接对表文件检索，用 FIND 和 SEEK 命令来实现。

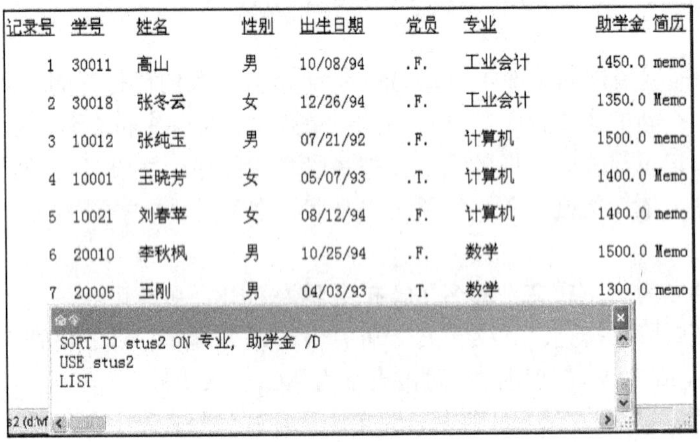

4.2.1　顺序检索

1．LOCATE 命令

LOCATE 命令是直接在表文件中检索。

【命令格式】

　　LOCATE [<范围>] [FOR<条件>] [WHILE<条件>]

【功能】

查找符合条件的记录。

【说明】

在所规定的范围内(省略为 ALL)，查找第一个符合条件的记录，当找到时，屏幕显示：record=n 以给出检索到的记录号，并将记录指针指向该记录。此时查询函数 FOUND() 的值为.T.，即真值。若没有检索到满足条件的记录，则屏幕显示："已到定位范围末尾"，并将记录指针指到范围的最后一个记录，此时查询函数 FOUND() 的值为.F.，若范围是全部表，则记录指针指到文件的尾部。

2．CONTINUE 命令

【命令格式】

  CONTINUE

【功能】

查找符合条件的其他记录。

【说明】

该命令与 LOCATE 配合使用。当 LOCATE 找到第一个符合条件的记录后，想继续检索其他符合条件的记录时，则要用 CONTINUE 命令，用此命令找到满足条件的记录后，记录指针指向该记录，FOUND() 函数返回真值；屏幕显示：record=n；否则 FOUND() 返回假值，屏幕显示："已到定位范围末尾"，如果是整个表，此时 EOF() 函数返回真值。

FOUND() 是函数，它是测试当前工作区中最后一个检索命令(LOCATE、CONTINUE、FIND 和 SEEK)是否查找成功，如果检索成功返回逻辑真值，不成功则返回逻辑假值。

例4.8　FOUND() 函数举例。

```
USE d:\VFP9.0\学生情况.dbf
LOCATE FOR 专业="数学"
? FOUND()
DISPLAY
```

运行结果如图 4-19 所示。

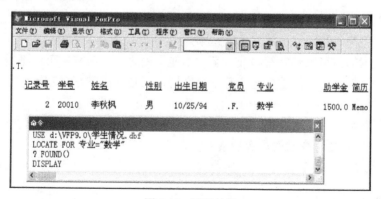

图 4-19　运行结果

```
CONTINUE
DISPLAY
CONTINUE
```

```
? FOUND()
? EOF()
```

运行结果如图 4-20 所示。

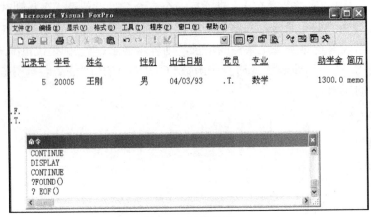

图 4-20　运行结果

4.2.2　快速检索

索引文件的重要用途是便于检索，它不是直接检索表文件本身，而是在索引文件中检索记录号，因而提高了检索速度。

1. FIND 命令

【命令格式】

FIND <字符串>/<数字>

【功能】

该命令是从打开的有效索引文件中，查找与指定的字符串或数字相匹配的记录，找到一个，就停止检索，并将记录指针指向该记录；如果一个也没找到，则屏幕给出 No find 信息，此时 FOUND() 返回假值。当表中有多个符合条件的记录时，则只找出第 1 个。

【说明】

(1) 当检索的值是字符串且 set exact 为 off(默认值)时，检索的字符串可以是索引关键表达式值的前几个字符；若 set exact 为 on 时，则检索的值只能是关键表达式值的全部。

(2) 用于检索的值可以是字符串或数字，不能是表达式，字符串可以不用引号或方括号括起来，如果关键表达式的值首尾包含若干个空格，则必须在字符串首尾给出同样多的空格(在 set exact on 状态下)。

(3) 若使用字符型内存变量检索时，则必须使用宏代替函数(&<字符型变量>用于代替字符型变量的内容)，以内存变量的内容检索。

例 4.9　利用 FIND 命令查找。

```
USE d:\VFP9.0\学生情况.dbf
INDEX ON 专业 TO stx4
FIND 工业
DISPLAY
```

运行结果如图 4-21 所示。

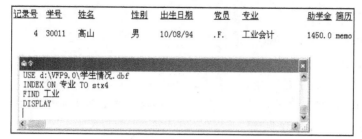

图 4-21　运行结果

```
SET EXACT ON
FIND 工业
? FOUND()
```

运行结果如图 4-22 所示。

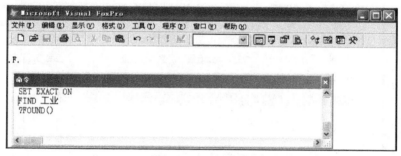

图 4-22　运行结果

```
SET EXACT OFF
INDEX ON 助学金 TO stx5
FIND 140.00
? FOUND()
DISPLAY
```

运行结果如图 4-23 所示。

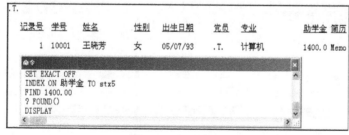

图 4-23　运行结果

2. SEEK 命令

【命令格式】

SEEK <表达式>

【功能】

SEEK 命令的功能与 FIND 相似，但是它可以对表达式运算结果检索，比 FIND 的功能更强更灵活。

【说明】

SEEK 命令与 FIND 命令的区别如下：

(1) SEEK 命令允许用表达式检索，当表达式为字符串时，则必须用引号或方括号括起来；当表达式为内存变量或数字时，可直接引用。

(2) SEEK 命令可对表达式为日期型索引文件检索，而 FIND 则不能。

例 4.10 利用 SEEK 命令查找。

```
USE d:\VFP9.0\学生情况.dbf
index on 专业 to stx4
SEEK "计"+"算机"
DISP
```

运行结果如图 4-24 所示。

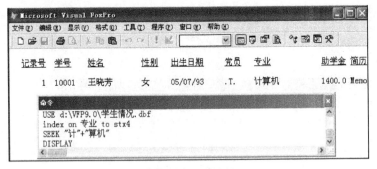

图 4-24 运行结果

```
INDEX ON 出生日期 TO stx5
SEEK CTOD("04/03/93")
? FOUND()
DISPLAY
```

运行结果如图 4-25 所示。

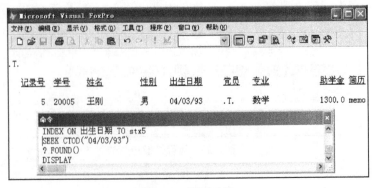

图 4-25 运行结果

4.3 统计与计算

表的另一个应用，就是对表文件中的某些信息进行统计分析、综合汇总，并给出各种统计结果。本节重点介绍对表文件记录的计数、求和、求平均值，以及生成分组求和文件。

4.3.1 统计记录个数命令 COUNT

COUNT 命令用于对某些记录进行计数。

【命令格式】

　　　　COUNT [<范围>] [FOR<条件>] [WHILE<条件>] [TO<内存变量>]

【功能】

该命令是在当前打开的表文件中，对指定的范围(省略为 ALL)内满足条件的记录进行统计计数，计数的结果可放到内存变量中，内存变量为数字型。若没有指定 TO 短语，则计数结果仅在屏幕上显示。

例 4.11　统计所有男生人数。

```
USE d:\VFP9.0\学生情况.dbf
COUNT ALL FOR 性别="男"  TO man
4 records
? man
    &&4
USE  d:\VFP9.0\学生情况.dbf
COUNT
      &&  7 records
```

4.3.2 求列向和命令 SUM

【命令格式】

　　　　SUM [<范围>] [<字段名表>] [FOR<条件>] [WHILE<条件>] [TO<内存变量表>]

【功能】

SUM 命令是在当前工作的表文件中,对指定范围(省略为 ALL)内满足条件的记录的数字型字段进行列向求和运算。

【说明】

<字段名表>由数字型字段名组成，两个以上字段名之间用逗号分隔。若选择该项，则将分别对所列字段名求和；否则，对当前表中所有的数字型字段求和。

若指定内存变量表，则求和的结果送入对应的内存变量中。内存变量之间也需要用逗号分隔。

例 4.12　统计所有计算机专业的学生助学金总和。

```
USE d:\VFP9.0\学生情况.dbf
sum 助学金 FOR 专业="计算机" TO computer
    &&  3 records summed
? computer
    &&  430.00
```

4.3.3 求列向平均命令 AVERAGE

【命令格式】

　　　　AVERAGE [<范围>] [<字段名表>] [FOR<条件>] [WHILE<条件>][TO<内存变量表>]

【功能】

对 AVERAGE 命令的规定与 SUM 命令基本相同。它是在当前工作的表中，对指定的范围(省略为 ALL)内满足条件记录的数字型字段求列向平均值。

【说明】

若选择了字段名表，则对字段名表中所列数字型字段分别求列向平均值。

若没选择字段名表，则对所有数字型字段求列向平均值。

若指定了内存变量表，则将求平均值的结果送入对应的内存变量中。

例 4.13 求女生的平均助学金。

```
use d:\VFP9.0\学生情况.dbf
aver 助学金 for 性别="女" to lady
    && 3 records averaged
?lady
    && 1383.33
aver
    && 7 records averaged
    && 助学金
        1414.29
```

4.3.4 分类统计命令 TOTAL

分类统计是对表记录按某一字段内容分类求和的命令，并产生分类求和文件来保存分类统计结果。

【命令格式】

TOTAL ON <关键字段> TO <文件名>[<范围>][FOR<条件>][WHILE<条件>][FIELDS<字段名表>]

【功能】

该命令将已打开的表文件指定数字型字段的内容，按照关键字段值相同的原则，将指定范围内满足条件的记录进行分组求和，生成一个新表文件。

【说明】

打开的文件为源文件，它必须按照关键字段进行排序或索引过，如是索引，则必须是正在使用的有效索引文件。

新生成的文件为目的文件，文件名是命令中的文件名。目的文件除源文件中的备注字段外，保留源文件的结构，其记录是源文件中关键字段值相同的记录合并为一个记录，字段名表中出现的数字型字段，以和作为数据值，字段名表中没有列出的数字型字段及其他各字段，以分类求和记录中每组排在最前面记录的数据值为其数据值。如果没有指定字段名表，则对表文件中的所有数字型字段分组求和，其他字段取每组中第一个记录的值。

另外，求和结果超出字段宽度用*填充，因此，源库文件中的求和字段宽度必须足够大才能使 TOTAL 命令有效实现。

例 4.14 分类统计命令 TOTAL 应用。

```
USE d:\VFP9.0\学生情况.dbf
INDEX ON 专业 TO xemp
TOTAL ON 专业 TO sstu FIEL 助学金
USE sstu
LIST
```

运行结果如图 4-26 所示。

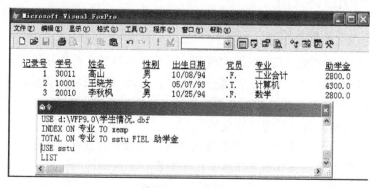

图 4-26　运行结果

4.4　多重表操作

前面所讲述的操作，都是在一个工作区中的一个表文件上进行的，但在实际开发管理信息系统时，常常需要同时使用多个表文件，下面将介绍如何实现同时对两个或两个以上表文件进行操作。在介绍之前先给出本节所用到的"学生成绩"和"学生入学情况"表，如图 4-27 和图 4-28 所示。

记录号	学号	科目	成绩
1	10001	计算机	86.0
2	10001	数学	78.0
3	10001	英语	56.0
4	20010	计算机	87.0
5	20010	数学	69.0
6	20010	英语	86.0
7	10021	计算机	77.0
8	10021	数学	63.0
9	10021	英语	74.0
10	30011	计算机	82.0
11	30011	数学	59.0
12	30011	英语	73.0
13	20005	计算机	99.0
14	20005	数学	36.0
15	20005	英语	58.5
16	10012	计算机	66.0
17	10012	数学	49.0
18	10012	英语	58.5
19	30018	计算机	89.0
20	30018	数学	68.0
21	30018	英语	76.0
22	10003	计算机	63.0
23	10003	数学	78.0
24	10003	英语	69.0

图 4-27　学生成绩表

记录号	学号	姓名	性别	出生日期	入学总分	家庭住址
1	10001	王晓芳	女	05/07/93	589	沈阳
2	20010	李秋枫	男	11/25/94	620	大连
3	10021	刘春莘	女	08/12/94	546	青岛
4	30011	高山	男	10/08/94	600	沈阳
5	20005	王刚	男	04/03/93	632	大连
6	10012	张纯玉	男	07/21/92	598	葫芦岛
7	30018	张冬云	女	12/26/94	578	北京

图 4-28　学生入学情况表

4.4.1 工作区的选择与使用

1. VFP有关工作区的规定

VFP有32767个工作区，其中系统占两个，用于存放资源文件和帮助文件。

每个工作区只允许打开一个表，在同一工作区打开另一个表时，以前打开的表就会自动关闭。反之，一个表只能在一个工作区打开，在其未关闭时若试图在其他工作区打开它，VFP会显示信息框提示出错信息"文件正在使用"。

在每个工作区中打开的表文件均有各自独立的记录指针，在某一工作区中进行与其他区无关的表操作时，均不会改变其他工作区中打开的表的记录指针的位置。

这些工作区分别以序号1到32767来称呼，从一个工作区访问其他工作区的数据时，必需使用别名。有3种等效的别名，一种是系统提供的别名，对应1到10区的别名分别为A到J的10个英文字母；一种是用户用USE命令打开表文件时所定义的别名；另一种是打开表文件时没有定义别名，则表文件名本身就是别名。

系统初始状态进入第一工作区，即此时第一工作区为当前工作区。

2. 工作区的选择命令

在任何时候都可用SELECT命令选择当前工作区。

【命令格式】

    SELECT <工作区号>/<别名>

【功能】

命令执行后，使工作区号或别名指定的工作区为当前工作区，除SELECT外，其他的命令均对当前区中打开的表文件进行操作。

【说明】

SELECT命令本身不影响任何区中的表文件和记录指针。SELECT 0表示选择尚未使用的标号最小的那个工作区为当前工作区。

例4.15 工作区的选择命令SELECT应用。

```
    SELECT A
    USE d:\VFP9.0\学生情况.dbf ALIAS astu
    SELECT 2
    USE d:\VFP9.0\学生成绩.dbf ALIAS ostud
    SELECT astu
    ? DBF()
d:\VFP9.0\学生情况.dbf
    SELECT ostud
    ? DBF()
d:\VFP9.0\学生成绩.dbf
      ? DBF(1)
d:\VFP9.0\学生情况.dbf
```

这里的DBF()函数返回当前工作区打开表文件的文件名。

3. 工作区之间的互访

在当前工作区对其他工作区中的表文件字段访问时，要使用"别名->字段名"的形式进行访问。此时被访问区中的表文件和记录指针均不改变。

例4.16 假定已建立了两个表文件，一个是"学生情况.dbf"，另一是"学生成绩.dbf"。

```
SELE 1
USE d:\VFP9.0\学生情况.dbf
LIST
```

运行结果如图4-29所示。

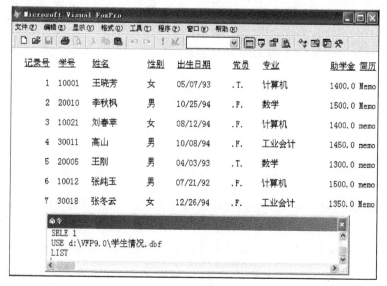

图4-29 运行结果

```
GOTO TOP
LOCATE FOR 学号="10001"
SELE 2
USE d:\VFP9.0\学生成绩.dbf
LOCATE FOR 学号="10001"
Sele 1
DISPLAY OFF 学号,姓名,性别,B->科目,B->成绩
```

运行结果如图4-30所示。

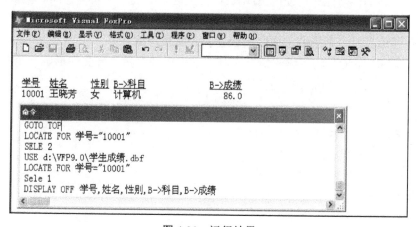

图4-30 运行结果

4.4.2 表文件间的关联

由 4.4.1 节可以看到，从一个区只能访问其他区中记录指针指向的单个记录，而且指针不能移动。若能使被访问区记录指针按照特定要求而移动，这样访问其他区的数据就更方便了。VFP 提供了在两个表文件间建立关联的 SET RELATIOIN TO 命令来实现这一目的。

关联是指当前工作的记录指针发生移动后，被关联区中表文件的记录指针按照关联的方法同时移动。

1. 关联建立/解除命令 SET RELATION TO

【命令格式】

SET RELATION TO [RECNO()/<关键字表达式>/<数字型表达式> [INTO<别名>] [ADDITIVE]

【功能】

建立或解除表之间的关联。

【说明】

当有任选项时，此命令涉及两个表文件，命令所在的当前工作区打开的表文件称为关联表文件，另一个工作区中打开的表文件(以别名标识的)称为被关联表文件。关联方法如下：

如果选择关键表达式的关联方法，两个关联表文件都要具有关键表达式中所含的字段，而且被关联的表文件，必须按此关键表达式建立了索引，其索引文件被打开，并置为有效(主索引)。每当关联表文件记录指针移动后，就检索被关联表文件，寻找满足此关键表达式值的第一个记录。若找到了，记录指针就指向这个记录，没有找到，则指针指向文件的尾部，此时 EOF()函数返回真值。

若选择 RECNO()关联方法，两个表文件间是通过记录号进行关联，它们当前记录的记录号保持相等。

当选择数字表达式关联两个表文件时，在被关联表文件中寻找记录号为数字表达式值的记录，如找到，将记录指针指向该记录，如找不到，则记录指针指向文件的尾部。

在命令中如果指定 ADDITIVE 项，则以前存在的有效关联都将被保留；若没有指定此项，则以前存在的关联都将被打断。使用 ADDITIVE 项可以实现一个表文件同时与多个表文件建立关联。

当无任何任选项时，则当前工作区已设置的关联被解除。

例 4.17 用 RECNO()将"学生情况"与"学生成绩"两个表文件形成一个关联。

```
USE d:\VFP9.0\学生情况.dbf
SELECT 2
USE d:\VFP9.0\学生成绩.dbf
SET RELATION TO RECNO() INTO A
GO 5
? RECNO()
5
? RECNO(1)
5
SET RELATION TO
GOTO TOP
? RECNO()
```

```
1
? RECNO(1)
5
USE
SELETE 2
USE
```

2. 关联的应用

例4.18 根据"学生入学情况.dbf"中的"入学总分"，调整"学生情况.dbf"文件中的"助学金"字段。调整的根据是："入学总分"大于等于600分的同学的"助学金"在原有的基础之上增加100元。

```
SELECT 1
USE d:\VFP9.0\学生入学情况.dbf
INDEX ON 学号 TO instud
SELECT 2
USE d:\VFP9.0\学生情况.dbf
SET RELATION TO 学号 INTO A
REPLACE ALL 助学金 WITH 助学金+100.00 FOR A->入学总分>=600
LIST
```

运行结果如图 4-31 所示。

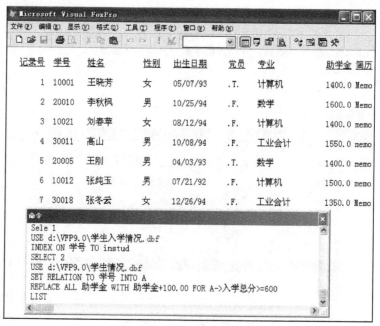

图 4-31　运行结果

4.4.3　两个表文件间的连接

两个已打开的表文件可通过连接操作生成一个新的表文件。连接操作用 JOIN 命令。
【命令格式】
　　JOIN WITH <别名> TO <文件名>FOR <条件> [FIELDS<字段名表>]
【功能】
该命令将两个不同区中打开的表文件按一定条件实现连接，产生一个以命令中文件名标识的新表文件。两个表文件，一个在当前工作区打开，称为连接表文件。别名是被连接表文件的别名，在另一个区中打开。

【说明】

FIELDS 可选项短语中的字段名表是指定新生成表文件中的所包含的字段及字段的顺序。如果没有选择 FIELDS 短语，则两个表文件的全部字段被连接，连接表文件的字段在前，被连接表文件的字段在后。两表文件字段名相同的字段，被连接表文件的字段被丢掉。

当两个表文件中有相同的字段名，并要指定被连接表文件中的字段，则要用"别名->字段名"形式引用，否则认为是连接表文件中的字段。

连接的过程是：首先将当前工作区中的记录指针指向第一个记录，然后逐个查找被连接的别名区中表文件的记录，检查每个记录的 FOR<条件>值，若条件为真值，则连接此两个记录，形成新文件中的一个记录。一直到被连接表文件的所有记录检查完为止。接着系统将当前工作区中表文件的记录下移一个，重复上面的处理，直到连接表文件的每个记录取完，系统退出 JOIN 命令。

例 4.19　将表"学生情况.dbf"与"学生入学情况.dbf"连接生成新的表 nstud.dbf。

```
SELECT 2
USE d:\VFP9.0\学生入学情况.dbf
SELECT 1
USE d:\VFP9.0\学生情况.dbf
JOIN WITH B TO d:\VFP9.0\nstud FOR 学号=B->学号;
    FIELDS 学号, 姓名, 专业, 助学金, B->入学总分
USE nstud
LIST
```

运行结果如图 4-32 所示。

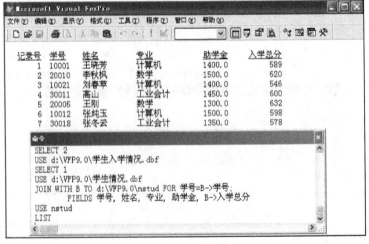

图 4-32　运行结果

4.4.4　表文件间的更新

对具有共同关键字段的两个表文件，可使用另一个表文件的某些数据对当前表文件的某些数据进行运算，将运算结果赋给当前表文件的相应字段，从而达到更新当前表文件的目的。表文件间更新用 UPDATE 命令。

【命令格式】

UPDATE ON <关键字段> FROM <别名> REPLACE<字段名 1> WITH <表达式 1>
[,<字段名 2> WITH<表达式 2>…] [RANDOM]

【功能】

实现用另一个表的数据更新当前表的数据。

【说明】

在当前工作区中执行该命令，别名是另一个工作区中打开的表文件的别名。关键字段是两个区中表文件字段名相同的字段，而且当前区中表文件必须按此关键字进行过排序或索引。

如果没有选择 RANDOM 项，则别名区中的表文件也必须按关键字段进行排序或索引。若选择了此项，别名区中的表文件不必排序或索引。

各字段名均为当前区中表文件的字段名。各表达式可含有当前区表文件中的字段变量，也可含有别名区表文件中的字段变量，此时要用"别名->字段名"形式引用。当命令执行后，命令中列出的各字段分别被对应的表达式所更新。

更新过程如下：

开始时，两表文件的记录指针都指向第一个记录。取当前区中的一个记录，根据关键字段的值到别名区表文件中寻找相应记录，找到后，计算表达式的值，然后进行所规定的替换操作。如果有多个匹配的记录，则只有第一个相匹配的记录实现更新；如果一个也找不到，则不更新。当前区表文件中一个记录处理后，取下一个记录。若它的关键字段值与前一个相同，则不更新，继续取下一个；若关键字段值与前一个不相同，就进行上述的更新处理。

例 4.20　用 wstud.dbf 表更新"学生情况.dbf"表。

```
SELECT 2
USE wstud
INDEX ON 学号 TO iwstud
LIST
```

运行结果如图 4-33 所示。

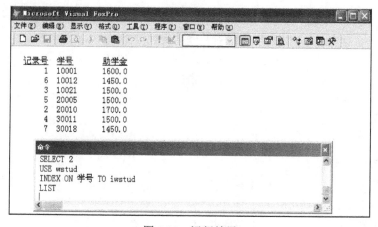

图 4-33　运行结果

```
SELECT 1
USE d:\VFP9.0\学生情况
INDEX ON 学号 TO istud
```

```
LIST
UPDATE ON 学号 FROM B REPLACE 助学金 WITH B->助学金
LIST
```

运行结果如图 4-34 所示。

图 4-34   运行结果

习   题   4

1. 单项选择题

(1) 要打开多个数据表文件，应该在多个_____。

    A. 工作区中   B. 数据库中   C. 工作期中   D. 项目中

(2) 在数据库中可以存放的文件是_____。

    A. 数据库文件   B. 数据库表文件   C. 自由表文件   D. 查询文件

(3) 打开个建立了结构化复合索引的数据表，表记录的顺序将按_____排列。

    A. 第一个索引标识   B. 最后一个索引标识

    C. 主索引标识   D. 原顺序

(4) 索引文件中不包括_____。

    A．唯一的索引名　　　　　　　　　B．索引所依据的表达式

    C．记录好的特殊序列　　　　　　　D．记录的内容

(5) 若所建立的索引字段不允许重复，并且一个表中只能创建一个，它应该是_____。

    A．主索引　　　　　　　　　　　　B．唯一索引

    C．候选索引　　　　　　　　　　　D．普通索引

2. 填空题

(1) 表索引是一个记录号的列表，它存储一组记录_____，指向待处理的记录。

(2) 表索引有 4 种类型：主索引、候选索引、普通索引和_____。

(3) 复合结构索引文件名与相关的表同名，并具有_____扩展名。

(4) VFP 支持两类索引文件，即单索引文件和_____。

(5) 在选择工作区的 SELECT 命令中，既可以使用表别名，又可以使用_____，选定的工作区称为_____。

3. 简答题

(1) 显示记录时，范围有几种选择？结果有什么不同？

(2) SEEK、FIND 和 LOCATE 命令有什么区别？

(3) 表的物理排序和逻辑排序有什么不同？

(4) CONTINUE 和 LOCATE 的关系。

(5) GO TOP 和 GO 1 在什么情况下作用相同？什么情况下不同？

4. 设计题

(1) 按的"专业"字段建立单索引文件。

(2) 按"学生情况"表的"专业"字段建立排序文件。

(3) 至少用 2 种方法查找"学生情况"表中"姓名"为"高山"的记录，并删除该记录。

(4) 统计表中学生的人数。

(5) 对"学生情况"表按"专业"汇总学生的助学金。

第5章　数据库操作

教学提示： VFP9.0 与它的前面版本相区别的强大的新功能之一就是它使用了数据库。单独使用表，可以为用户存储和查看信息提供很多帮助，但是，如果把若干表组织到一个数据库中，用户就可以充分利用 VFP 提供的如下强大功能：存储一系列的表或视图；设置属性和数据验证规则；在表间建立关系；使相关联的表协同工作；通过把表放入数据库，可减少冗余数据的存储，保护数据的完整性。例如对一个公司来说，不必对已有的每一个客户订单的客户姓名和地址重复存储。可在一个表中存储用户的姓名和地址，并把其关联到订单上（存储在另一个表中）。如果客户的地址改变了，只需改变一个表中的一个记录，而不必寻找所有与该地址的有关联的表进行改动。

教学目标： 本章主要介绍一些基本知识和基本操作，在数据库中加入表或视图；设置表间关系；控制数据的输入以及数据库表的其他属性。通过本章的学习可以加深从自由表到数据库概念的理解，为使用好设计器做好准备。

5.1　建立数据库文件

选择系统"文件"菜单中的"新建…"菜单项，打开"新建"对话框，在该对话框的文件类型选项按钮中选中"数据库"，单击"新建"命令按钮，系统将弹出一个"创建"对话框。在"创建"对话框中，输入数据库文件的路径和名称（如"学生"），单击"创建"命令按钮关闭"创建"对话框，就出现了如图 5-1 所示的"数据库设计器"窗口。同时"数据库"菜单条也自动增加到系统菜单中，这时就能通过工具栏和"数据库"菜单对数据库进行操作了。

在以前的章节中创建了一个与数据库无关联的"学生情况"表，这样的表称为自由表。在 VFP 中，还可以将表存放于数据库中，这样的表称为数据库表。相比之下，数据库表增加了许多新功能，下面将"学生情况"表加入到数据库中，并另建两个数据库表。

图 5-1　数据库设计器

单击"数据库设计器"工具栏中的"添加表"按钮，弹出一个"打开"对话框，在对话框中选择已建好的"学生情况"，单击"确定"命令按钮关闭对话框，则"学生情况"被添加到"学生"数据库中。

此外，再新建两个数据库表，表的结构如表 5-1 和表 5-2 所示。接着，单击"数据库设计器"工具栏中的"新建表"命令按钮，在"新建表"对话框中选取"新表"命令按钮，在"创建"对话框中输入表名"学习成绩"，单击"保存"命令按钮，出现如图 5-2 所示的"表设计器"窗口。按照表 5-1 中列出的内容，输入"学习成绩"表的字段名、类型、宽度，输入完成后，单击"确定"命令按钮。按照同样的步骤，输入表 5-2 中"系代码"的内容。可在图 5-3 所示的"数据库设计器"窗口查看添加的内容。

表 5-1	学习成绩表		
字段名	字段含义	数据类型	宽度
学号	学号	字符型	5
科目	科目	字符型	20
成绩	成绩	数值型	4.1

表 5-2	系代码表		
字段名	字段含义	数据类型	宽度
系名	系名	字符型	20
代码	系代码	字符型	2

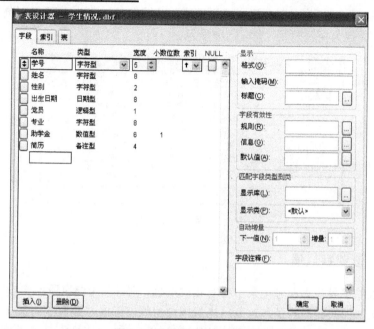

图 5-2　数据库表的表设计器

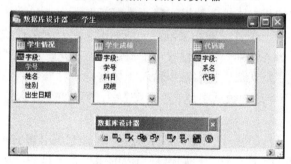

图 5-3　数据库设计器

5.2　使用数据库表的新功能

图 5-2 所示的数据库表的表设计器比自由表的表设计器又多了许多新属性，这些属性会作为数据库的一部分保存起来，并且一直为表所拥有，直到表从这个数据库中移去为止。下面就介绍一下数据库表的新属性。

5.2.1　为字段设置新的显示标题

在"数据库设计器"中选定"学生情况"，然后选择工具栏中的"修改表"命令按钮。选定需要指定标题的字段(如"姓名")，在"标题"框中，输入为字段选定的标题(如 xm)。请按照表 5-3 给所有字段加上标题。

表 5-3

字段	学号	姓名	性别	出生日期	党员	专业	助学金	简历
标题	xh	xm	xb	csrq	dy	zy	zxj	jl

输入完毕后，单击"确定"命令按钮，退出"表设计器"对话框。在"数据库设计器"中选定"学生情况"表，单击工具栏中"浏览表"命令按钮，可以发现"浏览"窗口中列头上的字段名已被替换为拼音简写，如图 5-4 所示。

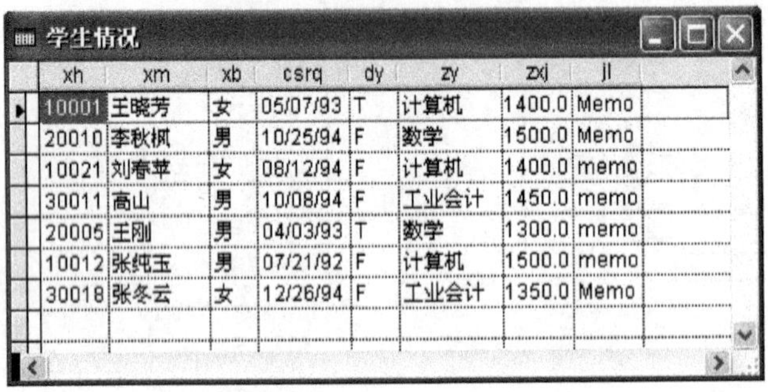

图 5-4 替换标题结果

5.2.2 为字段设置默认值

如果某个表的字段在大部分记录中都有相同的值，则可以为该字段预先设定一个默认值，以减少数据输入，加快数据的录入速度。当然用户也能够随时修改设定的默认值。

为字段指定的默认值可以是一个具体的值或是一个 VFP 表达式，无论是在表单或浏览窗口中输入数据，还是以编程方式输入数据，默认值都起作用。

在"学生情况"中有一个"性别"字段，一般情况下，一个学校的学生不是男生居多就是女生居多，因此可以为"性别"字段设置一个默认值，在此设置为"男"。在表设计器中，选定"性别"字段，在"默认值"文本框中输入"男"。

注意：因为"性别"字段的数据类型为"字符"型，所以在"默认值"文本框中输入"男"时要注意加引号。

使用 VFP 表达式还可以动态设置字段的默认值，例如在图书馆的图书管理数据库中，需要保存读者的借书、还书日期，这个日期也是当天的微机系统日期，所以如果为借书日期和还书日期设置默认值为 DATE()，就不需要图书管理员手工输入日期了。

5.2.3 设置字段验证规则

字段验证规则能够控制用户输入到字段中的信息类型，在"学生情况"中，还以"性别"字段为例，因为性别只有"男"或"女"两种情况，输入其他的任何值都是非法的，也不能允许。通过设置该字段的验证规则可以防止输入非法值，如图 5-5 所示。

在表设计器中选择"性别"字段为当前字段，在"规则"文本框中输入：

性别 = "男" or 性别 = "女"

为了在输入错误时给用户一个提示，在"信息"文本框中输入：

"性别字段只能为男或女两者之一。"

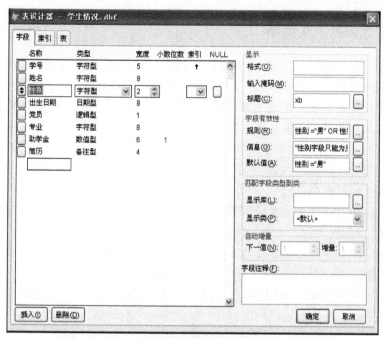

图 5-5　设置字段验证

5.2.4　设置记录验证规则

使用记录验证规则可以控制输入记录中的数据，通常是比较同一记录中两个或多个字段的值，以确保它们遵守一定的规则。与字段验证规则不同，记录验证规则是当记录的值被改变后，记录指针准备离开该记录时被激活的。

在"学生情况"表中，每个记录的"出生日期"肯定小于"入学日期"，在数据录入时，操作员有可能不小心把这两个日期搞颠倒而发生输入错误，为此可以设置记录级的验证规则，避免这种错误的发生。

在打开的"学生情况"表的表设计器中，选择"表"选项卡，在"规则"框中，输入如下一行代码：

入学日期 >= 出生日期

再在"信息"框中输入说明信息：

"入学日期或出生日期输入错误。"

单击"确定"命令按钮保存设置。在继续设置其他的属性之前，先来检验一下刚才的设置。在"数据库设计器"中，选定"学生情况"表，单击工具栏上的"浏览表"命令按钮，出现"学生情况"表的浏览窗口后，在系统菜单上选择"显示/追加方式"菜单项，窗口中显示一个空记录，等待输入记录数据，而"性别"字段已具有默认值"男"，将其改为"南"，则当按回车键准备离开该字段时，系统会给出警告，显示的内容正是输入的说明信息。单击"还原"命令按钮关闭警告框并恢复原值。接着输入"入学日期"和"出生日期"，使"出生日期">"入学日期"，然后将记录指针移动到另一条记录，则系统又会给出警告，修改"出生日期"或"入学日期"，使之符合"记录验证规则"，就可以将记录指针移到其他记录上了。完成上述检验后关闭"浏览"窗口，回到"数据库设计器"。

5.2.5 建立表之间的永久关系

通过链接不同表的索引，"数据库设计器"可以很方便地建立表之间的关系。因为这种在数据库中建立的关系被作为数据库的一部分而保存起来，所以称为永久关系。每当用户在"查询设计器"或"视图设计器"中使用表，或者在创建表单时所用的"数据环境设计器"中使用表时，这些永久关系将作为表之间的默认链接。

在"学生情况"数据库中，"学生情况"表与"学习成绩"表具有一对多的关系，即一个学生可以有多门功课的成绩。因此，"学生情况"应包含主记录，学习成绩表包含相关记录，两表通过"学号"保持关联。

在建立表之间的永久关系之前，需要为表创建索引，按第 4 章建立索引的方法，为"学生情况"表中的"学号"建立一个主索引，为"学习成绩"表中的"学号"建立一个普通索引。建好索引后，回到"数据库设计器"，在主表（"学生情况"）的"学号"索引标识上按下左键不放，拖动到子表（学习成绩表）的"学号"索引标识上，释放鼠标按钮，在"数据库设计器"中，可以看到两个表的索引标识之间有一条黑线相连接，表示出这两个表之间的永久关系，如图 5-6 所示。双击此线还能够打开"编辑关系"对话框来编辑关系。

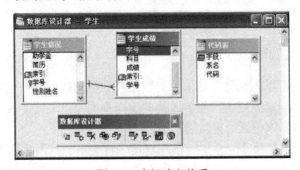

图 5-6　表间建立关系

5.2.6 建立参考完整性

在具有关联关系的父子表之间编辑修改记录时可能出现以下问题：

（1）如果在父表中删除了一条记录，则当子表中有相关的记录时，这些记录就成了孤立的记录。

（2）当在父表中修改了索引关键字的值（如在"学生情况"表中修改"学号"值），那么还需要修改子表中相应记录的关键字值，否则就会产生错误，反过来也一样。

（3）在子表中增加记录时，如果所增加记录的关键字值是父表中没有的，则增加在子表中的记录也成了孤立的记录。

出现以上的任何一种情况，都会破坏关系表的完整性。在 VFP 中通过建立参考完整性，系统可以自动完成这些工作，防止这些问题的出现，所要做的只是用鼠标在对话框中做一些选择。

在"数据库设计器"中的空白处，按下鼠标右键，打开快捷菜单，从快捷菜单中选择"编辑参考完整性…"，打开如图 5-7 所示的"参考完整性生成器"对话框。

在"更新规则"选项卡和"删除规则"选项卡下，选择"级联"选项按钮。在"插入规则"选项卡下，选择"限制"选项按钮。单击"确定"按钮后，系统会弹出一个对话框，说明要生成参考完整性的代码，单击"是"命令按钮，则参考完整性的代码被建立。

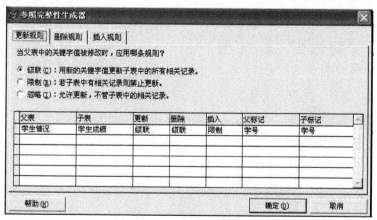

图 5-7　参考完整性生成器

现在来检验一下创建的参考完整性。先打开"学生情况"表的浏览窗口，添加一条记录，再打开"学习成绩"表的浏览窗口，在其中增加一或多条具有相同学号的记录，回到"学生情况"表浏览窗口。改变刚才增加的记录的学号，这时再激活"学习成绩"表的浏览窗口，可以看到刚才增加的记录的学号已被修改为与主表中一致的值。

5.3　数据库操作

5.3.1　数据库的打开/关闭

1. 打开数据库

在"项目管理器"中选定要打开的数据库，然后选择"修改"按钮或"打开"按钮打开该数据库。若数据库不在"项目管理器"中，则可以选择"文件"菜单下的"打开"菜单项，然后在"打开"对话框中选择要打开的数据库将其打开。也可以用命令 OPEN DATABASE [<数据库文件名>|？]打开。

2. 关闭数据库

在"项目管理器"中选定要关闭的数据库，然后选择"关闭"按钮；或者选择"文件"菜单下的"关闭"菜单项，关闭正在使用的数据库；也可以使用命令 CLOSE ALL 或 CLOSE DATABASE 关闭。

5.3.2　查看数据库中的表

创建一个数据库时 VFP 以独占方式打开该.DBC 文件，此文件中存储了有关该数据库的所有信息，但它并不在物理上包含任何附属对象(例如表)，而仅在.DBC 文件中存储指向表文件的指针(即路径)。

在"项目管理器"中选定数据库后，单击"修改"按钮或者选择"文件"菜单下的"打开"菜单项打开相应的数据库后，就会显示"数据库设计器"。

1. 展开或折叠表

在"数据库设计器"中可调整表的显示区域大小，也可以折叠只显示表的名称。右击"数据库设计器"中某个表，在打开的快捷菜单中选择"展开"或"折叠"项，可以展开或折叠该表；若要展开或折叠所有的表，在"数据库设计器"窗口的空白处右击，然后在打开的快捷菜单中选择"全部展开"或"全部折叠"项。

2. 重排数据库的表

从"数据库"菜单中选择"重排"项，打开"重排表和视图"对话框，如图 5-8 所示。从该对话框中选择适当的选项，可以在"数据库设计器"中按不同的要求重排表，也可以将表恢复为默认的高度和宽度。

3. 在数据库中查找表或视图

如果数据库中有许多表和视图，可以使用寻找命令快速找到指定的表或视图，即选择"数据库"菜单下的"查找对象"菜单项，再从如图 5-9 所示的"查找表或视图"对话框中选择需要的表或视图。

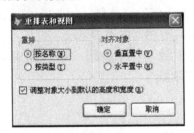
图 5-8 "重排表和视图"对话框

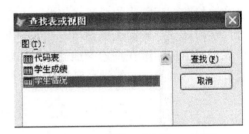
图 5-9 "查找表或视图"对话框

在"数据库设计器"中，选中的表其标题将加亮显示。

4. 添加数据库的备注

若想对数据库加以说明，可添加注释：选择"数据库"菜单下的"属性"菜单项，在"注释"框输入备注内容即可。

5.3.3 修改与查看数据库结构

使用"数据库设计器"工具栏或"数据库"菜单中的相关命令可以创建新表，把已有的表添加到数据库中，从数据库中移去表，修改表的结构，还可以编辑存储过程。

在数据库文件中，系统为每个与数据库关联的表、视图、索引、标识、永久关系以及连接保存了一个记录，也保存了每个具有附加属性的表字段或视图字段的记录。此外，它还包含一条单独的记录，保存数据库的所有存储过程。

5.4 在项目中添加或移去数据库

数据库创建后，若还不是项目的一部分，可以把它加入到项目中；若该数据库已是项目的一部分，可将它从项目中移走；若不再需要此数据库，也可将它从磁盘上删除。

5.4.1 添加数据库

当使用命令创建数据库时，即使"项目管理器"是打开的，该数据库也不会自动成为项目的一部分。可以把数据库添加到一个项目中，这样能通过交互式用户界面方便地组织、查看和操作数据库对象，同时还能简化连编应用程序的过程。要把数据库添加到项目中，只能通过"项目管理器"来实现，具体的操作步骤如下：

(1) 在"项目管理器"的"数据"选项卡中选择"数据库"项。

(2) 单击"添加"按钮。

(3) 在"打开"对话框中选择要添加的数据库。

(4) 单击"确定"按钮，所选的数据库便被添加到项目管理器中。

5.4.2 移去或删除数据库

要从项目中移去数据库，也可以通过"项目管理器"来实现，具体的操作步骤如下：

(1) 在"项目管理器"中选择欲移去的数据库。

(2) 单击"移去"按钮。

(3) 在打开的对话框中选择"移去"。如果要从磁盘中删除文件，则选择"删除"。

5.5 使用多个数据库

为符合多用户环境的数据组织需要，可以同时使用多个数据库。多数据库可增加系统的灵活性。可通过同时打开多个数据库，或引用打开的数据库中的文件来使用多个数据库。

5.5.1 打开多个数据库

可以通过"项目管理器"或从"文件"菜单中选择"打开"命令打开多个数据库。打开一个数据库后，表和表之间的关系就由存储在该数据库中的信息来控制，也可以同时打开多个数据库。

注意：打开一个数据库并不关闭其他已经打开的数据库。

5.5.2 当前数据库的设置

尽管可以同时打开多个数据库，但在某一时间，只能有一个数据库是当前数据库。当打开多个数据库时，系统将最后打开的数据库作为当前数据库。所创建或添加到数据库中的任何表或其他对象，均默认为是当前数据库的一部分，处理数据库的命令和函数也是对当前数据库进行操作。可以从"常用"工具栏上的"数据库"下拉列表中选择一个打开的数据库作为当前数据库，或者使用 SET DATABASE 命令选择另外一个数据库作为当前数据库。

在 VFP 中，数据库中不存储数据，而存储数据库表的属性、表关联和视图，以及存储过程等。

创建数据库之前，应进行数据库设计，即确定数据库的用途，确定数据库中的表文件和字段，以及表间关系等。

习 题 5

1. 单项选择题

(1) 在数据库中可以存放的文件是_____。

    A. 数据库文件   B. 数据库表文件

    C. 自由表文件   D. 查询文件

(2) 要设置某数据库为当前数据库，可使用_____命令。

    A. SET DATABASE TO   B. SET DATABASE

    C. OPEN DATABASE   D. USE DATABASE

(3) 要关闭已经打开的数据库，可使用以下命令_____。

    A. CLEAR   B. CLOSE   C. CLOSE DATABASE   D. CLEAR ALL

(4) 检测当前工作的数据库命令是_____。

    A. ?DBC()   B. ?RNO()   C. ?DBWORK()   D. ?DB()

(5) _____是数据库的基本数据来源，在数据库的预定范围内确定表的数量、用途、名称，能有效地形成数据库的架构。

    A. 数据库表   B. 自由表   C. 视图   D. 表格

(6) 使用命令 MODIFY DATABASE 可在数据库设计器中_____数据库。

    A. 关闭   B. 打开   C. 删除   D. 移去

(7) Visual FoxPro 参照完整性规则不包括_____。

    A. 更新规则   B. 删除规则   C. 连接规则   D. 插入规则

(8) 以下_____不是 VFP 的变量。

    A. 系统变量   B. 字段变量   C. 内存变量   D. 表变量

2. 填空题

(1) 打开数据库设计器的命令是_____。

(2) 向数据库中添加的表应该是目前不属于_____的单表。

(3) 永久关系是数据库表之间的联系，在数据库设计器中索引之间的_____。

(4) 永久关系建立后存储在_____中，只要不作删除或变更就一直保存。

(5) 在 VFP 中，数据表间的连接方式有_____和_____。

3. 简答题

(1) 设计数据库有哪些基本过程？

(2) 自由表间能否建立永久关系？

(3) 举例说明什么是父表，什么是子表。

(4) 简述数据库表与自由表之间的关系。

(5) 主控索引与索引的区别是什么？

4. 设计题

(1) 创建一个"图书管理系统"数据库，并在其中添加"图书目录"表和"图书管理员信息"表(这两个表由自己创建并录入数据)。

(2) 对"图书管理系统"数据库进行打开、关闭、修改、删除等基本操作。

(3) 在计算机中自己的目录下(没有的可以自己新建)建立一个"学生管理"数据库，并完成下面的操作：
建立本章例题中所用的两个表："学生情况"表和"学习成绩"表，设置"学生情况"表的"性别"字段默认值为"女"，设置"学习成绩"表的"成绩"字段的值在0～100之间，并分别输入数据。

(4) 将上题中这两个表移出"学生管理"数据库。

(5) 再将上题中的两个表添加到"学生管理"数据库中，并对"学生情况"表按"学号"建立主索引，对"学习成绩"表按"学号"建立普通索引。

第6章 查询与视图

教学提示： 在数据库的一般使用中，查询是比较常用的手段或目的。因此 VFP 设计了很强的查询功能。查询是数据库的最大特点或应用，若要在 VFP 数据库中反复查找大量内容，就可以借助数据库的查询功能。可以根据用户需要建立相应的查询，从一个表或多个表中检索符合指定条件的记录，供用户查看、更改和分析。

视图是在数据库表的基础上创建的一种虚拟表，虽然它不直接存储数据，但是它可以在查询出来的数据结果上直接修改数据，且能将修改即时反馈到数据源上。这是视图与查询的最大区别。

教学目标： 本章主要介绍有关查询与视图的基本知识，包括使用查询向导、查询设计器创建查询，为数据库创建本地视图。

视图必须依附于某个数据库，而不能独立存在，通过对视图的学习，应了解视图的使用环境，学会创建本地视图，并可对视图进行定制。

6.1 创 建 查 询

查询基本概念如下。

（1）查询：从指定的表或视图中提取满足条件的记录，然后按照想得到的输出类型定向输出查询结果。

（2）查询文件：即保存实现查询的 SELECT-SQL 命令的文件。查询文件保存时，系统自动给出扩展名为.qpr 的文件保存在磁盘上，这是一个文本文件，它的主体是 SQL select 语句，另外还有和定向输出有关的语句。查询被运行后，系统还会生成一个编译后的查询文件，扩展名为.qpx。

（3）查询结果：通过运行查询文件得到的一个基于表和视图的动态的数据集合。查询结果可以用不同的形式来保存。查询中的数据是只读的。

（4）查询的数据源：可以是一张或多张相关的自由表、数据库表、视图。

6.1.1 查询的基本功能

通过查询，用户可以对记录进行分组和排序，在查询中执行计算，并且还可以使用查询作为表单或报表的数据来源，从而提供了极大的灵活性。所有这些功能都是其他方法所不能实现的。在 VFP 9.0 中，利用查询可以完成以下功能：

（1）选择字段。在查询中不必包括表中的所有字段。

（2）选择记录。可以指定一个或多个条件，只有符合条件的记录才能在查询结果中显示出来。

（3）分组和排序记录。可以对查询结果进行分组，并可对记录按指定的字段排序。

（4）完成计算功能。可以建立一个计算字段，利用计算字段保存计算结果。计算字段根据一个或多个表中的一个或多个字段，计算出表中没有的数据。为了在表单和报表中显示计算字段，用户可以建立一个包含计算字段的查询。

（5）使用查询作为表单或报表的数据来源。为了从一个或多个表中选择合适的数据在表单或报表中进行显示，用户可以建立一个条件查询，将该查询的数据作为表单或报表的数据来源。当用户每次打开表单或打印报表时，该查询将从基表中检索最新数据。

（6）建立新表。可以将查询结果存储为一个数据文件，以后就可以打开这个数据表进行操作。不过，此数据表是一个自由表，必须使用添加操作才能将它添加到当前数据库中。

6.1.2　创建查询的步骤

在 VFP 9.0 中，有两种建立查询的方法，分别使用"查询向导"和使用"查询设计器"来创建查询文件。两种方法略微不同，其中共同的步骤具体如下：

（1）选择在查询结果中要显示的字段。

（2）设置选择条件来筛选要在查询结果中包含的记录。

（3）设置排序或分组选项来组织查询结果。

（4）选择结果的输出类型，如表、报表、标签、浏览等。

（5）运行查询，查看查询结果。

本章将系统的介绍使用"查询向导"和使用"查询设计器"创建查询的方法。

6.1.3　使用"查询向导"创建查询

使用"查询向导"可以快速地创建查询，用户只需按照向导提示的步骤，逐一地回答问题就可以正确地建立查询。

例 6.1　使用"查询向导"建立查询，要求从"学生情况"表中查询"专业"为"计算机"的学生信息，包括学号、姓名、出生日期，结果按学号升序排列。

（1）在"文件"菜单中选择"新建"命令，在"新建"对话框中选择"查询"单选按钮，然后单击"向导"按钮，得到如图 6-1 所示的"向导选取"对话框。选择"查询向导"并单击"确定"按钮，将会弹出如图 6-2 所示的对话框。

图 6-1　"向导选取"对话框

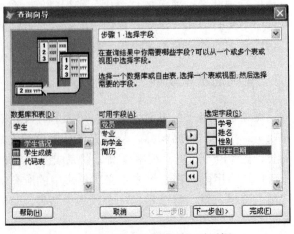

图 6-2　"选择字段"对话框

（2）在"选择字段"对话框中选择需要的数据库及表，从"可用字段"列表框中选择可使用的字段，然后单击 ▶ 按钮，将其添加到"选定字段"列表框中。

（3）单击"下一步"按钮，进入"筛选记录"对话框，在"字段"下拉列表框中选择用于筛选记录的字段，在"操作符"下拉列表框中选择合适的操作符，并在"值"文本框中填入筛选值，如图 6-3 所示。

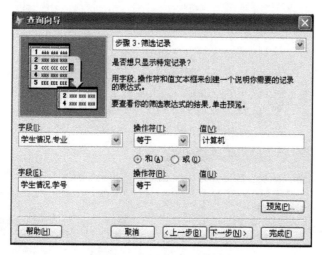

图 6-3 "筛选记录"对话框

（4）单击"下一步"按钮，进入"排序记录"对话框，在"可用字段"列表框中选择用于排序的字段，然后单击"添加"按钮将其添加到"选定字段"列表框中。可以在中间的选项按钮中选择"升序"还是"降序"，如图 6-4 所示。

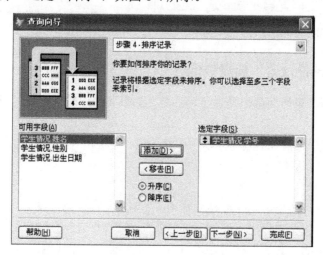

图 6-4 "排序记录"对话框

（5）单击"下一步"按钮，进入"限制记录"对话框，如图 6-5 所示进行选择。

（6）单击"下一步"按钮，进入"完成"对话框，选择"保存查询并运行"选项，如图 6-6 所示。

（7）单击"完成"按钮，保存并运行查询，结果如图 6-7 所示。

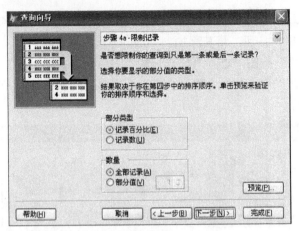

图 6-5 "限制记录"对话框

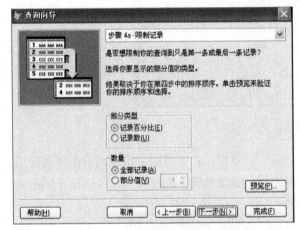

图 6-6 "保存查询并运行"对话框

图 6-7 运行查询后的结果

6.1.4 使用"查询设计器"创建查询

利用"查询向导"虽然简单但是过于程序化，如果要创建较为复杂的查询，可以使用"查询设计器"。

例 6.2 根据"学生情况"表与"学生成绩"表，输出所有学生的记录，要求查询结果输出学号、姓名、科目、成绩。

基本步骤如下：

（1）单击"文件"菜单中的"新建"命令，弹出"新建"对话框，选中"查询"单选按钮，再单击"新建"按钮，弹出"添加表或视图"对话框，在对话框中列出数据库中的表供选择。也可单击其中的"其他"按钮在"打开"对话框中选择其他已建立的数据库表、自由表或视图，如图 6-8 所示。

（2）本例向"查询设计器"添加两个表"学生情况"和"学生成绩"，系统会提示设置表间连接条件。当所需的表或视图都已添加到"查询设计器"后，单击"关闭"按钮关闭该对话框，如图 6-9 所示。

（3）在"字段"选项卡中选择所需的字段，通过"添加"按钮进行选定，结果如图 6-10 所示。

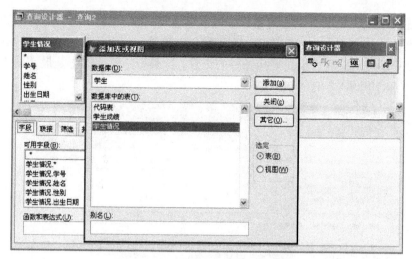

图 6-8　向"查询设计器"中添加表

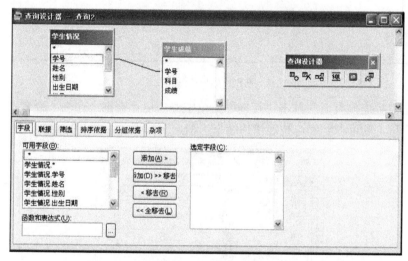

图 6-9　查询设计器

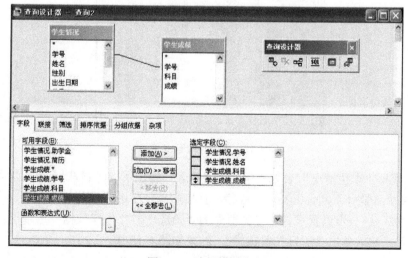

图 6-10　选择需要字段

（4）单击"联接"选项卡，在对话框中可以编辑表间的连接条件，包括匹配字段名和连接类型。表间的连接类型分为内部连接、左连接、右连接、完全连接 4 种。本例只介绍内部连接，此连接只输出两关联表满足连接条件的记录，此类型是默认的也是最常用的连接类型。连接结果如图 6-11 所示。

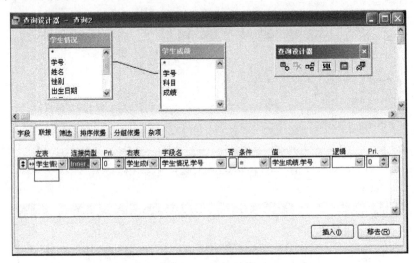

图 6-11　连接结果

（5）选定某种连接类型后单击"查询"菜单中的"运行查询"命令，或单击工具栏上的"运行"按钮 ！ ，则可以看到这种连接的结果，如图 6-12 所示。

学号	姓名	科目	成绩
10001	王晓芳	计算机	86.0
10001	王晓芳	数学	78.0
10001	王晓芳	英语	56.0
20010	李秋枫	计算机	87.0
20010	李秋枫	数学	69.0
20010	李秋枫	英语	86.0
10021	刘春苹	计算机	77.0
10021	刘春苹	数学	63.0
10021	刘春苹	英语	74.0
30011	高山	计算机	62.0
30011	高山	数学	59.0
30011	高山	英语	73.0
20005	王刚	计算机	99.0
20005	王刚	数学	36.0
20005	王刚	英语	58.5
10012	张纯玉	计算机	66.0
10012	张纯玉	数学	49.0
10012	张纯玉	英语	58.5
30018	张冬云	计算机	89.0
30018	张冬云	数学	66.0
30018	张冬云	英语	76.0

图 6-12　内部连接查询结果

例 6.3　根据"学生情况"表与"学生成绩"表，输出所有考试成绩及格的学生的记录，要求查询结果输出学号、姓名、科目、成绩，且按学号升序进行排列。

根据例 6.2，进一步设置"查询设计器"的"筛选"与"排序依据"选项卡，如图 6-13 和图 6-14 所示。然后单击"运行"按钮 ！ ，结果如图 6-15 所示。

例 6.4　查询每个学生所选课程的总分和平均分。"学生成绩"表原始内容如图 6-16 所示。

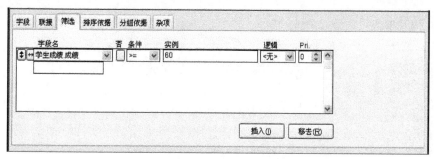

图 6-13 "筛选"选项卡

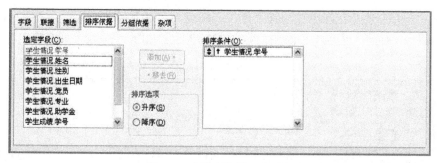

图 6-14 "排序依据"选项卡

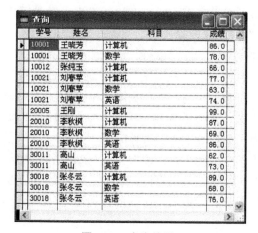

图 6-15 查询结果

图 6-16 原始数据

建立此查询的主要步骤如下：

（1）打开"查询设计器"，在"查询设计器"中添加"学生成绩"表。

（2）在"字段"选项卡中，将"学号"字段添加到"选定字段"列表框中，然后在"函数和表达式"框中设置"SUM（学生成绩.成绩）"和"average（学生成绩.成绩）"函数，分别单击"添加"按钮将这两个函数添加到"选定字段"列表框中，如图6-17所示。

图 6-17 "字段"选项卡

(3) 在"排序依据"选项卡中添加"学生成绩.学号"为排序字段。

(4) 在"分组依据"选项卡中添加"学生成绩.学号"到"分组字段"列表框中,如图 6-18 所示。

图 6-18 "分组依据"选项卡

(5) 单击"运行"按钮 ，得到如图 6-19 所示的查询结果。从查询结果中可以看到，每个学生只占一个记录。

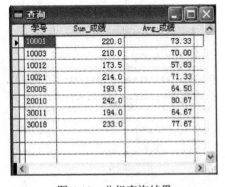

图 6-19 分组查询结果

例 6.5 查询英语成绩不及格的学生。要求采用"查询向导"与"查询设计器"两种方式实现。

(1) 向导方式：在"文件"菜单中选择"新建"命令，在"新建"对话框中选择"查询"单选按钮，然后单击"向导"按钮，得到如图 6-1 所示的"向导选取"对话框。选择"查询向导"并单击"确定"按钮，将会弹出如图 6-2 所示的对话框。

选择"学生成绩"表，单击 ▶▶ ，选择所有字段。在"字段"设置里分别设置"科目"等于"英语"；进行"和"运算，"成绩"小于 60，如图 6-20 所示。

单击"预览"按钮，得到如图 6-21 所示结果。

(2) 设计器方式：单击"文件"菜单的"新建"命令，弹出"新建"对话框。选中"查询"单选按钮，再单击"新建"按钮，弹出"添加表或视图"对话框，在对话框选中列出的"学生成绩"表。

选择所有字段后单击"筛选"选项卡，按照题目要求输入如图 6-22 所示的表达式。单击"运行"按钮后得到如图 6-21 所示同样的结果。

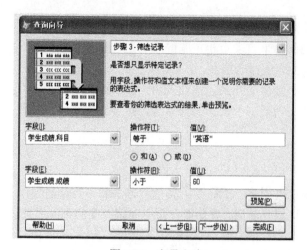

图 6-20　向导方式

图 6-21　查询结果

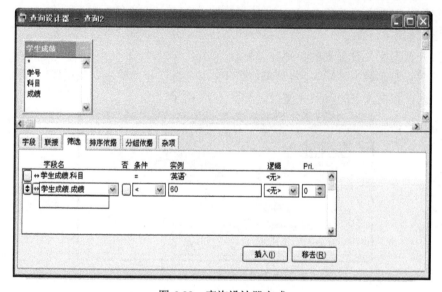

图 6-22　查询设计器方式

6.2　创建本地视图

　　VFP 的视图是从 SQL 语言移植而来的，有时称为 SQL 视图。视图是一个虚拟表，这里所说的虚拟，是因为视图的数据是从已有的数据库表或其他视图选取而得来的。这些数据在数据库中并不实际存储，仅在数据库的数据词典中存储视图的定义。视图一经定义，就成为数据库的一个组成部分，可以像数据库表一样供用户查询数据。

6.2.1　视图的使用环境

　　视图主要在以下 4 种环境中使用：

　　（1）在对具有相关联的多个表进行查询时，可以使用多表视图。

　　（2）在设计表单时，如果使用"表格"容器控件，并且表格中所包含的数据来自多个表时，使用视图可方便表格的设计。

（3）有相关联的多个表同时进行更新操作时，可使用多表视图对其进行更新。

（4）在设计报表时，如果报表要显示的信息来自多个相关联的表中，可以使用视图作为信息源，并且可以使用"报表向导"方便地生成所需的报表。

在设计关系数据库应用系统时，为了减少数据的冗余，往往要将一个复杂的表分成多个相关联的表。但在操作这些表数据时，往往又需要多个表作为信息源，这样会增加操作的复杂性。使用视图，可以方便地解决这些问题。

6.2.2 创建本地视图

使用"视图向导"或"视图设计器"都可以创建一个视图，其使用方法和"查询向导"、"查询设计器"的使用方法极其相似，在此不再重复介绍，只是重点介绍创建视图的不同之处。下面通过一个实例，并用"视图设计器"作为工具来说明。

例 6.6 创建一个"选课成绩"视图，它包含"学号"、"姓名"、"科目"、"成绩"共 4 个字段，它们分别来自两个相关联的表："学生情况"、"学生成绩"数据库表。

创建步骤如下：

（1）打开数据库并设置表的参照完整性。

因为视图存在于数据库中，所以创建视图前，先要打开"学生"数据库，添加表并设置表间永久关系，并设置表的参照完整性，如图 6-23 所示。

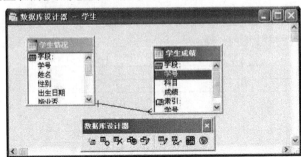

图 6-23　学生数据库设计器

（2）单击"数据库"菜单中的"新建本地视图"命令，弹出"新建本地视图"对话框。

（3）单击"新建视图"按钮，弹出"视图设计器"对话框，并提示添加表或其他视图。此时可以看到，"视图设计器"与"查询设计器"几乎是一样的，不同之处仅在于多了一个"更新条件"选项卡。

（4）往"视图设计器"中添加表，并建立表间连接，如图 6-24 所示。

因为这些表是来自数据库，所以默认选择数据库中的表间永久关系为表间连接。

（5）在"字段"选项卡中选取所需的 4 个字段为输出字段，如图 6-25 所示。

（6）在"排序依据"选项卡中设置"学生情况.学号"字段为排序字段。

（7）设置"更新条件"选项卡，如图 6-26 所示。

"更新条件"选项卡的功能如下：

• 选中"发送 SQL 更新"复选框，才能使基表更新。

• 设置每个表的"关键字段"。关键字段用来使视图中的修改与基表中原始记录相匹配，必须设置关键字段，该表才可修改。设置的方法为：在作为关键字段的字段名前面的 🔑 钥匙列中打上勾。每个表只能有一个关键字段。

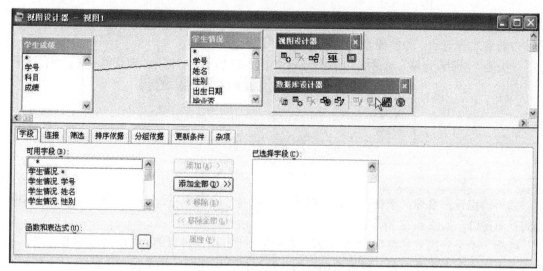

图 6-24 视图设计器

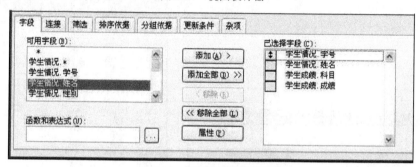

图 6-25 "字段"选项卡设置

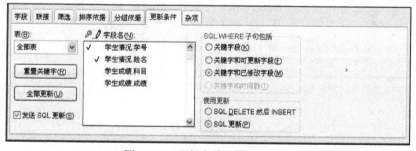

图 6-26 "更新条件"选项卡设置

·设置"可修改字段"，在需要修改的字段名前面的 ✐ 铅笔列中打上勾。一般说来关键字段应是不可修改的，但要设置为可修改的也可以。

·"SQL WHERE 子句包括"选项区是用来检查更新冲突的，在多用户环境中，当要修改基表时，可能会有冲突，也就是一方要改的时候，另一方也要改，那么不能两个人同时改动一个数据。当一方正在改动一个数据时，另一方就不能改。用这些选项可让 VFP 检查用视图操作的数据在更新前是否被别的用户修改过。

若选中 ○关键字段(K)，则当源表的关键字段被修改时，使更新失败。若选中 ○关键字和可更新字段(F)，则当源表的可更新字段被修改时，使更新失败。若选中 ◉关键字和已修改字段(M)，则当源表的任一字段被修改时，使更新失败。

·"使用更新"选项区用来设置更新方式。一般选 ◉SQL更新(P) 项，即用视图字段的变化来修改基表记录的字段。若选中 ○ SQL DELETE 然后 INSERT ，则删除基表记录，并创建一个新的在视图中被修改的记录。即使被修改的记录移到了表最后。

• 关闭"视图设计器"对话框，这时会弹出如图 6-27 所示的"保存"对话框，提示保存视图。

图 6-27 "保存"对话框

（8）确定视图名称，单击"确定"按钮后，则在"数据库设计器"对话框中会出现刚创建的视图窗口，如图 6-28 所示。

这样，一个视图就做好了。使用视图就和使用表一样，可以用 USE 命令将其打开，也可以使用其他命令像操作表一样来操作视图。此时打开该视图的浏览窗口，如图 6-29 所示。

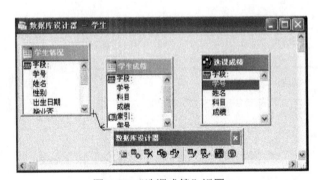

图 6-28 "选课成绩"视图   图 6-29 "选课成绩"视图的浏览窗口

习 题 6

1. 单项选择题

（1）查询的默认输出形式是_____。

    A．数据表　　　　　B．图形　　　　　C．报表　　　　　D．浏览

（2）"视图设计器"中比"查询设计器"中多出的选项卡是_____。

    A．字段　　　　　B．排序　　　　　C．连接　　　　　D．更新条件

（3）下面_____不是视图的优点。

    A．视图提高了数据库应用的灵活性　　　B．视图减少了用户对数据库物理结构的依赖

    C．视图可支持网络应用　　　　　　　　D．视图的结果只能阅读，不能修改

（4）创建查询时，_____选项卡用来设置字段样本值。

    A．字段　　　　　B．更新条件　　　　　C．筛选　　　　　D．连接

(5) 建立视图的数据源不能为_____。

　　A．数据库表　　　　B．自由表　　　　C．其他视图　　　　D．查询文件

(6) 查询文件的扩展名是_____。

　　A．.ppt　　　　　　B．.prg　　　　　C．.txt　　　　　　D．.qpr

(7) "查询设计器"中"筛选"选项卡对应的 SQL 短语是_____。

　　A．WHERE　　　　B．JOIN　　　　　C．SET　　　　　　D．ORDER BY

(8) 实现多表查询的数据不能是_____。

　　A．远程视图　　　　　　　　　　　B．多个数据库表

　　C．多个自由表　　　　　　　　　　D．本地视图

(9) 有关查询与视图，下列说法中不正确的是_____。

　　A．查询不可以更新源表数据，而视图可以更新源表数据

　　B．查询和视图都可以更新源表数据

　　C．视图具有许多数据库表的属性，利用视图可以创建查询和视图

　　D．视图可以更新源表中的数据，存储于数据库中

(10) 在 SQL 查询时，使用 WHERE 子句指出的是_____。

　　A．查询目标　　　　　　　　　　　B．查询结果

　　C．查询视图　　　　　　　　　　　D．查询条件

2．填空题

(1) 如果查询是基于多个数据表的，则几个表之间必须建立_____关系。

(2) "查询设计器"生成的文件扩展名为_____，它实际上是一个由 ASCII 码组成的文件，该文件不依赖于任何_____而存在，是独立的。

(3) 在"查询设计器"中有字段、联接、_____、_____、分组依据、杂项 6 个选项卡。

(4) 查询文件的扩展名为_____。

(5) 表间的连接类型分为_____、左连接、右连接、完全连接 4 种。

3．简答题

(1) 视图有哪两种类型？各有什么特点？

(2) 视图和查询的异同。

(3) 视图和表的异同。

(4) 如何在视图中设置更新的字段？

(5) 本地视图与远程视图之间的区别。

4．设计题

(1) 使用"查询向导"创建一个有关"学生情况"表和"学生成绩"表的查询，查询所有女学生的成绩，其中包括"学号"、"姓名"、"科目"和"成绩"字段。

(2) 由"学生"数据库中的"学生情况"表和"学生成绩"表创建一个"学生简介"视图，其中包括"学号"、"姓名"、"性别"、"科目"和"成绩"字段。

(3) 查询成绩不及格的学生信息。

(4) 查询计算机专业男学生的信息。

(5) 查询刘春苹各个表的全部信息。

第7章 关系数据库标准语言 SQL

教学提示： SQL(Structured Query Language，结构化查询语言)是集数据查询、数据定义、数据操纵和数据控制于一体的语言，是一种标准的关系型数据库查询语言。SQL 语言结构简洁，功能强大，简单易学，使用方便，已经成为数据库操作的基础，几乎所有的关系型数据库系统都支持它。

教学目标： 本章介绍使用 SQL 语句完成查询、表定义、表结构维护和表记录操作等内容。通过本章的学习，要求学生掌握 SQL 的数据查询、表记录操作命令，了解表定义、表结构维护等内容。

7.1 SQL 语言概述

SQL 语言是 1974 年由 Boyce 和 Chamberlin 提出的，1975～1979 年 IBM 公司在 System R 原型系统上实现。1986 年 10 月，美国国家标准局(ANSI)采用 SQL 作为关系数据库管理系统的标准语言。后来，国际标准化组织(ISO)将它采纳为国际标准(SQL-86)，之后进行了多次修改，又有了 SQL-92(SQL2)、SQL:2003(SQL4)等标准。

SQL 是一种结构化数据库查询语言，其发音为 sequel 或 S-Q-L。它在大多数据库应用中近乎成为一种标准，它为使用者从标准数据库记录中选择某些记录提供了一套通用操作方法。

SQL 语言是所有关系数据库的公共语言，用户可将使用 SQL 编写的程序从一个 RDBMS 转到另一个，所有用 SQL 编写的程序都是可以移植的。

SQL 语言具有如下主要特点。

1. 一体化的特点

SQL 语言集数据定义语言 DDL、数据操纵语言 DML、数据控制语言 DCL 的功能于一体，语言风格统一，可以独立完成数据库活动的全部工作，包括建立数据库、定义关系模式，以及数据的录入、查询、更新、维护、重构、安全控制等一系列操作要求。

SQL 的基本功能对应的命令如表 7-1 所示。

表 7-1 SQL 的基本功能和命令

SQL 功能	命 令
数据查询	SELECT
数据定义	CREATE, DROP, ALTER
数据操纵	INSERT, UPDATE, DELETE
数据控制	GRANT, REVOKE

2. 高度非过程化

SQL 语言是一种非过程性语言，使用这种语言进行操作，用户只需提出"做什么"，而不必指明"怎么做"。存取路径的选择、SQL 语句的操作及查询的优化等过程由系统自动完成，大大减轻了用户负担，而且有利于提高数据独立性。

3. 面向集合的操作方式

SQL 语言采用集合操作方式，不仅查找结果可以是记录的集合，而且一次插入、删除、更新操作的对象也可以是记录的集合。

4. 两种使用方式

SQL 语言既是自含式语言，又是嵌入式语言，且在两种不同的使用方式下，SQL 语言的语法结构基本上是一致的。

作为自含式语言，它能够独立地用于联机交互的使用方式，用户可以在终端键盘上直接键入 SQL 命令对数据库进行操作。

作为嵌入式语言，SQL 语句能够嵌入高级语言(例如：VC、VB、Delphi、Java)程序中，供程序员设计程序时使用。

7.2　数　据　查　询

SQL 语言的核心是数据库查询语句，查询语句也称为 SELECT 语句。使用 SQL 语句不需要打开表，只要将要连接的表、查询的字段、筛选的条件、显示的方式等写在一条 SQL 语句中，就可以完成特定的工作。

7.2.1　SELECT 语句格式

【命令格式】

  SELECT [ALL ｜ DISTINCT] <字段表达式>

  FROM <表或查询>

  [[LEFT|RIGHT] JOIN<表或查询> ON <连接条件表达式>]

  [WHERE <筛选条件表达式>]

  [GROUP BY <分组字段名> [HAVING<分组条件表达式>]]

  [ORDER BY <排序字段名>[ASC ｜ DESC]]

【功能】

创建一个指定范围内、满足筛选条件、按某字段分组、按某字段排序的指定字段组成的记录集。

【说明】

ALL：查询范围中包含表中全部记录行。ALL 是默认参数。

DISTINCT：在查询结果中不包含重复的记录。

FROM <表或查询>：查询结果的来源，若是多个表或查询，要用逗号分开。

[LEFT|RIGHT] JOIN<表或查询> ON <连接条件表达式>：查询结果是多表组成的记录集。

WHERE <筛选条件表达式>：查询满足<筛选条件表达式>的记录。

GROUP BY <分组字段名>：查询结果按<分组字段名>分组显示。

[HAVING<分组条件表达式>]：将满足<分组条件表达式>的记录分组显示。

ORDER BY <排序字段名>：查询结果按<排序字段名>值排序显示。

ASC：升序排列。

DESC：降序排列。

<字段表达式>：指定要显示的字段名，多个字段名要用逗号分开。*用来表示某个表中所有字段。可以使用查询计算函数对被查询字段进行计算，显示结果为计算后的值。查询计算函数如表 7-2 所示。

表 7-2 查询计算函数

函 数	功 能	函 数	功 能
COUNT(*)	计算记录个数	MAX(字段名)	求指定字段的最大值
SUM(字段名)	求指定字段值的总和	MIN(字段名)	求指定字段的最小值
AVG(字段名)	求指定字段的平均值		

<筛选条件表达式>：可以是关系表达式或逻辑表达式，表 7-3 是组成<筛选条件表达式>常用的运算符。

表 7-3 查询条件中常用的运算符

运 算 符	举 例	运 算 符	举 例
=、>、<、>=、<=、<>	助学金>40	BETWEEN…AND	助学金 BETWEEN 35 AND 45
NOT、AND、OR	性别="男" AND 党员	IN	专业 IN ("计算机","数学")
LIKE	学号 LIKE "1%"、姓名 LIKE "王_"	IS NULL	专业 IS NULL

7.2.2 简单查询

下面是对单个表的查询，可以选择显示的字段，按条件筛选记录，排序显示查询结果。

例 7.1 查询表"学生情况.dbf"中所有记录。

在命令窗口输入如下命令：

```
SELECT * FROM 学生情况
```

运行结果如图 7-1 所示。

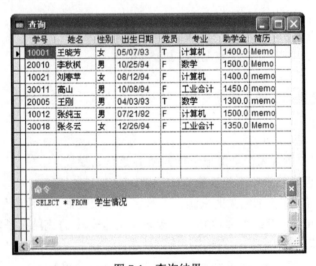

图 7-1 查询结果

例 7.2 查询表"学生情况.dbf"中专业为"计算机"的记录，且只显示姓名、性别和专业字段。

输入命令：

```
SELECT 姓名, 性别, 专业 FROM 学生情况 WHERE 专业="计算机"
```

运行结果如图 7-2 所示。

例 7.3 查询表"学生情况.dbf"中学号以 1 开头的所有记录。

输入命令：

```
SELECT * FROM 学生情况 WHERE 学号 LIKE "1%"
```

运行结果如图 7-3 所示。

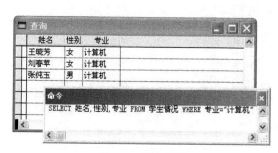

图 7-2　查询结果

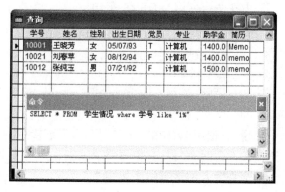

图 7-3　查询结果

说明：LIKE 用于字符串的比较，在 LIKE 中可以使用两种字符串匹配方式。百分号%表示若干个任意字符，例如，1%表示 1 开头的所有字符串。下划线_表示任意一个字符，例如，王_表示 2 个字符，其中第 1 个字符是"王"，第 2 个任意。

例 7.4　查询表"学生情况.dbf"中助学金为 1350～1450 的记录，只显示姓名、性别和助学金字段，且按助学金数值降序排列。

输入命令：

```
SELECT 姓名，性别，助学金；
FROM 学生情况 WHERE 助学金；
BETWEEN 1350 AND 1450 ；
ORDER BY 助学金 DESC
```

说明：如果 SELECT 语句过长，可以用";"结尾，在下一行续写。命令的输入和运行结果如图 7-4 所示。

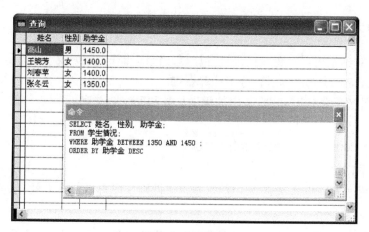

图 7-4　排序查询

7.2.3　连接查询

连接查询是基于多个表的查询，可以使用 WHERE 或 JOIN 子句对多个表进行连接。

例 7.5 利用"学生情况.dbf"表和"学生成绩.dbf"表创建一个查询，查询姓名、科目和成绩。

方法一：使用 WHERE 子句。

输入命令：

SELECT 学生情况.姓名，学生成绩.科目，
学生成绩.成绩；
FROM 学生情况，学生成绩；
WHERE 学生情况.学号 = 学生成绩.学号

说明：使用 WHERE 子句对两个表连接时，连接条件为两个表具有相同的字段值。

命令输入和运行结果如图 7-5 所示。

方法二：使用 JOIN 子句。

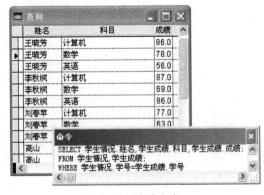

图 7-5　连接查询

输入命令：

SELECT 学生情况.姓名，学生成绩.科目，学生成绩.成绩；
FROM 学生情况 JOIN 学生成绩 ON 学生情况.学号 = 学生成绩.学号

说明：使用 JOIN 子句对两个表连接时，ON <连接条件表达式>为连接条件。查询结果如图 7-5 所示。

例 7.6 利用"学生情况.dbf"表和"学生成绩.dbf"表，查询每个人的姓名、科目和成绩。

输入命令：

SELECT 学生情况.姓名，学生成绩.科目，学生成绩.成绩；
FROM 学生情况 RIGHT JOIN 学生成绩；
ON 学生情况.学号 = 学生成绩.学号

说明：这个查询使用了右连接(RIGHT JOIN)，结果中出现"ON 学生情况.学号=学生成绩.学号"子句等号右表中出现的记录。请读者比较一下，例 7.6 与例 7.5 的查询结果有何不同。

7.2.4 计算与分组计算查询

使用查询计算函数可以对查询结果进行计算，查询计算函数如表 7-2 所示。

使用 GROUP BY 子句可以进行分组计算查询。

例 7.7 统计"学生情况.dbf"表中的学生总数和助学金总和。

输入命令：

SELECT COUNT(*)，SUM(助学金) FROM 学生情况

运行结果如图 7-6 所示。

例 7.8 利用"学生情况.dbf"表中的数据，按性别字段分组计算人数、助学金的平均值。

输入命令：

SELECT 性别，COUNT(*)，AVG(助学金) FROM 学生情况 GROUP BY 性别

说明：

在这个查询中，首先按照性别字段进行分组(GROUP BY 性别)，然后再按性别分别求出助学金的平均值。

运行结果如图 7-7 所示。

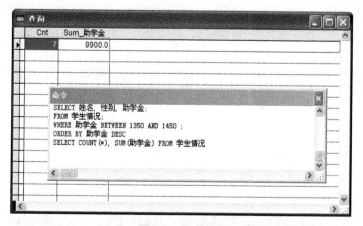

图 7-6　查询结果

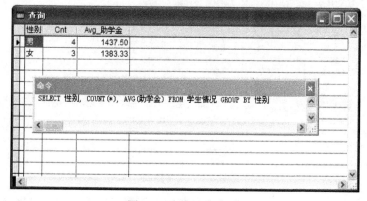

图 7-7　查询计算结果

例 7.9　查询"学生情况.dbf"表中助学金平均值小于等于 1400 的专业，显示出专业名称和助学金平均值。

输入命令：

```
SELECT 专业,AVG(助学金) FROM 学生情况;
GROUP BY 专业 HAVING AVG(助学金)<=1400
```

运行结果如图 7-8 所示。

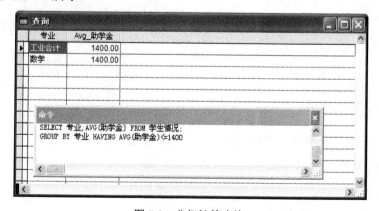

图 7-8　分组计算查询

说明：这个查询使用了 HAVING 子句，HAVING 子句总是跟在 GROUP BY 子句后，HAVING 子句是对分组之后的结果进行筛选，而 WHERE 子句筛选的是分组之前的数据。

7.2.5 嵌套查询

有时，查询的条件中要使用另外一个查询的结果，这时需要使用嵌套查询。

例 7.10 利用"学生情况.dbf"表和"学生成绩.dbf"表，查询学习了科目为"数学"的学生情况。

输入命令：

```
SELECT * FROM 学生情况 ;
    WHERE 学号 IN （SELECT 学号 FROM 学生成绩 WHERE 科目 = "数学"）
```

运行结果如图 7-9 所示。

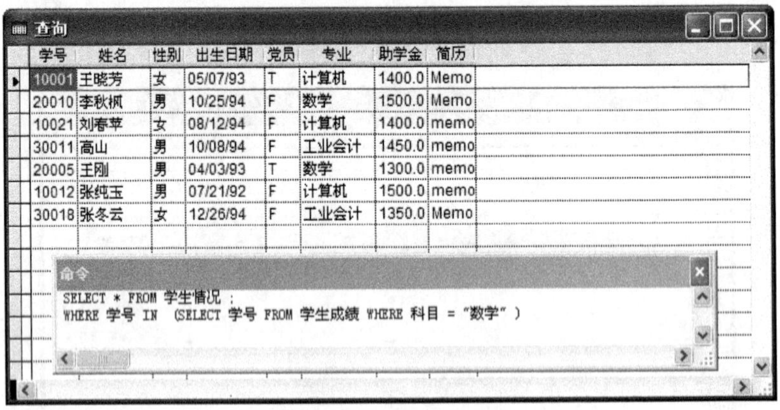

图 7-9 嵌套查询

这是一个简单的嵌套查询例子，请读者思考如何不用嵌套查询的方法来完成同样的任务，再想一想下面的例子不用嵌套查询能完成吗？

例 7.11 利用"学生情况.dbf"表和"学生成绩.dbf"表，查询助学金大于助学金平均值的学生的姓名和学生成绩。

输入命令：

```
SELECT 学生情况.姓名，学生成绩.*；
FROM 学生情况，学生成绩；
WHERE 助学金>（SELECT AVG(助学金) FROM 学生情况）；
    AND 学生情况.学号 = 学生成绩.学号
```

运行结果如图 7-10 所示。

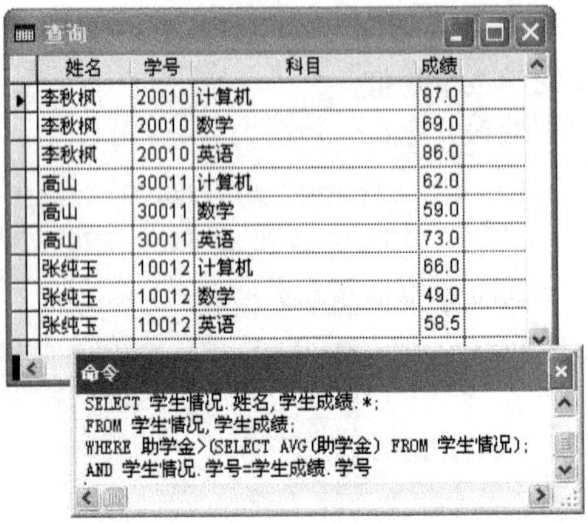

图 7-10 含有计算的嵌套查询

7.2.6 查询结果的保存

SELECT 命令的查询结果可以保存到永久表、临时表、数组等文件中。

1. 将查询结果存放到永久表中

【命令格式】

<SELECT 语句> INTO DBF|TABLE <表名>

例 7.12　对"学生情况.dbf"表按专业分组计算助学金的总和，并将结果保存到表 query1.dbf 中。

输入命令：

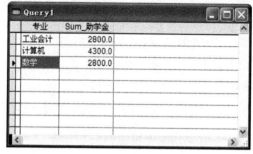

```
SELECT 专业, SUM(助学金) FROM 学生
情况 ;
GROUP BY 专业 INTO TABLE query1
USE query1
BROW
```

运行结果如图 7-11 所示。

图 7-11　永久表中的结果

2. 将查询结果存放到临时表中

【命令格式】

    <SELECT 语句> INTO CURSOR <临时表名>

【说明】

临时表是由查询生成的临时数据库文件，它是只读的 DBF 文件，可以像一般的 DBF 文件一样使用，查询结束后，该临时文件就是当前文件，当关闭文件时该文件将自动删除。

例 7.13　将例 7.12 的查询结果存放到临时表 temp 中。

输入命令：

```
SELECT 专业, SUM(助学金) FROM 学生情况 ;
GROUP BY 专业 INTO CURSOR temp
LIST
```

3. 将查询结果存放到数组中

【命令格式】

    <SELECT 语句> INTO ARRAY <数组名>

例 7.14　将例 7.12 的查询结果存放到数组中。

输入命令：

```
SELECT 专业, SUM(助学金) FROM 学生情况 ;
GROUP BY 专业 INTO ARRAY qtoa
? qtoa(1,1), qtoa(1,2)
? qtoa(2,1), qtoa(2,2)
? qtoa(3,1), qtoa(3,2)
```

显示结果如下：

```
工业会计      2800.0
计算机        4300.0
数学          2800.0
```

4. 将查询结果存放到文本文件中

【命令格式】

    <SELECT 语句> TO FILE <文本文件名> [ADDITIVE]

例 7.15　将例 7.12 的查询结果存放到文本文件中。

输入命令：

```
SELECT 专业, SUM(助学金) FROM 学生情况;
GROUP BY 专业 TO FILE qtotxt
MODIFY FILE qtotxt.txt                    && 打开文本文件 qtotxt.txt
```

说明：在磁盘的默认文件夹下生成了文本文件 qtotxt.txt，内容为查询的结果，可以使用 MODIFY FILE 命令，也可以使用 Windows 记事本打开。

如果使用 ADDITIVE 选项，查询结果将追加到文本文件的尾部，否则为替换原有文本文件。

5. 将查询结果输出到打印机中

【命令格式】

　　　　<SELECT 语句> TO PRINT

7.3 定 义 功 能

SQL 语句除了能创建查询外，还具有数据定义功能，一般包括数据库定义、表的定义、视图的定义、存储过程的定义等。本节主要介绍表定义功能和视图定义功能。

7.3.1 表的定义

在 VFP 中创建表的方式很多，可以使用菜单创建，也可以使用 CREATE 命令创建。下面介绍使用 SQL 语句中的 CREATE　TABLE 命令创建表。

【命令格式】

　　　　CREATE TABLE <表名>
　　　　(<字段名 1> 类型（宽度)[,<字段名 2>　类型（宽度) [, ……　]]）

【功能】

按照指定的<表名>、<字段名>以及字段的类型、宽度创建表。

字段类型：字符型(C)，数值型(N)，日期型(D)，逻辑型(L)，备注型(M)，整型(I)，浮点型(F)，通用型(G)。

例 7.16　建立一个表，表名为 kc.dbf，字段要求如表 7-4 所示。

表 7-4　kc.dbf 表文件的结构

字段名	字段类型	宽度	小数位	字段名	字段类型	宽度	小数位
课程号	C	4	-	教师	C	8	-
课程名	C	10	-	简介	M	(4)	-
课时	N	3	0				

输入命令：

```
CREATE TABLE kc ;
(课程号 C(4), 课程名 C(10), 课时 N(3, 0), 教师 C(8), 简介 M )
MODIFY STRUCTURE                        && 查看表结构
```

例 7.17　建立一个表，表名为 stinfo.dbf，表结构与"学生情况.dbf"表相同。

输入命令：

```
CREATE TABLE stinfo ;
( 学号 C(5), 姓名 C(8), 性别 C(2), 出生日期 D, ;
党员 L, 专业 C(8), 助学金 N(6,1), 简历 M )
```

说明：有些类型的字段宽度在 VFP 中已有统一规定，如日期型、备注型等，使用 CREATE TABLE 创建表时对这类字段可以省去字段宽度说明。

7.3.2 表的删除

删除表使用 DROP TABLE 命令。

【命令格式】

    DROP TABLE <表名>

【功能】

从当前数据库中移出表，并从磁盘上删除它。

例 7.18　删除表 kc.dbf。

输入命令：

```
DROP TABLE kc
```

说明：如果被删除的表属于某个数据库，该表又与其他表建立了关联关系，使用 DROP TABLE 命令删除表时会出现错误。删除数据库中的表时，最好在数据库设计器中操作。

7.3.3 表结构的修改

修改表结构使用 ALTER TABLE 命令，下面分别对增加字段、修改字段属性、更改字段名称和删除字段进行介绍。

1. 增加字段

【命令格式】

    ALTER TABLE <表名>

    ADD <字段名 1> 类型(宽度) [ADD <字段名 2> 类型(宽度) …]

【功能】

为指定的表增加字段。

例 7.19　为表 stinfo.dbf 增加"身高 N(5,2)"、"照片 G(4)"两个字段。

输入命令：

```
ALTER TABLE stinfo ADD 身高 N(5,2)  ADD 照片  G
```

2. 修改字段属性

【命令格式】

    ALTER TABLE <表名>

    ALTER <字段名 1> 类型(宽度) [ALTER <字段名 2> 类型(宽度) …]

【功能】

修改表中指定字段的类型、宽度属性。

例 7.20　修改表 stinfo.dbf 中"专业"和"助学金"字段，修改后的属性为"专业 C(12)"、"助学金 N(5,0)"。

输入命令：

```
ALTER TABLE stinfo ALTER 专业 C(12) ALTER 助学金 N(5)
```

3. 更改字段名称

【命令格式】

ALTER TABLE <表名>

RENAME <字段名 1> TO <新名 1> [RENAME <字段名 2> TO <新名 2>...]

【功能】

修改表中指定字段的类型、宽度属性。

例 7.21　将表 stinfo.dbf 中"助学金"字段改名为"奖学金"，"简历"字段改名为"简介"。

输入命令：

```
ALTER TABLE stinfo ;
RENAME 助学金 TO 奖学金 RENAME 简历 TO 简介
```

4. 删除字段

【命令格式】

ALTER TABLE <表名> DROP <字段名 1> [DROP <字段名 2>...]

【功能】

删除表中指定的字段。

例 7.22　删除表 stinfo.dbf 中"专业"字段和"简介"字段。

输入命令：

```
ALTER TABLE stinfo DROP 专业 DROP 简介
```

7.3.4　SQL 视图的定义

在 6.2 节中介绍了使用 VFP 的"视图向导"或"视图设计器"创建视图。使用 SQL 命令也可以定义视图。

下面分别对视图的创建、视图的删除进行简要介绍，操作前要打开已包含基本表的数据库。

1. 创建视图

【命令格式】

CREATE VIEW <视图名> AS <SELECT 查询语句>

【功能】

按照<SELECT 查询语句>创建视图，名称为<视图名>。

例 7.23　利用"学生情况.dbf"表和"学生成绩.dbf"表创建一个视图 v_1，查询姓名、科目和成绩。

输入命令：

```
CREATE VIEW v_1 AS ;
SELECT 学生情况.姓名, 学生成绩.科目, 学生成绩.成绩;
FROM 学生情况, 学生成绩 WHERE 学生情况.学号 =  学生成绩.学号
USE v_1
BROWSE
```

2. 删除视图

【命令格式】

　　DELETE | DROP VIEW <视图名>

【功能】

删除<视图名>指定的视图。

7.4 操 作 功 能

SQL 的操作功能是指对表中记录的操作，主要包括记录的插入、更新、删除。

7.4.1 记录的插入

SQL 的插入记录操作是向表的尾部追加一个记录。

【命令格式】

　　INSERT INTO <表名> [（<字段名 1> [, <字段名 2> ......] ）]

　　VALUES（<表达式 1> [, <表达式 2>......] ）

【功能】

向表中追加一个记录。

例 7.24　向"学生情况.dbf"表中追加一个记录，其学号、姓名、性别、出生日期、党员、助学金、简历字段的信息分别为"50055、王大山、男、1992 年 5 月 15 日、F、1450、体委"。

输入命令：

```
INSERT INTO 学生情况（学号，姓名，性别，出生日期，党员，助学金，简历）;
VALUES（"50055", "王大山", "男", {^1992/5/15}, .F. , 1450, "体委")
BROWSE
```

操作结果如图 7-12 所示。

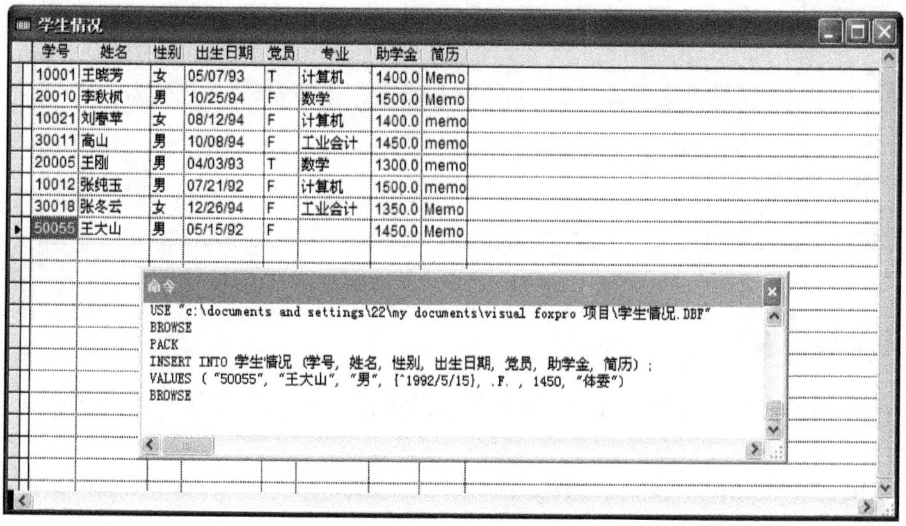

图 7-12　插入记录操作结果

说明：在这个例子中，同时指定了被添加记录的字段名和字段的值，输入字段值时注意分隔符的使用。

例 7.25 向"学生成绩.dbf"表中追加一个记录，其学号、科目、成绩字段的信息分别为"50055、数学、55"。

输入命令：

```
INSERT INTO 学生成绩 VALUES ("50055","数学",55)
```

说明：在这个例子中，被添加记录的所有字段都赋值，所以可以省去字段名。

7.4.2 记录的更新

SQL 的更新记录是对表中所有满足条件的记录进行更新操作。

【命令格式】

　　UPDATE <表名> SET <字段名 1>=<表达式 1>

　　[, <字段名 2>=<表达式 2> …] [WHERE　<条件表达式>]

【功能】

对表中所有满足条件的记录进行更新操作，用表达式的值替换对应字段的值。

例 7.26 将"学生情况.dbf"表中出生日期小于 1993 年的记录的"助学金"增加 120。

输入命令：

```
UPDATE 学生情况 SET 助学金=助学金+120 ;
WHERE YEAR(出生日期) < 1993
BROWSE LAST
```

更新记录操作结果如图 7-13 所示。

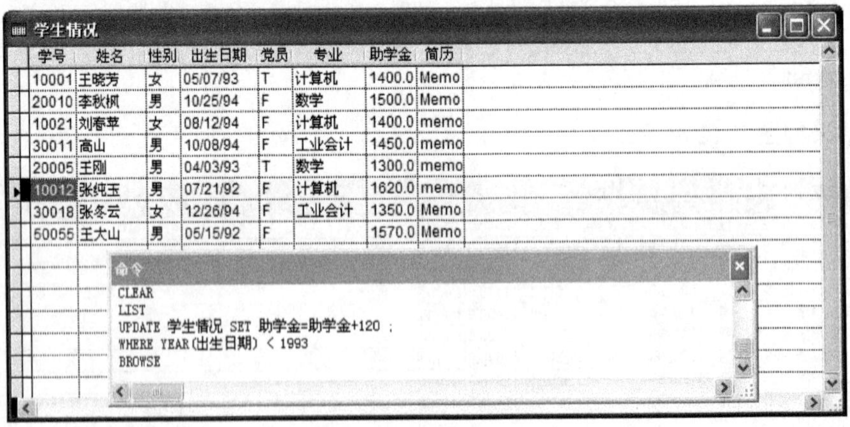

图 7-13　更新记录操作

7.4.3 记录的删除

SQL 的删除记录是对表中所有满足条件的记录进行逻辑删除操作。

【命令格式】

　　DELETE FROM <表名> [WHERE <条件表达式>]

【功能】

逻辑删除表中所有满足条件的记录。

【说明】

若省略 WHERE <条件表达式>选项，将对表中所有记录执行逻辑删除。

例 7.27　逻辑删除"学生情况.dbf"表中出生日期小于 1993 年的记录。

输入命令：

```
DELETE FROM 学生情况 WHERE YEAR(出生日期)<1993
BROWSE LAST
```

删除记录操作结果如图 7-14 所示。

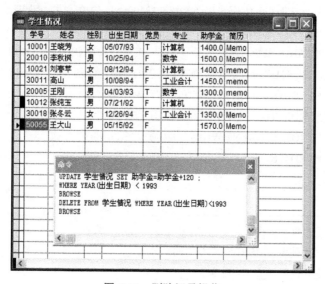

图 7-14　删除记录操作

习　题　7

1. 单项选择题

(1) SQL 语句中建立表的命令是_____。

　　A. CREATE VIEW　　　　　　　　B. CREAT LABEL

　　C. CREAT DATABASE　　　　　　D. CREATE TABLE

(2) SQL-SELECT 语句中条件短语的关键字是_____。

　　A. WHERE　　　　B. WHILE　　　　C. FROM　　　　D. FOR

(3) 在 SQL 的查询语句中，用于分组查询的语句是_____。

　　A. ORDER BY　　B. WHERE　　　C. GROUP BY　　D. HAVING

(4) SQL 的 SELECT 语句用于建立多个表之间联系的短语为_____。

　　A. JOIN　　　　B. WHERE　　　C. GROUP BY　　D. FROM

(5) Visual FoxPro 支持的 SQL 命令要求_____。

　　A. 被操作的表一定要打开　　　　B. 被操作的表一定不要打开

　　C. 被操作的表不一定要打开　　　D. 被操作的表一定是自由表

(6) 查询设计器中"排序"选项卡对应的 SQL 短语是_____。

　　A.　WHERE　　B. JOIN　　　C. SET　　　D. ORDER BY

(7) SQL 语句最主要的功能是_____。

    A. 创建表   B. 查询   C. 输入   D. 修改

(8) 下列使用 SQL 语句显示学生表中所有男学生记录正确的是_____。

    A. Locate All for 性别 = " 男 "

    B. Select All From 学生 Where 性别 ="男"

    C. Select * From 学生 Where 性别 Like "男"

    D. Locate All From 学生 for 性别 Like "男"

(9) 在 SQL 语句中，与表达式"工资 BETWEEN 1210 AND 1240"功能相同的表达式是_____。

    A. 工资>=1210 AND 工资<=1240   B. 工资>1210 AND 工资<1240

    C. 工资<=1210 AND 工资>1240   D. 工资>=1210 OR 工资<=1240

(10) 使用 SQL 语句从 STUDENT 表中查询所有姓李的学生的信息，正确的命令是_____。

    A. SELECT * FROM STUDENT WHERE LEFT(姓名,2)="李"

    B. SELECT * FROM STUDENT WHERE RIGHT(姓名,2)="李"

    C. SELECT * FROM STUDENT WHERE TRIM(姓名,2)="李"

    D. SELECT * FROM STUDENT WHERE STR(姓名,2)="李"

2. 填空题

(1) SQL 是集_____、_____、_____和_____于一体的语言。

(2) 姓名 LIKE "赵%"表示_____，姓名 LIKE "赵_"表示_____。

(3) 在 SQL 查询时，使用 WHERE 子句指出的是_____。

(4) SQL 的更新记录使用_____命令。

(5) 创建视图可以使用 VFP 的"视图向导"或_____，还可以使用_____命令定义视图。

3. 简答题

(1) SQL 语言主要特点有哪些？

(2) SQL 语句中可以使用的查询计算函数有哪些？举例说明。

(3) SQL 语句中可以使用的查询条件运算符有哪些？举例说明。

(4) 修改记录使用 VFP 命令和 SQL 命令，操作上有何不同？

(5) 什么是嵌套查询？试举一个必须使用嵌套查询才能一次完成操作任务的例子。

4. 设计题

(1) 查询"学生情况.dbf"表中专业为"计算机"的记录，且只显示姓名、性别和专业字段。

(2) 查询"学生情况.dbf"表中，姓"李"和"张"的所有记录。

(3) 利用"学生情况.dbf"表，查询专业为"计算机"的学生的姓名和平均成绩。

(4) 建立一个表，表名为 teac.dbf，表结构如表 7-5 所示。

表 7-5 teac.dbf 表结构

字段名称	编号	姓名	出生日期	工资	是否党员	照片
字段类型	字符	字符	日期	数值	逻辑	通用
字段宽度	3	8		8,2		

(5) 利用"学生情况.dbf"表和"学生成绩.dbf"表创建一个视图，查询姓名、科目和成绩。

(6) 将"学生情况.dbf"表中是党员的记录的助学金增加 20。

第 8 章 程序设计基础

教学提示： 本书前面介绍了 VFP 的菜单操作方式和命令窗口操作方式，这样的操作方式要求业务处理人员必须懂得 VFP 命令的使用，并且数据处理的效率低。在实际应用中，更多的是采用程序处理方式。先编制软件程序，然后再运行软件程序进行数据处理，这不仅提高了数据处理的效率，还降低了对操作人员计算机水平的要求。VFP 程序设计包括结构化程序设计和面向对象程序设计。按照循序渐进的原则，本章介绍程序设计基础，即结构化程序设计，面向对象程序设计将从第 9 章开始介绍。

教学目标： 本章介绍 VFP 程序设计基础，包括程序的编辑与运行、输入输出命令、程序结构控制语句、多个程序模块的组合方法等内容。通过本章的学习，要求学生掌握程序的编辑方法、输入命令，程序的顺序、选择、循环结构语句的使用，了解多模块程序结构、程序的调试等内容。

8.1 程序与程序文件

8.1.1 VFP 的工作方式

VFP 系统提供了 3 种工作方式，即命令方式、菜单方式和程序文件方式，其中命令方式和菜单方式又称为交互方式。下面先回顾一下命令方式和菜单方式，然后开始学习程序文件方式。

1. 命令方式

VFP 命令方式是利用"命令"窗口来实现的。用户通过"命令"窗口输入命令来执行操作。在"命令"窗口中，逐条输入单个的操作命令、系统命令或 SQL 语句，每条命令输入结束时按回车键，系统执行该命令，然后再输入下一条命令，系统执行下一条命令……

命令方式的工作特点是：输入一条操作命令，系统执行一条命令，输入下一条命令必须在当前命令执行完成以后。

例 8.1 要在"学生情况.dbf"表中查找姓名为"高山"的记录，将其"助学金"增加 22，并且在修改前后分别显示该记录。

在命令窗口输入如下命令，输入每条命令后按回车键（"↵"表示按 Enter 键）。

```
USE 学生情况 ↵
LOCATE FOR 姓名 = "高山" ↵
DISPLAY ↵
REPLACE 助学金 WITH 助学金+22 ↵
DISPLAY ↵
```

2. 菜单方式

在 VFP 环境下，也可以通过系统菜单提供的菜单选项或工具栏按钮进行操作，包括对数据库操作、对系统环境进行设置，以及建立、运行命令文件等。

菜单方式的工作特点是：通过选择菜单选项完成所需的操作，不必记忆 VFP 命令。

例 8.2   用菜单方式完成例 8.1 的任务。

操作步骤如下。

(1) 选择菜单："文件/打开"，在"打开"对话框中，先选择文件类型为"表(*.dbf)"，然后再选择表文件"学生情况.dbf"，最后单击"确定"按钮。

(2) 选择菜单："显示/浏览"，打开浏览窗口"学生情况"。

(3) 在"学生情况"浏览窗口中找到姓名为"高山"的记录的"助学金"字段。

(4) 修改"助学金"的数值，将其增加 22。

(5) 关闭"学生情况"浏览窗口。

如果"学生情况"表中的记录数量很多，假如有 2000 个记录，在操作步骤(3)的浏览窗口中人工找到"高山"的记录会很困难，这时还要使用菜单命令"表/转到记录/定位"，执行定位记录操作。

3. 程序文件方式

程序是为完成某些事情所规定的方法及其步骤。这些方法和步骤由前面我们所学习的命令语句来描述。按照 VFP 规定的结构(所谓的语法)组成一个命令的集合。所以简单地说：程序是能够完成一定任务的命令的有序集合。这组命令被存放在程序文件中，程序文件也叫命令文件，程序文件可以输入 VFP 命令、函数、表达式、控制语句等。当程序运行时，系统会按照一定的次序自动执行包含在程序文件中的命令，完成对数据库的操作和对系统环境的设置等任务。采用程序方式的好处如下：

(1) 可以预先编制好程序，执行操作任务时运行程序。

(2) 程序有多种运行方式，可以多次运行。

(3) 可以在一个程序中调用另一个程序。

(4) 对于较复杂的任务，使用程序方式更方便，操作效率更高。

例 8.3   用程序文件方式完成例 8.1 的任务。

操作步骤如下：

(1) 利用程序编辑工具建立程序文件，选择菜单命令"文件/新建…"打开"新建"对话框，如图 8-1 所示。

在"新建"对话框中，选定"程序"按钮，然后单击"新建文件"按钮，打开程序编辑窗口"程序 1"，如图 8-2 所示。

在"程序 1"窗口输入如下内容，输入结束后保存为"程序 1.prg"。

```
? '查找姓名为"高山"的记录，将其助学金增加 22。'↵
USE  学生情况 ↵
LOCATE  FOR  姓名="高山" ↵
REPLACE  助学金  WITH  助学金 + 22 ↵
Brow ↵
```

(2) 运行程序文件"程序 1.prg"。选择菜单命令"程序/执行 程序 1.prg"，运行结果在 VFP 主窗口显示，如图 8-3 所示。

可以看到，使用"程序文件方式"要预先编制程序，按照预先制定好的方案、步骤组织好相应的命令集合，再运行程序。程序运行的速度很快，瞬间完成。程序可以修改，也可以多次运行。

图 8-1　新建对话框

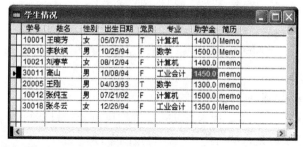

图 8-2　程序窗口

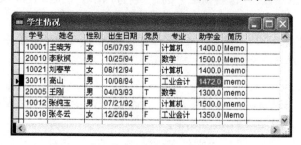

图 8-3　程序运行后的修改结果

8.1.2　程序文件的建立与运行

VFP 的程序文件是以.prg 为扩展名的文本格式文件，即英文程序的缩写。任何可以建立、编辑文本文件的工具，都可以创建和编辑 VFP 程序文件。这些文本编辑工具可以是 VFP 系统提供的内部编辑器，也可以是其他文本编辑软件，如 Windows 记事本、Word 等。使用 Word 编辑程序文件保存时，保存类型应为"纯文本"，然后将扩展名改为.prg。

1．程序文件的建立与修改

1）使用命令方式

【命令格式】

　　　MODIFY　COMMAND　[<程序文件名>[.prg]]

【功能】

建立、修改名称为<程序文件名>的程序文件。

【说明】

扩展名可以省略，系统默认为.prg。若省略程序文件名，保存文件时提示输入文件名。

例 8.4　用程序文件方式完成例 8.1 的任务。

操作步骤如下：

（1）建立程序文件。在命令窗口输入：

```
MODIFY COMMAND pro8_4
```

(2) 输入程序内容。在程序窗口 **pro8_4.prg** 中输入如下内容：

```
* 程序名：pro8_4.prg，
NOTE  查找姓名为"高山"的记录，将其助学金增加 22。
CLEAR
USE  学生情况
LOCATE  FOR 姓名 = "高山"
REPLACE 助学金 WITH 助学金 + 22
BROW
USE
RETURN
```

说明：

·以*或 NOTE 开头的行为注释行。

·程序中每条命令都以回车键结束，一行只能写一条命令。若命令需要分行书写，应在一行终了时键入续行符"；"，再按回车键。

·程序以 RETURN 结束，返回调用它的上级程序，若无上级程序或省略 RETURN 则返回命令窗口。

·程序输入或编辑过程中，按 Ctrl+S 键保存；按 Ctrl+W 键保存并退出程序编辑窗口；按 Esc 键或 Ctrl+Q 键放弃修改并退出。

2) 使用菜单方式

可以使用菜单或工具栏代替 MODIFY COMMAND 命令打开程序设计窗口，编辑程序。例 8.3 曾进行过介绍，其建立程序步骤如下：

(1) 建立程序文件。选择菜单"文件/新建…"，打开"新建"对话框，选定"程序"按钮，再单击"新建文件"按钮，打开程序窗口"程序 1"。

(2) 输入程序内容。在程序窗口中输入程序内容。内容参见例 8.4 步骤(2)。

(3) 保存程序并退出。选择菜单"文件/保存"，在"另存为"对话框中指定保存程序的文件夹和文件名，然后单击"保存"按钮，最后关闭程序窗口。

2. 程序文件的运行

程序编制好以后就可以运行，VFP 运行程序有多种方式，下面介绍两种常用的方式。

1) 菜单方式

用菜单方式运行程序，操作步骤如下：

(1) 选择菜单命令"程序/运行…"，打开"运行"对话框。

(2) 在"运行"对话框中找到并选定要运行的程序文件，单击"运行"按钮。

或在程序文件编辑过程中，单击菜单栏中的 **!** 图标按钮。

2) 命令方式

【命令格式】

　　DO　<程序文件名>

【功能】

运行、调用以<程序文件名>为名的程序文件。

以命令方式运行例 8.4 程序，在"命令"窗口输入如下命令：

```
DO  pro8_4
```

8.2 输入输出命令

在上一节中学习了建立和运行程序，编写了程序 pro8_4.prg。这个程序可以修改姓名为"高山"的记录的助学金信息。如果要修改其他人的某些信息，就要首先修改程序，然后再运行程序完成新的要求。所以要实现运行程序时输入被查找人的姓名，按照这个名字进行查找、修改信息，就要使用输入命令。

一个程序一般都包含数据输入、数据处理和数据输出 3 个部分，下面对数据输入和数据输出进行介绍。

8.2.1 ACCEPT 命令

【命令格式】

　　ACCEPT　[<提示信息>]　TO <内存变量>

【功能】

暂停程序的运行，等待用户从键盘输入数据，将数据按字符型赋值给指定的内存变量。

【说明】

（1）输入数据后，按回车键继续运行程序。

（2）<提示信息>是一个字符型表达式，用于输入数据时向用户显示提示信息。

（3）使用 ACCEPT 命令输入的数据都认为是字符型，不用加定界符，内存变量的数据类型是字符型。

例 8.5 使用 ACCEPT 语句的例子。

操作步骤：

（1）建立程序。在命令窗口输入以下命令：

```
MODIFY COMMAND pro8_5
```

打开程序编辑窗口 pro8_5.prg，输入程序编码如下：

```
* 程序名：pro8_5.prg，ACCEPT 语句的例子。
CLEAR
ACCEPT "输入姓名：" TO xm&& 输入时不必加定界符
ACCEPT "输入性别：" TO xb
? "姓名："
?? xm
? "性别："
?? xb
RETURN
```

如图 8-4 所示。

（2）运行程序。在命令窗口输入以下命令：

```
DO  pro8_5
```

图 8-4　程序编码

（3）按窗口提示进行操作，如下依次输入姓名和性别。

输入姓名：高山

输入性别：男

姓名：高山

性别：男

例8.6 对"学生情况.dbf"表按姓名查找记录，修改其专业、助学金数据。

操作步骤如下：

(1) 建立程序。程序编码如下：

```
* 程序名：pro8_6.prg，按姓名查找记录，修改专业、助学金。
CLEAR
? "按姓名查找记录，修改专业、助学金数据。"
ACCEPT "请输入姓名：" TO name && 运行程序输入时不必加定界符
USE 学生情况
LOCATE FOR 姓名=name
DISPLAY
ACCEPT "输入新的专业：" TO zy
ACCEPT "输入新的助学金：" TO zxj
REPLACE 专业 WITH zy, 助学金 WITH VAL(zxj)
DISPLAY
USE
RETURN
```

(2) 运行程序。在命令窗口输入以下命令：

```
DO pro8_6
```

【说明】

(1) 使用 ACCEPT 输入的数据都认为是字符型，所以输入的助学金将会是字符型数据，必须使用 VAL()函数将它变成数值型数据，然后才能用于助学金的修改。

(2) 本例子使用了"学生情况.dbf"表，建立程序前最好设置好默认文件夹，这样可以直接使用默认文件夹中的表文件，程序文件也保存在该文件夹中。例如：

```
SET DEFAULT TO D:\vfp
```

8.2.2 INPUT 命令

【命令格式】

INPUT [<提示信息>] TO <内存变量>

【功能】

暂停程序的运行，等待用户从键盘输入数据，赋值给指定的内存变量。

【说明】

(1) 使用 INPUT 命令，可以输入任意类型的数据，数据表达式的类型决定了内存变量的类型，如果输入的数据类型是字符型、日期型或逻辑型，必须加定界符。

(2) 输入的内容可以是一个具体数据，也可以是一个表达式，将表达式结果赋值给内存变量。

例8.7 使用 INPUT 语句的例子，计算圆的面积和周长。

程序编码如下：

```
* 程序名：pro8_7.prg，计算圆的面积和周长。
INPUT "输入半径：" TO R
S = PI()*R^2
```

```
C = 2*PI()*R
? "面积=", S
? "周长=", C
RETURN
```

例 8.8　对"学生情况.dbf"表按姓名查找记录，修改其出生日期、党员、专业和助学金字段信息。

程序编码如下：

```
* 程序名: pro8_8.prg
CLEAR
? "按姓名查找记录，修改其出生日期、党员、专业和助学金信息。"
ACCEPT "请输入姓名：" TO name
USE 学生情况
LOCATE FOR 姓名=name
DISPLAY
INPUT "输入出生日期({^YYYY-MM-DD})：" TO rq
INPUT "党员(是.T.，否.F.)：" TO dy
INPUT "输入专业('字符')：" TO zy
INPUT "输入助学金(数值)：" TO zxj
REPLACE 出生日期 WITH rq, 党员 WITH dy , ;
    专业 WITH zy, 专业 WITH zy, 助学金 WITH zxj
? "修改后的记录信息"
DISPLAY
USE
RETURN
```

8.2.3　WAIT 命令

【命令格式】

WAIT　[<提示信息>]　[TO <内存变量>]　[WINDOW　AT <行>, <列>]
　　[TIMEOUT<秒数>]

【功能】

暂停程序的运行，直到用户按任意一个键或单击鼠标时继续运行程序。

【说明】

（1）若省略所有可选项，则屏幕显示"按任意键继续……"的默认提示信息。

（2）TO <内存变量>：将输入的单个字符赋给指定的<内存变量>。

（3）WINDOW AT <行>, <列>：提示信息放在显示窗口中的位置。

（4）TIMEOUT<秒数>：用来设定等待时间。一旦超时就不再等待用户按键，自动向下执行。

WAIT 语句主要用于下列两种情况：

（1）暂停程序的运行，以便观察程序的运行情况，检查程序运行的中间结果。

（2）用于输入单个字符控制程序的执行流程。例如，在某应用程序的 Y/N 选择中，仅按 Y 或 N 即可，不用按回车键，简化操作。

例 8.9　输入华氏温度，将其转换成摄氏温度输出。

程序编码如下：

```
* 程序名：pro8_9.prg，华氏温度转换成摄氏温度。
```

```
INPUT TO F
C=5*(F-32)/9
? "华氏："+STR(F,4)+ "度,摄氏："+STR(4,4)+ "度。"
WAIT "等待5秒清屏。" WINDOW AT 10,30 TIMEOUT 5
CLEAR
RETURN
```

8.2.4　格式输入输出命令

【命令格式】

@ <行>, <列>　SAY <提示信息>　[GET <内存变量|字段>]

[READ]

【功能】

在当前窗口中指定的位置处显示、接收数据。

【说明】

（1）如果省略 GET 选项，该命令为格式输出命令，在窗口指定的位置显示数据。

（2）如果命令中用到了 GET 命令，则 GET 命令后面所接的变量必须有初值。后面必须接 READ 命令才能输入数据。用户可以修改 GET 命令后面所接的变量的值，否则只能浏览不能修改。

该命令在 VFP 中已用文本框和编辑框控件代替，为让读者读懂以前版本的程序，这里略作介绍。

例 8.10　格式输入输出命令应用。

```
* 程序 Pro8_10.prg：格式输入输出命令应用。
CLEAR
NAME=SPACE(8)
@ 10,15 say "按姓名查找记录，修改记录信息。"
@ 12,10 say "请输入姓名：" GET  name
READ
USE 学生情况
LOCATE FOR 姓名=name
@ 14,10 say "出生日期：" GET   出生日期
@ 14,40 say "党     员：" GET   党员
@ 15,10 say "专     业：" GET   专业
@ 15,40 say "助 学 金：" GET   助学金
READ
DISPLAY
USE
RETURN
```

8.3　程序的基本结构

8.3.1　结构化程序设计

结构化程序设计的概念最早在 20 世纪 60 年代提出，1966 年，以下结论得到了证明：只用 3 种基本的控制结构就能实现任何单入口、单出口的程序。这 3 种基本的控制结构是"顺序结构"、"选择结构"和"循环结构"，它们的流程图如图 8-5 所示。

1. 顺序结构

顺序结构中各个语句是按书写的顺序执行的。从执行序列中的第一个语句开始，顺序执行序列中的所有语句。如图 8-5(a)所示，先执行 A，再执行 B。

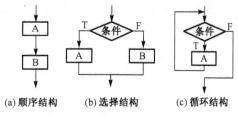

(a) 顺序结构　　(b) 选择结构　　(c) 循环结构

图 8-5　程序的 3 种基本结构

2. 选择结构

选择结构根据指定的条件进行判断，根据判断的结果在两条分支路径中选择其中一条执行。如图 8-5(b)所示，先对"条件"进行判断，如果"条件"表达式取值为"真"（即 T)执行 A，否则执行 B。

3. 循环结构

也称重复结构，根据给定的条件是否满足来决定是否继续执行循环体中的操作。如图 8-5(c)所示，先对"条件"进行判断，如果"条件"表达式取值为"真"（即 T)执行循环体 A，执行完 A 后再回到"条件"处进行判断……如果"条件"表达式取值为"假"（即 F)，则退出循环向下执行其他语句。

结构化程序设计是指如果一个程序模块只包含顺序、选择和循环这 3 种基本控制结构，并且只有一个入口和一个出口，则称这个程序是结构化的。

包括 VFP 在内的所有高级编程语言都能实现这 3 种基本结构。本章前面的程序例题都是顺序结构程序。下面分别对选择结构和循环结构进行介绍。

8.3.2　选择结构

选择结构，也称分支结构。VFP 提供两条语句用于实现分支结构：IF-ENDIF 和 DO CASE-ENDCASE。下面分别介绍这两条语句。

1. 分支选择结构 IF-ENDIF 语句

【语句格式】

        IF　<条件表达式>
            <命令序列 1>
        [ELSE
            <命令序列 2>]
        ENDIF

【功能】

该语句中的<条件表达式>是一个逻辑表达式。若其值为"真"，则执行<命令序列 1>，然后执行 ENDIF 后面的语句；若其值为"假"，则执行<命令序列 2>，然后再执行 ENDIF 后面的语句。

【说明】

（1）ELSE 短语是可选项。若没有 ELSE 选项，<条件表达式>为"假"时直接执行 ENDIF 后面的语句。

（2）IF-ENDIF 语句可以嵌套，即<命令序列>可以是包含 IF-ENDIF 结构的语句。

IF-ENDIF 语句流程图如图 8-6 所示。

例 8.11 编写程序，不使用 ABS 函数，求数值的绝对值。

程序编码如下：

```
* 程序名：pro8_11，求绝对值。
INPUT "输入一个数：" TO X
IF X<0
    X=-X
ENDIF
? "绝对值等于："+LTRIM(STR(X,10,3))
RETURN
```

说明：这个例子是一个单分支的选择结构。如果输入的数值 x<0，则执行 x=-x，否则直接执行 ENDIF 后面的语句。这个程序的程序流程图如图 8-7 所示。

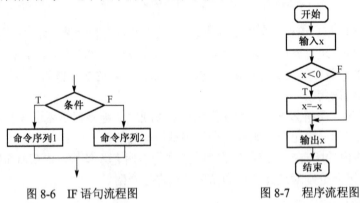

图 8-6 IF 语句流程图　　　　图 8-7 程序流程图

例 8.12 编写程序在"学生情况.dbf"表中按姓名查找记录，如果找到了显示该记录，否则显示"查无此人"。

程序编码如下：

```
* 程序名：pro8_12，按姓名查找记录。
CLEAR
? "按姓名查找记录"
ACCEPT "请输入姓名：" TO name
USE 学生情况
LOCATE FOR 姓名=name
IF FOUND()
    DISPLAY
ELSE
    ? "查无此人"
ENDIF
USE
RETURN
```

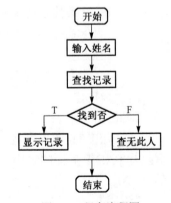

图 8-8 程序流程图

说明：这个例子是双分支的选择结构，针对 IF 条件值的不同，选择不同分支语句执行。这个程序的程序流程图如图 8-8 所示。

通常，一个 IF 语句只能判断两种情况。若<条件表达式>为"真"，则执行<命令序列 1>；否则，即<条件表达式>为"假"，执行<命令序列 2>。如果需要处理多种情况的判断，就要使用 IF 语句的嵌套。

IF 语句的嵌套结构的格式：

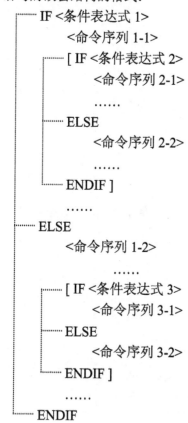

```
      IF <条件表达式 1>
          <命令序列 1-1>
          [ IF <条件表达式 2>
              <命令序列 2-1>
              ……
          ELSE
              <命令序列 2-2>
              ……
          ENDIF ]
          ……
      ELSE
          <命令序列 1-2>
              ……
          [ IF <条件表达式 3>
              <命令序列 3-1>
          ELSE
              <命令序列 3-2>
          ENDIF ]
          ……
      ENDIF
```

说明：

(1) 语句左侧的虚线用于表示 IF-ELSE-ENDIF 的搭配关系，它们是不能交叉的。

(2) IF 与 ENDIF 必须成对出现，ELSE 为可选项。

(3) <命令序列>中可以继续嵌套 IF 语句。

例 8.13 编写程序计算分段函数 y 的值。

$$y = \begin{cases} 3x + \sqrt{x+15} & x > 100 \\ 0.5x^2 - 15 & 10 \leqslant x \leqslant 100 \\ |x| + 25 & -10 < x < 10 \\ \dfrac{e^{-x}}{842} - 15 & x \leqslant -10 \end{cases}$$

该题函数 $y(x)$ 是一个分段函数，随 x 取值不同，有 4 种不同的表达式，所以计算 y 值的程序是一个包含 4 种情况的分支程序，需要使用 IF 语句的嵌套结构。解决该问题的程序流程图如图 8-9 所示。

程序编码如下：

```
* 程序名：pro8_13，计算分段函数。
INPUT "输入一个数： " TO x
IF x>100
    y=3*x+SQRT(x+15)
ELSE
```

```
    IF x>=10
        y=0.5*x^2-15
    ELSE
        IF x>-10
            y=ABS(x)+25
        ELSE
            y=EXP(-x)/842-15
        ENDIF
    ENDIF
ENDIF
? "y=",y
RETURN
```

说明：程序代码中对分支语句部分采用了缩进书写方式，便于阅读，不会影响程序的运行。

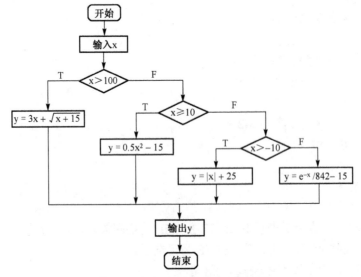

图 8-9 嵌套 IF 语句的程序流程图

2. 多情况选择结构 DO CASE-ENDCASE 语句

前面使用 IF 语句的嵌套解决了多分支问题，如果分支过多，使用的嵌套层数必然也多，这样的程序编制难度大，不宜理解。

DO CASE 语句特别适合于较多分支的选择结构。

【语句格式】

```
    DO  CASE
        CASE  <条件表达式 1>
            <命令序列 1>
        CASE  <条件表达式 2>
            <命令序列 2>

            ……

        CASE  <条件表达式 n>
            <命令序列 n>
```

　　　　[OTHERWISE
　　　　　　<命令序列 n+1>]
ENDCASE
【功能】
执行第一个满足<条件表达式>而对应的<命令序列>。
【说明】
　　(1) 执行该命令时，依次计算<条件表达式 1>到<条件表达式 n>的值，当遇到第一个为.T.值的表达式时，则执行该表达式对应的<命令序列>；当多个条件表达式同时为.T.值时，程序也只优先执行排序在最前面的<命令序列>，而不会依次执行每一个<命令序列>，执行完毕后将转去执行 ENDCASE 后面的语句。
　　(2) 当所有的条件表达式的值皆为.F.时，如果有 OTHERWISE 选项，则执行 OTHERWISE后的命令序列，然后执行 ENDCASE 后的命令；如果没有 OTHERWISE 选项，则直接执行ENDCASE 后的命令。
　　例 8.14 输入一个百分制成绩，将其转换为等级制并输出。要求如下：

90 分及以上	输出"优秀"
80～89 分	输出"良好"
70～79 分	输出"中等"
60～69 分	输出"及格"
60 分以下	输出"不及格"

　　解决该问题的程序是一个多分支结构的程序，共有 5 种可能的情况出现。用 IF 语句的嵌套结构完全可以解决，但是使用 DO CASE 语句完成程序的设计更好一些。解决这个问题的程序流程图如图 8-10 所示。

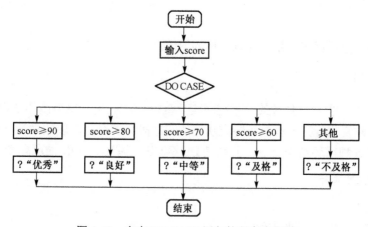

图 8-10　含有 DO CASE 语句的程序流程图

程序编码如下：

```
* 程序名：pro8_14，将百分制成绩转换为等级制。
CLEAR
INPUT "请输入一个成绩：" TO score
DO CASE
    CASE score >=90
```

```
              ? score,"优秀"
        CASE score >=80
              ? score,"良好"
        CASE score >=70
              ? score,"中等"
        CASE score >=60
              ? score,"及格"
        OTHERWISE
              ? SCORE,"不及格"
    ENDCASE
    RETURN
```

上述例题若将命令序列倒过来形成下面的程序内容：

```
* 程序名：pro8_14_1，将百分制成绩转换为等级制。
INPUT "请输入一个成绩：" TO score
DO CASE
    CASE score >=60
         ? score,"及格"
    CASE score >=70
         ? score,"中等"
    CASE score >=80
         ? score,"良好"
    CASE score >=90
         ? score,"优秀"
    OTHERWISE
         ? SCORE,"不及格"
ENDCASE
RETURN
```

请运行程序，分析程序结果及问题出现的原因。

8.3.3 循环结构

在程序设计中，经常需要对某一个程序段反复执行，这就要使用循环结构。循环结构是按照给定的条件重复执行某一段具有特定功能的程序段。这个程序段叫做循环体。

VFP 提供了 3 种循环结构命令，分别是 DO WHILE 循环、FOR 循环和 SCAN 循环。

1. DO WHILE 循环

【语句格式】
```
    DO   WHILE   <条件表达式>
        <命令序列>                    && 循环体
        [LOOP]
        ……
        [EXIT]
        ……
    ENDDO
```

【功能】

在满足<条件表达式>时，执行循环结构中包含的命令。

【说明】

（1）<条件表达式>：当 <条件表达式> 结果为真(.T.)时，进入循环，执行 DO WHILE 和 ENDDO 之间的命令；否则，不能进入循环，而是执行 ENDDO 后面的命令。

（2）LOOP：返回循环入口命令。如果循环体包含 LOOP 命令，当执行到 LOOP 时，直接返回本层循环语句的 DO WHILE 处(循环入口)，重新判断条件，准备进行一次新的循环。

（3）EXIT：退出循环命令。如果循环体包含 EXIT 命令，那么当遇到 EXIT 时，就退出本层循环语句的执行，转去执行 ENDDO 后面的语句。

（4）通常 LOOP 或 EXIT 出现在循环体内嵌套的选择语句中，根据条件来决定是否执行 LOOP 或 EXIT 命令。含有 LOOP 或 EXIT 的循环结构如图 8-11 所示。

例 8.15 输入数值 n，计算 S=1+2+3+…+n 的值。

这是一个典型的数值累加问题，为了解决此问题，设一个变量 I，利用循环结构使 I 的取值从 1 逐渐增加到 n，并且把每一个 I 的取值都累加到 S 中，S 的初值要设为 0。它的程序流程图如图 8-12 所示。

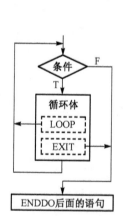

图 8-11 含有 LOOP 或 EXIT 的循环结构

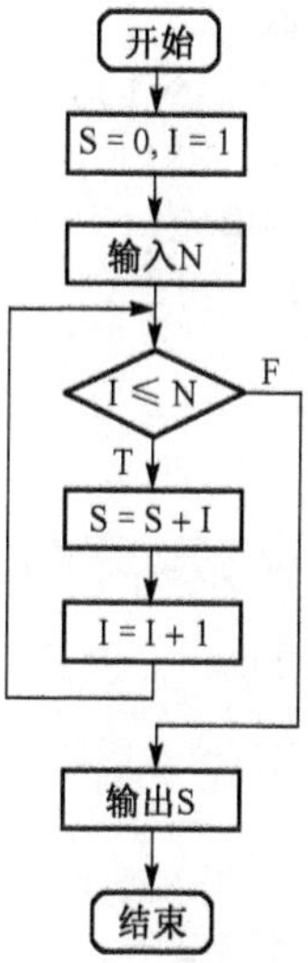

图 8-12 程序流程图

程序编码如下：

```
* 程序名：pro8_15.prg，计算 S=1+2+3+…+n 的值。
S=0
I=1
INPUT "n=" TO N
DO  WHILE  I<=N
    S=S+I
    I=I+1
ENDDO
?  "S=",S
RETURN
```

例 8.16 有一个比例因子为 2 的等比数列 1、2、4、8、16……，它的前 n 项和为 S=1+2+4+8+…+n，求满足 S 刚好大于 1000 的 n 值。

程序编码如下：

```
*  程序名：pro8_16.prg
N=1
S=0
DO  WHILE  S<=1000
    S=S+N
    N=N*2
ENDDO
?  "S=",S
?  "N=",N/2
RETURN
```

利用用 EXIT 语句编写的程序如下：

```
*  程序名：pro8_16_1.prg
N=1
S=0
DO WHILE .T.
  S=S+N
      IF S>=1000
          EXIT
      ENDIF
  N=N*2
ENDDO
?S,N
RETURN
```

例 8.17　对"学生情况.dbf"表编写按姓名查询记录的程序。

程序编码如下：

```
*  程序名：pro8_17，按姓名查询记录。
CLEAR
ACCEPT  "输入查找姓名："  TO name
USE  学生情况
LOCATE  FOR  姓名=name
DO  WHILE  NOT EOF()
    DISPLAY
    WAIT
    CONTINUE
ENDDO
USE
RETURN
```

说明：

EOF()表示执行查找命令后，如果没有找到指定记录，EOF()的值为.T.，利用它可以得知是否找到了指定的记录。

例 8.18　对"学生情况.dbf"表编写按姓名查询记录的程序，查找结束后提示是否继续查询。

程序编码如下：

```
*  程序名：pro8_18，另一个查询记录程序。
CLEAR
USE  学生情况
DO  WHILE  .T.
    ACCEPT  "输入查找姓名："  TO name
    LOCATE  FOR  姓名=name
    IF EOF()
        ?  "没找到：",name
    ELSE
        DISPLAY
    ENDIF
    WAIT  "是否继续查询(Y/N)？"  TO  yn
    IF UPPER(yn)='Y'
        LOOP
    ENDIF
    EXIT
ENDDO
USE
RETURN
```

说明：

（1）此例中，利用值.T.作为循环条件，表示该循环是无穷循环，为了结束循环，必须在循环体中使用退出循环的命令 EXIT。

（2）UPPER(yn)='Y'，为了对执行 WAIT 语句时输入的字符 Y 不区分大写与小写，使用了此函数。

2. FOR 循环

【语句格式】

    FOR <循环变量>=<初值> TO <终值> [STEP <步长>]
        <命令序列>
        [LOOP]
        [EXIT]
    ENDFOR | NEXT

【功能】

根据<循环变量>、<初值>、<终值>、<步长>的值，按一定的次数重复执行循环结构中包含的命令。

【说明】

（1）循环步骤，首先判断<循环变量>的值是否超过<终值>，如果超过<终值>则退出循环，执行 ENDFOR 后面的命令；否则执行 FOR 与 ENDFOR 中间的命令序列。执行结束后，系统自动将循环变量加一个<步长>值，再判断新的循环变量值是否超过终值，继而重复上一次循环的步骤。

（2）若省略 STEP <步长>，则<步长>的默认值为1。

（3）<初值>、<终值>和<步长>可以是任意实数，也可以是数值型表达式。步长可为正值、负值，也可以为小数。

（4）LOOP、EXIT 的功能与 DO　WHILE 循环中相同。

例 8.19　任意输入 10 个数，求其中的最大值。

程序编码如下：

```
*  程序名：pro8_19，任意输入10个数，求其中的最大值。
INPUT  '输入数据:'  TO  X
MAX=X
FOR I=2 TO 10
    INPUT '输入数据:' TO X
    IF MAX<X
        MAX=X
    ENDIF
ENDFOR
? '最大值=',MAX
RETURN
```

例 8.20　用 FOR 循环计算"学生情况.dbf"表中党员为.F.的记录的助学金平均值。

程序编码如下：

```
*  程序名：pro8_20，计算助学金平均值。
CLEAR
USE  学生情况
COUNT  TO  N
GO  TOP
STORE  0  TO  K, S
FOR  I=1  TO  N
    IF  NOT  党员
        K=K+1
        S=S+助学金
    ENDIF
    SKIP
NEXT
? "助学金平均值="+ALLTRIM(STR(S/K,10,2))
USE
RETURN
```

例 8.21　用循环语句编写在屏幕上显示如下图形的程序。

```
*
***
*****
*******
```

程序如下：

```
*  程序名：pro8_21，输出图形。
CLEAR
FOR  I=1  TO  4
    FOR  J=1 TO  2*I-1
        ?? "*"
    NEXT
```

```
          ?
      NEXT
      RETURN
```

例 8.22　用循环语句编写在屏幕上显示如下图形的程序。

```
            *
           ***
          *****
         *******
        *********
```

程序编码如下：

```
*   程序名：pro8_22，输出图形。
CLEAR
FOR  I=1  TO  5
    ? SPACE(30-2*I)
    FOR  J=1  TO  2*I-1
        ?? "*  "
    NEXT
NEXT
RETURN
```

思考：若上述图形里*号之间没有空格，程序要怎么修改？

3．SCAN 循环

该循环语句一般用于处理表中记录。语句可指明需处理的记录范围及应满足的条件。

【语句格式】

SCAN　[<范围>]　[FOR <条件表达式 1>]　[WHILE <条件表达式 2>]

　　　　<命令序列>

　　　　[LOOP]

　　　　[EXIT]

ENDSCAN

【功能】

在当前选定表中顺序移动记录指针，并对每一条满足条件的记录执行循环体内的命令。

【说明】

（1）SCAN 循环的执行过程：首先判断 EOF()的值是否为真，若其值为"真"，则结束循环，执行 ENDSCAN 后面的语句；否则，结合<条件表达式 1>和<条件表达式 2>执行循环体内的命令，然后记录指针自动移到下一条满足条件的记录，再回到循环入口重新判断函数 EOF()的值，准备开始下一次循环。

（2）<范围>默认为 ALL。

（3）LOOP、EXIT 的功能与 DO　WHILE 循环中相同。

例 8.23　用 SCAN 循环语句编程，对"学生情况.dbf"表中是党员的记录逐条显示，并确认是否进行逻辑删除，最后再确认是否永久删除。

程序编码如下：

```
*  程序名：pro8_23，对是党员的记录进行删除操作。
```

```
CLEAR
USE  学生情况
SCAN  FOR  党员
    DISPLAY
    WAIT  "按 D 键删除；按其他键下一条。"  TO  D
    IF  UPPER(D)='D'
        DELETE
    ENDIF
ENDSCAN
LIST
WAIT  "按 Y 键永久删除；按其他键恢复删除。"  TO  Y
    IF  UPPER(Y)='Y'
        PACK
    ELSE
        RECALL  ALL
    ENDIF
LIST
USE
RETURN
```

8.4 多模块程序

在许多应用程序中，有一些程序段需要反复执行多次，这些程序段不是集中在一个固定的位置上重复执行，而是分散在程序的不同位置上重复执行。通常将这样的程序段与嵌入它的程序分开，形成独立的程序序列，待使用时再调入程序中，以实现不同位置上的重复操作。这样做增强了程序的可读性及模块化，这也是结构化程序设计的重要思想。一般情况下，把这种具有独立的功能，并且可以被其他程序调用的程序序列称为过程或函数，将调用其的程序称为主程序。

8.4.1 过程与过程文件

1. 过程

过程，也叫子程序。程序设计经常需要多次使用某个程序段，VFP 与其他高级语言一样，常把一段相对独立的程序段独立出来，在任何需要的时候都可以单独调用。在 VFP 里给这些独立的程序段赋予一个文件名，并作为一个文件存放在磁盘上，这个文件称为过程。

1）过程的建立

过程的格式、扩展名，以及建立和修改方法与程序文件完全相同，唯一不同的是在过程最后放一条返回语句，其格式与功能说明如下。

【语句格式】

    RETURN ［TO MASTER］

【功能】

终止程序、过程或函数的运行，并将控制权返回给调用程序、最高层的调用程序或命令窗口。

【说明】

（1）RETURN 常被放在程序、过程或函数的尾部，用来将控制权返回一个高层的程序。

（2）TO MASTER 选项是过程嵌套时使用的，返回到嵌套程序的最高层主程序。

（3）如果省略了 RETURN，则将执行一个隐含的 RETURN。

（4）执行 RETURN 时，VFP 释放 PRIVATE 内存变量。

2）参数传递

模块程序可以接收调用程序传递过来的参数，接收参数的命令有 PARAMETERS 和 LPARAMETERS。

【命令格式】

  PARAMETERS <参数表>

  LPARAMETERS <参数表>

【说明】

（1）PARAMETERS 或 LPARAMETERS 命令必须是模块中第一条执行语句。

（2）PARAMETERS 将调用程序传来的数据赋值给私有内存变量或数组。

（3）LPARAMETERS 将调用程序传入的数据赋值给局部内存变量和数组。

3）过程的调用

【命令格式】

  DO <过程名> ［WITH <参数表>］

4）过程的嵌套

过程的调用也可嵌套，即在执行一个过程时，还可以调用另外一个过程，另外一个过程还可调用第三个过程，如此一个一个地调用称为过程的嵌套。过程的嵌套如图 8-13 所示。

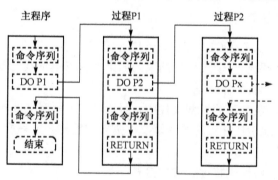

图 8-13 过程的嵌套

例 8.24 从键盘输入矩形的宽和高，通过过程的调用计算矩形的面积。

操作步骤如下：

（1）建立主程序文件。在命令窗口输入如下：

```
MODIFY  COMMAND  pro8_24
```

主程序编码如下：

```
*  程序名：pro8_24.prg，调用子程序 rarea.prg 求矩形面积。
INPUT  "矩形宽="  TO  W
INPUT  "矩形高="  TO  H
DO  rarea  WITH  W,H        && 调用过程 rarea.prg
RETURN
```

（2）建立过程，在命令窗口输入如下：

```
MODIFY  COMMAND  rarea
```

过程编码如下：

```
*  程序名：rarea.prg，求矩形面积。
PARAMETERS  WW,HH
S=WW*HH
?" 矩形面积="+STR(S,6)
RETURN
```

(3) 程序的运行，在命令窗口输入如下：

```
DO  pro8_24
```

2. 过程文件

1）过程文件的建立

过程文件是由多个过程组成的文件。其文件名的扩展名也是.prg，建立方法和建立程序文件完全相同。在过程文件中最多允许有 128 个过程，在执行时，只需打开一次过程文件，以后就可随意地调用其中的任何过程。

由于一个过程文件包含有多个过程，所以必须使用 PROCEDURE 命令将其区分。

【命令格式】

PROCEDURE <过程名>

<命令序列>

[ENDPROC]

【说明】

(1) 在过程文件中，以 PROCEDURE 语句标识每个过程的开头。

(2) ENDPROC 命令表示一个过程的结束。如果缺省 ENDPROC 命令，那么过程结束于下一条 PROCEDURE 命令或文件结尾处。

(3) 过程也可以不放在单独的过程文件中，而是附在主程序文件的后面，供主程序调用。每个过程都要以 PROCEDURE 开头，这种情况不需要使用打开过程文件命令。

2）过程文件的打开

在使用过程文件之前必须先将过程文件打开。

【命令格式】

SET PROCEDURE TO <过程文件 1>[,<过程文件 2>,...] [ADDITIVE]

【说明】

(1) 打开指定的过程文件，同时关闭以前打开的过程文件。

(2) 如果选择了 ADDITIVE，那么打开该过程文件时不关闭以前打开的过程文件。

3）过程文件的关闭

关闭过程文件有关闭所有过程文件和关闭个别过程文件命令，命令分别如下。

【命令格式】

SET PROCEDURE TO

CLOSE PROCEDURE

关闭个别过程文件：

RELEASE PROCEDURE <过程文件 1>[,<过程文件 2>,...]

例 8.25 使用过程文件的例子。

操作步骤如下：

(1) 建立主程序文件。在命令窗口输入如下：

```
MODIFY  COMMAND  pro8_25
```

主程序编码如下：

```
* 程序名：pro8_25.prg，使用过程文件的例子。
CLEAR
WAIT  "进入主程序 "
DO  p1                && 调用过程 p1
? "回到主程序，结束程序。"
RETURN
```

(2) 建立过程文件 p1.prg，在命令窗口输入如下：

```
MODIFY  COMMAND  p1
```

过程文件编码如下：

```
* 过程文件名：pro8_25p.prg
PROCEDURE  p1
WAIT  "进入过程 p1"
DO p2                && 调用过程 p2
WAIT  "回到过程 p1"
RETURN

PROCEDURE  p2
WAIT  "这是过程 p2"
RETURN
```

(3) 打开过程文件，在命令窗口输入如下：

```
SET  PROCEDURE  TO  pro8_25p
```

(4) 运行程序，在命令窗口输入如下：

```
DO  pro8_25
```

8.4.2 自定义函数

Visual FoxPro 除了提供许多系统函数外，还允许用户自己定义函数。自定义函数既可以放在主程序文件中，只对主程序有效；也可作为一个独立文件存盘。自定义函数最大的特点在于它必须有返回值。另外由于其允许用 FUNCTION <函数名>(参数表)的形式接收参数，所以可以省略 PARAMETERS <参数表>语句。

1. 自定义函数的定义

【命令格式】
    [FUNCTION   <函数名>]
        PARAMETERS   <参数表>
            <命令序列>
    RETURN   <表达式>

ENDFUNC

【说明】

(1) 若使用 FUNCTION 语句指出函数名，表示该函数包含在过程文件中。若缺省该语句，表示此函数是一个独立文件，函数名是文件名，扩展名默认为.prg，可用 MODIFY COMMAND <函数名>来建立或编辑该自定义函数。

(2) 自定义函数的名称不能与系统提供的函数名同名，也不能和内存变量同名。

(3) RETURN <表达式>语句用于返回函数值，其中的<表达式>的值是函数值。

2. 自定义函数的使用

调用函数命令格式如下。

【命令格式】

<函数名>([参数表])

例 8.26 使用自定义函数计算 S=1!+2!+…+N!。

操作步骤如下：

(1) 建立主程序文件。在命令窗口输入如下：

```
MODIFY  COMMAND  pro8_26
```

程序编码如下：

```
* 主程序：pro8_26.prg，调用函数求阶乘和。
CLEAR
INPUT  "N="  TO  N
P=0
FOR  I=1  TO  N
    P=P+FAC(I)                  &&  调用函数并求和
NEXT
? "S=",P
RETURN
* 函数名：FAC，求阶乘函数
FUNCTION  FAC
PARAMETERS  X
T=1
FOR  K=1  TO  X
    T=T*K
NEXT
RETURN  T
```

(2) 运行程序，在命令窗口输入如下：

```
DO  pro8_26
```

8.4.3 变量的作用域

程序设计离不开变量。一个变量除了类型和取值之外，还有一个重要的属性就是它的作用域。变量的作用域指的是变量在什么范围内是有效或能够被访问的。在 VFP 中，若以变量的作用域来分，内存变量可分为公共变量、私有变量和局部变量 3 类。

1. 公共变量

公共变量也叫全局变量、公用变量。在任何模块中都可以使用的变量称为公共变量。

【命令格式】

  PUBLIC　　<内存变量表>

【功能】

定义公共变量或数组，并为它们赋初值逻辑假.F.。

【说明】

（1）可以在任何模块中使用和修改全局变量。

（2）必须在赋值之前声明所有想要作为公共变量的内存变量。

（3）从"命令"窗口中创建的内存变量自动声明为公共变量。

（4）程序终止执行时，公共变量不会自动清除，可以用 RELEASE 或 CLEAR　ALL 命令清除公共变量。

2. 私有变量

私有变量也叫专用变量。私有变量不能在上一级，但可以在下一级模块中使用或修改。它可以随时定义，当定义它的程序执行结束，该程序所定义的私有变量自动被清除。

【命令格式】

  PRIVATE　　<内存变量表>

或 PRIVATE　ALL　[LIKE <通配符> | EXCEPT <通配符>]

【功能】

在当前程序中隐藏指定的调用程序中定义的内存变量或数组。

【说明】

（1）如果对变量不加说明则系统默认变量都是私有变量。

（2）私有变量允许与上层模块的变量同名，但此时屏蔽上层模块变量。

（3）在过程调用时，命令 PARAMETERS 声明的参数变量也是私有变量。

3. 局部变量

局部变量只能在创建它的模块中使用和修改，不能在高层或低层模块中访问它们。当建立它的模块运行结束时，局部变量自动释放。局部变量用 LOCAL 命令定义。

【命令格式】

  LOCAL　　<内存变量表>

【功能】

创建指定的局部内存变量，并为它们赋初值逻辑假.F.。

【说明】

（1）由于 LOCAL 与 LOCATE 前 4 个字母相同，所以这条命令的命令动词不能缩写。

（2）局部变量要先定义后使用。

例 8.27　变量作用域的例子。

程序编码如下：

```
* 主程序名 pro8_27.prg，调用过程 GC
PUBLIC A,B,C
```

```
STORE 10 TO A,B,C
DO GC WITH C
? A,B,C
RETURN
* 过程GC
PROCEDURE GC
PARAMETERS X
PRIVATE B,C
STORE 20 TO A,B,C
STORE 30 TO X
? A,B,C
RETURN
```

程序运行结果：

20	20	20
20	10	30

说明：

(1) 在过程中执行 STORE 20 TO A,B,C 后输出了第一行信息"20   20   20"。

(2) 在过程中，A 是全局变量，所以修改值为 A=20。

(3) 在过程中，语句 PRIVATE B,C 对 B、C 进行了屏蔽。返回主程序后 B、C 恢复为原来值，所以 B=10；而 C≠20，解释见下面。

(4) 主程序中调用命令 DO GC WITH C 和过程中命令 PARAMETERS X，使调用时 C(=10)→X，从过程返回时 X=30，X(=30)→C，所以返回主程序后 C=30。

例 8.28 变量作用域的例子。

程序编码如下：

```
* 程序名：pro8_28.prg，变量作用域的例子。
CLEAR
?  "进入主程序"
PUBLIC pu1,pu2,pu3
STORE "AA  " TO pu1,pu2,pu3
? "pu1=",pu1,"pu2=",pu2,"pu3=",pu3
DO pb
? "回到主程序"
? "pu1=",pu1,"pu2=",pu2,"pu3=",pu3,"pr=",pr,"lo=",lo
RETURN

PROCEDURE pb
? "进入过程pb"
PRIVATE pr,pu2
LOCAL lo,pu3
STORE "BB  " TO pu1,pu2,pu3,pr,lo
? "pu1=",pu1,"pu2=",pu2,"pu3=",pu3,"pr=",pr,"lo=",lo
DO pc
? "回到过程pb"
? "pu1=",pu1,"pu2=",pu2,"pu3=",pu3,"pr=",pr,"lo=",lo
RETURN
```

```
PROCEDURE pc
? "进入过程pc"
STORE "CC  " TO pu1,pu2,pu3,pr,lo
? "pu1=",pu1,"pu2=",pu2,"pu3=",pu3,"pr=",pr,"lo=",lo
RETURN
```

说明：

公共变量 pu1 可以被各级模块使用和修改。公共变量 pu2 在过程 pb 中定义为私有变量，在模块 pb 和 pc 中可以使用和修改，但是屏蔽了原来的值，回到主程序后恢复了原来的值。公共变量 pu3 在过程 pb 中定义为局部变量，局部变量仅在当前模块有效，在过程 pc 中仍然是公共变量，被修改为 CC，返回过程 pb 时恢复了局部变量，其值为 BB，返回主程序后恢复为在过程 pc 中的值 CC。在过程 pb 中定义的私有变量 pr、局部变量 lo 返回主程序时，系统提示程序错误"找不到变量 PR"。

```
进入主程序
pul= AA   pu2= AA   pu3= AA
进入过程pb
pul= BB   pu2= BB   pu3= BB   pr= BB   lo= BB
进入过程pc
pul= CC   pu2= CC   pu3= CC   pr= CC   lo= CC
回到过程pb
pul= CC   pu2= CC   pu3= BB   pr= CC   lo= BB
回到主程序
pul= CC   pu2= AA   pu3= CC   pr=
```

图 8-14　变量作用域例子的运行结果

程序运行结果如图 8-14 所示。

8.5　程序的调试

程序调试是指在发现程序有错误的情况下，确定出错的位置并纠正错误，其中关键是要确定出错的位置。有些错误(如语法错误)系统是能够发现的，当系统编译、执行到这类错误代码时，不仅能给出出错信息，还能指出出错的位置；而有些错误(如计算或处理逻辑上的错误)系统是无法确定的，只能由用户自己来查错。VFP 提供的功能强大的调试工具——调试器，可以帮助我们进行这项工作。这一节主要介绍调试器的使用。

8.5.1　调试器环境

调用调试器的方法一般有以下两种：

(1) 选择菜单："工具/调试器"。

(2) 在命令窗口输入命令：DEBUG。

系统打开"调试器"窗口，进入调试器环境，如图 8-15 所示。

在"调试器"窗口中可选择打开 5 个子窗口：跟踪、监视、局部、调用堆栈和调试输出。要打开子窗口，可选择"调试器"窗口"窗口"菜单中的相应命令或单击相应的工具栏按钮；要关闭子窗口，只需单击窗口右上角的"关闭"按钮。

1. 跟踪窗口

用于显示正在调试执行的程序文件。要打开一个需要调试的程序，可从"调试器"窗口的"文件"菜单中选择"打开"命令，然后在打开的对话框中选定所需的程序文件。被选中的程序文件将显示在跟踪窗口里，以便调试和观察。

2. 局部窗口

从当前的程序、过程或方法中显示可见的变量、数组、对象或对象成员。

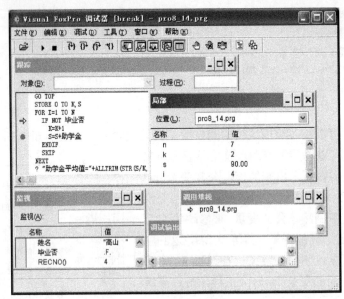

图 8-15 VFP 调试器窗口

3. 监视窗口

用于监视指定表达式在程序调试执行过程中的取值变化情况。

4. 调用堆栈窗口

用于显示正在被执行的过程、程序和方法。若正在执行的程序是一个子程序，那么主程序和子程序的名称都会显示在该窗口中。

5. 调试输出窗口

显示从程序中输出的调试细节。

8.5.2 设置断点

可以设置以下 4 种类型的断点。

类型 1：在定位处中断。可以指定一代码行，当程序调试执行到该行代码时中断程序运行。

类型 2：如果表达式值为真则在定位处中断。指定一代码行以及一个表达式，当程序调试执行到该行代码时，如果表达式的值为真，就中断程序运行。

类型 3：当表达式值为真时中断。可以指定一个表达式，在程序调试执行过程中，当该表达式值改成逻辑真时中断程序运行。

类型 4：当表达式值改变时中断。指定一个表达式，在程序调试执行过程中，当该表达式值改变时中断程序运行。

下面简要介绍断点的设置方法。

1. 设置类型 1 断点

在"跟踪"窗口中找到要设置断点的那行代码，然后双击该行代码左端的灰色区域，或先将光标定位于该行代码中，然后按 F9 键。设置断点后，该代码行左端的灰色区域会显示一个红色实心点。用同样的方法可以取消已经设置的断点。

也可以在"断点"对话框中设置该类断点，其方法与设置其他类型断点的方法类似。

2. 设置其他类型断点

操作步骤如下：

（1）在"调试器"窗口中，选择"工具"菜单上的"断点"命令，打开"断点"对话框，如图 8-16 所示。

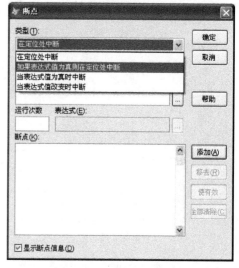

（2）从"类型"下拉列表中选择相应的断点类型。

（3）在"断点"文本框中输入适当的断点位置。

（4）在"文件"文本框中指定模块程序所在的文件。文件可以是程序文件、过程文件、表单文件等。

（5）在"表达式"文本框中输入相应的表达式。

（6）单击"添加"按钮，将该断点添加到"断点"列表框里。

（7）单击"确定"按钮。

图 8-16 "断点"对话框

与类型 1 断点相同，类型 2 断点在"跟踪"窗口的指定位置上也会有一个实心点。要取消类型 2 断点，可以采用与取消类型 1 断点相同的方法，也可以先在"断点"对话框的"断点"列表中选择断点，然后单击"删除"按钮。后者适合于所有类型断点的删除。

8.5.3 调试菜单

"调试"菜单包含执行程序、选择执行方式、终止程序执行、修改程序以及调整程序执行速度等命令。下面是各命令的具体功能。

（1）运行：执行在"跟踪"窗口中打开的程序。如果在"跟踪"窗口里还没有打开程序，那么选择该命令将会打开"运行"对话框。当用户从对话框中指定一个程序后，调试器随即执行此程序，并中断于程序的第一条可执行代码上。

（2）继续执行：当程序执行被中断时，该命令出现在菜单中。选择该命令可使程序在中断处继续往下执行。

（3）取消：终止程序的调试执行，并关闭程序。

（4）定位修改：终止程序的调试执行，然后在文本编辑窗口中打开调试程序。

（5）跳出：以连续方式而非单步方式继续执行被调用模块程序中的代码，然后在调用程序的调用语句的下一行处中断。

（6）单步：单步执行下一行代码。如果下一行代码调用了过程或者方法程序，那么该过程或者方法程序在后台执行。

（7）单步跟踪：单步执行下一行代码。

（8）运行到光标处：从当前位置执行代码直至光标处中断。光标位置可以在开始时设置，也可以在程序中断时设置。

（9）调速：打开"调整运行速度"对话框，设置两行代码执行之间的延迟秒数。

（10）设置下一条语句：程序中断时选择该命令，可使光标所在行成为恢复执行后要执行的语句。

8.6 程 序 举 例

例 8.29 求一元二次方程实根。

程序编码如下：

```
* 程序名 pro8_29.prg，求一元二次方程实根。
INPUT  "A="  TO  A
INPUT  "B="  TO  B
INPUT  "C="  TO  C
D=B*B-4*A*C
IF  D>=0
    X1=(-B+SQRT(D))/(2*A)
    X2=(-B-SQRT(D))/2/A
    ?  "X1=",X1
    ?  "X2=",X2
ELSE
"没有实根!"
ENDIF
RETURN
```

例 8.30 对"学生情况.dbf"表编写一个逆序浏览记录的程序。

程序编码如下：

```
* 程序名 pro8_30.prg，逆序浏览记录。
USE   学生情况
GO  BOTTOM
DO  WHILE  .T.
    IF  BOF()
    EXIT
    ENDIF
    DISPLAY
    SKIP -1
    WAIT "按任意键继续..."
ENDDO
USE
RETURN
```

例 8.31 计算 1～1000 中 3 的倍数和。

程序编码如下：

```
*  程序名 pro8_31_1.prg，计算 1～100 中 3 的倍数和。
S=0
FOR  I=1  TO  1000
    IF  MOD(I, 3)=0
    S=S+I
    ENDIF
ENDFOR
?S
RETU
```

或

```
*  程序名 pro8_30_2.prg，计算 1～1000 中 3 的倍数和。
S=0
FOR  I=3  TO  999  STEP  3
S=S+I
ENDFOR
?S
RETURN
```

例 8.32 找出在 1～500 中满足除以 3 余 2、除以 5 余 2、除以 7 余 3 的所有整数。
程序编码如下：

```
*  程序名 pro8_32.prg
S=0
FOR  I=1  TO  500
    IF  MOD(I, 3)=2.AND.MOD(I,5)=2.AND.MOD(I,7)=3
    ? I
    ENDIF
ENDFOR
RETURN
```

例 8.33 编写程序打印算术"九九表"。

```
  1*1=2
  2*1=2          2*2=4
  ……
  ……
  9*1=9          9*2=18          ……                              9*9=81
```

程序编码如下：

```
*  程序名 pro8_33.prg，打印"九九表"。
? "输出算术九九表"
FOR  I=1  TO  9
    ?    &&换行
    FOR  J=1  TO  I
    ?? STR(I,1)+"*"+STR(J,1)+"="+STR(I*J,2)+"  "
    ENDFOR
ENDFOR
RETURN
```

例 8.34 编写程序对"学生情况.dbf"表按任意条件查询。
程序编码如下：

```
*  程序名 pro8_34.prg，按任意条件查询。
CLEAR
ACCEPT  '输入查询条件'  TO  TJ          && 例如输入"专业=计算机"
USE  学生情况
SCAN  FOR  &TJ                         && "&TJ"是宏替换
DISP
ENDSCAN
USE
RETURN
```

例 8.35 编写程序对"学生情况.dbf"表和"学习成绩"表进行查询，按科目查询学习了该课程的学生姓名。

```
```

程序编码如下：

```
*程序名 pro8_35.prg，按科目查询姓名。
CLEAR
SET EXACT ON
XM=""
ACCEPT "输入科目：" TO KM
SELECT 1
USE 学习成绩
LOCATE FOR 科目=KM
IF FOUND()
    DO WHILE NOT EOF()
        XH=学号
        DO CXM WITH XH,XM
        ? KM+"课程选修人：",XM
        CONTINUE
    ENDDO
ELSE
    ? KM+"课程无人选修。"
ENDIF
USE
RETURN
* 过程 CXM，按学号查姓名。
PROCEDURE CXM
PARAMETERS XH,XM
SELECT 2
USE 学生情况
LOCATE FOR 学号=XH
XM=姓名
USE
SELECT 1
RETURN
```

例 8.36 编写程序对"学生情况.dbf"表进行浏览、查询操作。

程序编码如下：

```
* 程序名 pro8_36.prg，对"学生情况.dbf"表进行浏览、查询操作。
DO WHILE .T.
CLEAR    &&清屏
? "1   浏览记录"        &&显示菜单项
? "2   查询记录"        &&显示菜单项
? "3   退   出"        &&显示菜单项
ACCEPT  "输入选择项(1…3)：" TO K &&输入选择号码
DO CASE
    CASE K="1"        &&号码="1"
        DO LL
    CASE K="2"        &&号码="2"
        DO CX
    CASE K="3"        &&号码="3"
        * 退出此程序
        CLEAR
        EXIT
    OTHERWISE
        LOOP
ENDCASE
```

```
        ENDDO
        RETURN

    *  以下是过程程序
    PROCEDURE  LL
    *  顺序浏览所有记录
    CLEAR
    USE  学生情况
    DO  WHILE  NOT  EOF ()
        DISPLAY
        WAIT  "每 2 秒钟显示一个记录…"  TIMEOUT(2)
        SKIP
    ENDDO
    USE
    RETURN

    PROCEDURE  CX
    *  按姓名查询
    CLEAR
    USE  学生情况
    DO  WHILE  .T.
    CLEAR
    ACCEPT  "输入姓名："  TO  XM
    LOCATE  FOR  姓名=XM
    IF  EOF()
        ?  "查无此人！"
    ELSE
    DISPLAY
    ENDIF
    WAIT  "是否继续(Y/N)？"  TO  YN
    IF  YN$"Nn"
        *  结束查询
        EXIT
    ENDIF
    ENDDO
    USE
    RETURN
```

执行程序时，屏幕显示如下菜单：

"1　浏览记录"

"2　查询记录"

"3　退　出"

用户输入 1、2 或 3，选择相应功能进行操作。

习　题　8

1. 单项选择题

(1) 不属于循环结构的语句是_____。

    A. IF … ENDIF   B. FOR …ENDFOR

    C. DO …ENDDO   D. SCAN…ENDSCAN

(2) 在 Visual FoxPro 中，用于建立命令文件的命令是_____。

    A．USE COMMAND <文件名>

    B．MODIFY COMMAND <文件名>

    C．MODIFY PROCEDURE <文件名>

    D．DO COMMAND <文件名>

(3) 以下关于 ACCEPT 命令的叙述中，_____是正确的。

    A．ACCEPT 命令只能接收数值型数据

    B．ACCEPT 命令只能接收字符型数据，但是输入的字符必须用定界符括起来

    C．ACCEPT 命令只能接收字符型数据，字符可以不用定界符括起来

    D．ACCEPT 命令可以接收任意类型的数据

(4) 在 VFP 中，定义全局变量的命令是_____。

    A．LOCAL   B．PRIVATA   C．PUBLIC   D．DEFINE

(5) 在 DO WHILE …ENDDO 循环结构中，EXIT 命令的作用是_____。

    A．退出过程，返回到程序开始处

    B．转移到 DO WHILE 语句行，开始下一步判断和循环

    C．终止循环，将控制转移到本循环结构 ENDDO 后面的第一条语句继续执行

    D．终止程序执行

(6) 下列程序运行结果为_____。

```
SET TALK OFF
M=0
N=0
DO WHILE N>M
      M=M+N
   N=N-10
ENDDO
? M
RETURN
```

    A．0   B．10   C．100   D．99

(7) 下列程序的功能为_____。

```
USE 学生情况
LOCATE FOR 性别="男"
DO WHILE NOT EOF( )
   IF 姓名="王刚"
DELETE
   ENDIF
   CONTINUE
ENDDO
PACK
USE
```

    A．将性别为"男"的所有学生的记录删除

    B．将性别为"男"、姓名为"王刚"的学生记录逻辑删除

    C．将姓名为"王刚"的学生记录删除

    D．将性别为"男"、姓名为"王刚"的学生记录物理删除

（8）以下关于过程的叙述中_____是正确的。

    A．过程必须以单独的文件保存

    B．过程只能放在另一个程序文件的后面

    C．过程只能放在过程文件中

    D．过程即可以单独保存，也可以放在程序文件的后面，还可以放在过程文件中

（9）程序的 3 种基本结构是_____。

    A．分支结构、循环结构和模块结构

    B．顺序结构、分支结构和循环结构

    C．顺序结构、分支结构和递归结构

    D．分支结构、循环结构和嵌套结构

（10）能在整个应用程序中起作用的变量是_____。

    A．局部变量   B．全局变量

    C．私有变量   D．区域变量

2．填空题

（1）VFP 的工作方式有交互方式和_____两种，其中交互方式又分为_____和_____。

（2）结构化程序设计的 3 种基本结构是_____、_____和_____。

（3）在 Visual FoxPro 中，程序文件的扩展名是_____。

（4）建立程序有 3 种方法，分别为_____、_____和_____。

（5）执行命令"ACCEPT"请输入你的年龄："TO NL"之后，变量 NL 的类型是_____。

（6）使用 INPUT 命令可以输入的数据类型有_____、_____、_____、_____、日期时间型、货币型。

3．简答题

（1）VFP 的工作方式有哪些？各有什么特点？

（2）VFP 的数据输入命令 ACCEPT、INPUT、WAIT 各有什么特点？

（3）FOR 循环、DO WHILE 循环和 SCAN 循环有何不同？

（4）内存变量有哪几种？有何不同？

（5）自定义函数与过程有何不同？

4．设计题

（1）铁路托运行李，假设托运 50 公斤以内的行李按每公斤 0.5 元计费，如果超过 50 公斤时，超过的部分每公斤加价 0.3 元。编写程序，输入行李重量，计算托运费。

（2）编写程序实现，任意输入 10 个数，求其中的最大值和最小值。

（3）有一个数列，前两个数是 1、1，从第 3 个数开始每个数是前两个数之和，要求编写程序输出此数列的前 20 个数。

（4）对"学生情况.dbf"表编写一个逆序浏览性别为"男"的记录的程序。

（5）编写程序实现对"学生情况.dbf"表的操作，按专业查找记录，找到后间隔 2 秒逐条显示记录，未找到则显示信息"查无此人"。

（6）使用调用过程的方法编写程序，对"学生情况.dbf"表和"学生成绩"表进行操作，输入姓名查询该学生选修的科目与成绩。提示：主程序按姓名查询学号，过程按学号查询科目、成绩。

第9章 面向对象的程序设计

教学提示：在前面介绍了面向过程的程序设计，它主要是用于规模比较小的程序。如果对于一个规模比较大的程序，再使用面向过程的程序设计的方法，就会显得力不从心了。面向对象的程序设计就是为了解决编写大程序的过程中的困难而产生的。

Visual FoxPro 不但支持面向过程的程序设计，而且支持面向对象的程序设计。充分理解面向对象的基本概念，掌握面向对象的程序设计的方法，才能真正用好 Visual FoxPro。通过对本章的学习，主要要为后面要学到的"表单设计"、"菜单设计"及"报表设计"这几个方面打下基础。

教学目标：本章的主要目标在于为初学者树立面向对象程序设计的概念，通过对对象、类、方法、属性和事件等基本概念的介绍，让用户能够学会面向对象设计，学会如何创建对象，并能利用对象来简化程序设计。

9.1 面向对象程序设计的概念

面向对象的程序设计(OOP，Object Oriented Programming)的思路与人们日常生活中处理问题的思路是非常相似的，该方法简单、直观，特别接近人类处理问题的自然思维方式。

一个复杂的事物总是由许多部分组成的。例如，一辆汽车是由发动机、车身、底盘和车轮等部件组成的；一套住房是由客厅、卧室、厨房和卫生间等组成的；一个学校是由许多学院、行政科室和学生班级组成的。

当生产汽车时，并不是先生产发动机，再生产车身，然后生产底盘和车轮，而是分别生产发动机、车身、底盘和车轮等部件，最后把它们组装在一起。这就是面向对象的程序设计的基本思路。

面向对象的程序设计从所处理的数据入手，以数据为中心而不是以功能为中心来描述系统。在面向对象的程序设计中，采用类、对象、属性、方法、事件等基本概念，从分析问题领域中实体的属性和行为及其相互关系入手。编程人员不再是单纯地从代码的第一行一直编写到最后一行，而是考虑如何创建对象，利用对象来简化程序设计。

下面介绍面向对象程序设计的一些基本概念。

9.1.1 类、对象与控件

1. 对象(Object)

"对象"是面向对象程序设计中最基本的概念。在应用领域中有意义的、与所要解决问题有关系的任何事物都可以称作对象。它既可以是具体的物理实体的抽象，也可以是人为的概念，或者是任何有明确边界和意义的东西。整个世界都是由对象和动作组成的，例如一名学生、一所学校、一个表单、一个按钮等都可以视为一个对象。总之，对象就是对问题领域中某个实体的抽象。

从可视化编程的角度来看，对象是一个具有属性(数据)、具有特定方法(行为方式)、能处理相应事件、以数据为中心的统一整体。简单地说，对象是一种将数据和操作过程结合在一起的数据结构。

一个对象一旦建立了以后，其相关的操作就可通过与该对象有关的属性、事件和方法等来完成。

2. 类(Class)

类和对象的关系密切，但并不相同。类是对同一类对象的抽象，类包含了有关对象的特征的行为信息，它是对象的框架，而类的实例就是一个对象。

例如，汽车是一个抽象化的概念，它只描绘了所有汽车的基本特征，汽车这个抽象化的概念就是一个类。而具体的某台大客车、小轿车就是一个具体的实例，也就是汽车对象。再如，在表单上有 3 个命令按钮，分别为 command1、command2 和 command3。这 3 个按钮虽然完成不同的功能，但是它们有相似的属性(高度、颜色、式样)、事件和方法。因此，它们是同类事物，可以用 command 类来定义。其实 command 类是 Visual FoxPro 中的一个基类。

3. 控件(Control)

控件也是一种对象，只是在实际应用中，为了使用方便，将一些特殊的对象进行更严格的封装，定制成用以显示数据、执行操作的一种图形对象。例如，在一些常用的面向对象语言中的文本框、标签或命令按钮等就是所谓的控件。在 Visual FoxPro 中，控件包括复选框、文本框、标签、线条、图像、形状等。可以使用表单设计器的"表单控件"工具栏在表单上绘制控件。

例 9.1 在面向对象的程序设计中，程序运行的最基本的实体是_____。

A. 对象   B. 类   C. 方法   D. 函数

答案：A。

9.1.2 对象的属性、方法和事件

1. 属性(Property)

属性就是对象表现出来的特征、状态、行为或性质。例如，一部电话有一定的颜色、大小、型号等。不同的对象可以拥有各种相同或不同的属性，其中有些属性是只读并且无法改变的，而有些则是可以通过设定来改变的。

例 9.2 现实世界中的每一个事物都是一个对象，对象所具有的固有特征称为_____。

答案：属性。

在 Visual FoxPro 中，创建的对象也具有属性，这些属性由对象所基于的类决定。属性值既能在设计时设置，也可在运行时设置。例如，下面列出了一个复选框常用的属性及说明。

- Caption：复选框旁边的说明性文字。
- Enabled：复选框能否被用户选择。
- ForeColor：标题文本的颜色。
- MousePointer：在复选框内鼠标指针的形状。
- Visible：指定复选框是否可见。

2. 方法(Method)

方法是用来处理或操纵对象的途径。对象通常会提供一些方法，以便应用程序可以使用

对象所提供的服务。例如，录音机提供了"播放"、"停止"、"暂停"、"快进"、"快退"等操作按钮，而这些按钮其实就相当于录音机提供的方法。用户只要按下这些按钮，就可以得到录音机所提供的播放、停止播放、快进、快退等服务。

例 9.3 对象的_____就是对象可以执行的动作或它的行为。

答案：方法。

下面列出了与复选框相关联的一些常用方法程序。

- Refresh：复选框中的值被更新，以反映隐含数据源的数据变化。
- SetFocus：焦点被置于复选框，好像用户刚使用 Tab 键选中复选框。

3. 事件(Event)与事件响应

事件就是对象所碰到的情况。例如，录音带被放进录音机，或者录音带播完，这样的情况就是一个"事件"。当一个事件发生后，就需要对该事件进行响应。也就是说，可以事先指定当事件发生时，对象要做出什么样的响应。例如，当"录音带放进录音机"的事件发生时，可以指定是直接"播放"，还是先"快进"一小段再开始"播放"。

事件可以由一个用户动作产生，如单击鼠标或按键盘；也可以由程序或者系统产生，如计时器每隔一定时间产生的定时事件就是由系统产生的。大多数情况下，事件是通过用户的交互操作产生的。

在 Visual FoxPro 中，可以激发事件的用户动作包括：单击鼠标(Click)、双击鼠标(DblClick)、移动鼠标(MouseMove)和按键(KeyPress)等。

下面列出了与复选框相关联的一些常用事件及说明。

- Click：用户单击复选框。
- GotFocus：用户选择复选框。
- LostFocus：用户选择其他控件。

4. 事件过程

在每一个对象上面都已经设定了该对象可能发生的事件，而每一个事件都会有一个对应的空事件过程(也就是还没有规定如何处理事件的空程序)。在写程序时，并不需要把对象所有的事件过程填满，只要填入需要的部分就可以了。当对象发生了某一事件，而该事件对应的事件过程中没有程序代码(也就没有规定处理步骤)时，则表明程序对该事件"不予理会"，事件将交给系统预先设定的默认处理方式，这样不会对程序造成影响。

9.2 Visual FoxPro 中的类与对象

类就像是一个模板，对象都是由它生成的。类定义了对象所有的属性、事件和方法，从而决定了对象的属性和它的行为。

Visual FoxPro 的类有两大类型，它们是容器类和控件类。因此 Visual FoxPro 对象也分为两大类型，它们是容器类对象和控件类对象。

9.2.1 容器类与容器类对象

容器类可以包含其他对象，并且允许访问这些对象。例如，表单是一个容器类，当创建一个具体的表单(如 Form1)时，就是由表单这个容器类生成的一个容器类对象 Form1。同时，又可以把命令按钮、文本框、标签等放在表单中，无论在设计时刻还是在运行时刻，都可以对其中任何一个对象进行操作，如访问、修改它们的属性值。

表 9-1 列出了每种容器类所能包含的对象。

表 9-1　容器类及其能包含的对象

容　器	名　称	包含的对象
CommandGroup	命令按钮组	命令按钮
Container	容器	任意控件
Control	控件	任意控件
Custom	自定义	任意控件、页框、容器和自定义对象
FormSet	表单集	表单、工具栏
Form	表单	页框、任意控件、容器或自定义对象
Grid	表格列	表头和除表单集、表单、工具栏、计时器和其他列以外的任意对象
Column	表格	表格列
OptionGroup	选项按钮组	选项按钮
PageFrame	页框	页面
Page	页面	任意控件、容器和自定义对象
ToolBar	工具栏	任意控件、页框和容器

9.2.2　控件类与控件类对象

控件类不能容纳其他对象，如命令按钮(CommandButton)就是一个控件类，在命令按钮中就不能包含其他对象。

当把一个具体的命令按钮 Command1 放置到某个表单上时，该命令按钮 Command1 就是一个由控件类 CommandButton 生成的控件类对象。控件类对象不能单独使用和修改，而只能作为容器类的一员，通过容器类创造的对象修改或访问。

控件类的封装比容器类更为严密，但也因此丧失了一些灵活性。如控件类没有 Addobject 方法，程序在很多情况下都可以使用类，但要让类和任务匹配。通过精心的计划，就可以有效地决定应该设计哪些类，以及在类中应该包含哪些功能。

表 9-2 列出了 Visual FoxPro 中的控件类。

表 9-2　控件类

控　件　类	名　称	控　件　类	名　称
CheckBox	复选框	OLEBoundControl	OLE 绑定控件
ComboBox	组合框	OLEContainerControl	OLE 容器控件
CommandButton	命令按钮	OptionButton	选项按钮
EditBox	编辑框	Separator	空白空间
Header	标题行	Shape	形状
Image	图像	Spinner	微调控制器
Label	标签	TextBox	文本框
Line	线条	Timer	定时器
ListBox	列表框		

例 9.4　Visual FoxPro 提供了一系列基类来支持用户派生出新类，从而简化了新类的创建过程。Visual FoxPro 基类有两种：_____和_____。

答案：容器类；控件类。

9.2.3　类的特性

所有对象的属性、事件和方法程序在定义类时被指定。此外，类具有抽象、封装、继承和多态等多种特性，这些特性对提高代码的可重用性和易维护性很有用处。

1. 抽象

抽象是表示同一类事物的本质。抽象的过程是将有关事物的共性归纳、集中的过程。例如凡是有轮子、能滚动前进的陆地交通工具统称为"车子"。把其中用汽油发动机驱动的车子抽象为"汽车"，把用马拉的车子抽象为"马车"。

2. 封装

指将对象的方法程序和属性代码包装在一起，隐藏不必要的复杂性。例如，用于确定命令按钮的外观、位置等的属性和鼠标单击命令按钮所执行的代码是被封装在一起的。封装的好处是能够忽略对象的内部细节，使用户集中精力来使用对象的外在特性。

3. 继承

通过对类的继承，能充分利用现有类的功能。

1）子类与父类

类是对客观事物的抽象，而抽象的层次是可以不同的。子类又叫派生类，是指以其他已有类定义为起点所建立的新类，该已有类称为新类的父类。

例如，学生是一个类，它是所有学生的总称，学生中可以包含大学生、中学生、小学生、研究生等，它们都属于学生类，具有学生的共性，而又各有其不同的特点。可以从学生类出发，分别构造大学生类、中学生类、小学生类、研究生类等，称为学生类的子类，又叫派生类。相应地，学生类就是这些子类的父类。

2）继承性

子类不但具有父类的全部属性和方法，而且允许用户根据需要对已有的属性和方法进行修改，或添加新的属性和方法。这种特性称为类的继承性。继承性的概念是使在一个类上所做的改动反映到它的所有子类当中。有了类的继承，用户在编写程序时，可以把具有普遍意义的类通过继承引用到程序中，只需添加或修改较少的属性、方法，这种自动更新节省了用户的时间和精力，减少了维护代码的难度。

4. 多态

多态指由继承而产生的相关的不同的类，其对象对同一消息做出不同的响应。如果有几个相似而不完全相同的对象，有时人们要求在向它们发出同一个消息时，它们的反应各不相同，分别执行不同的操作，这种情况就是多态现象。例如甲、乙、丙 3 个人的班级都是初中一年级，他们有基本相同的属性和行为，在同时听到上课铃声时，他们会分别走进 3 个教室，而不会走进同一个教室。多态性是面向对象程序设计的一个重要特征，能增加程序的灵活性。

9.3 使用对象

在 Visual FoxPro 中，根据对象所基于的类的性质可以将其分为两类，即容器类对象和控件类对象。在 Visual FoxPro 中，对象的使用要涉及以下的几部分内容。

9.3.1 对象的包容层次

一个容器类对象包含另一个对象时，该对象是容器类对象的子对象，而容器类对象是该对象的父对象。图 9-1 是一种可能的对象包容关系示意图。

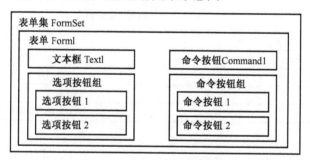

图 9-1 对象包容关系示意图

在图 9-1 中，表单集 FormSet 是一个容器类对象，包含子对象表单 Form1；表单 Form1 作为容器类对象，是放在其上的文本框 Text1、选项按钮组、命令按钮 Command1、命令按钮组的父对象；选项按钮组又是其所包含的选项按钮 1、选项按钮 2 的父对象；命令按钮组又是其所包含的命令按钮 1、命令按钮 2 的父对象。

控件类对象可以包含在容器类对象中，但不能作为其他对象的父对象。例如，文本框、命令按钮就不能包含其他任何对象。

9.3.2 对象的引用

若要引用一个对象，需要知道它相对于容器类对象的层次关系。在对象层次中引用对象就是给 Visual FoxPro 提供这个对象的地址。对象的引用方法有两种，即绝对引用和相对引用。

1. 绝对引用

通过提供对象的完整容器层次来引用对象称为绝对引用。绝对引用的方法如下。

1) 当表单为最高层次的情况

引用方法为：表单文件名.对象名，或者用：_VFP.ACTIVEFORM.对象名。

例如，在图 9-1 中，假设没有使用表单集，而最高层次为表单 Form1，表单的文件名是 My1.scx，那么引用文本框 Text1 的方法为：My1.Text1 或_VFP.ACTIVEFORM.Text1；引用命令按钮组中的命令按钮 1 的方法为：My1.命令按钮组.命令按钮 1。

注意：此处的运算符"."可以使用运算符"->"来代替。

例 9.5 在图 9-1 中，假设表单的文件名是 My1.scx，那么绝对引用命令按钮组中的命令按钮 1 的方法为：_____。

答案：My1.命令按钮组.命令按钮 1。

2）当表单集为最高层次的情况

引用的方法为：ThisFormSet.表单的名字(Name 属性).对象名。

例如,在图9-1中,最高层次为表单集,在表单集中包含表单Form1,表单的文件名是My1.scx,表单的 Name 属性值是 Form1，那么引用文本框 Text1 的方法为：ThisFormSet.Form1.Text1；引用命令按钮组中的命令按钮 1 的方法为：ThisFormSet.Form1.命令按钮组.命令按钮 1。

2. 相对引用

在容器层次中引用对象时，可以通过快捷方式(关键字)指明所要处理的对象。表 9-3 列出了一些属性和关键字，这些属性和关键字允许更方便地从对象层次中引用对象。

表9-3　相对引用关键字及其意义

属性或关键字	引　用
ThisForm	包含该对象的表单
ThisFormSet	包含该对象的表单集
This	该对象
Parent	该对象的直接容器(即父对象)

注意：

（1）只能在方法程序或事件代码中使用 This、ThisForm、ThisFormSet。

（2）Parent 语句不能单独使用，前面必须有其他关键字或对象名。

例9.6　在图 9-1 中，最高层次为表单集，在表单集中包含表单 Form1，表单的文件名是My1.scx，表单的 Name 属性值是 Form1。如果当前的位置是表单，那么相对引用文本框 Text1的方法为：___(1)___；如果当前的位置是命令按钮组，相对引用命令按钮组中的命令按钮 1的方法为：___(2)___。

答案：（1）ThisFormSet.Form1.Text1 或 ThisForm.Text1 或 This.Text1。

（2）ThisForm.命令按钮组.命令按钮 1、This.命令按钮 1 或 This.Parent.命令按钮组.命令按钮 1。

9.3.3　设置对象的属性

对象属性就是变量，设置对象的属性就是给变量赋值，每个对象属性的类型事先已经固定。这一点要注意与前面讲到的内存变量相区别。

对象属性的设置方法有两种：一种是可以在设计表单时，通过对象的属性窗口来进行设置。另一种方法是在程序的代码窗口中通过赋值语句来设置对象的属性。

每一类对象都有其特定的属性,表单及其中的对象的常用属性请参见第10章中的表10-2。下面讲解一下对象的属性设置的方法。

1. 对象的单个属性的设置

在事件或方法程序(即代码窗口)中，用命令设置属性，语法如下：

【格式】

　　对象引用.对象属性=值

【功能】

设置对象的属性值。

【说明】

（1）"对象引用"既可以使用绝对引用，也可以使用相对引用。

（2）常用的属性值类型有数值型、字符型、逻辑型、日期型等。注意，在引用对象时，对象的属性要与属性值的类型相同。

例 9.7 设计一个表单，如图 9-2 所示。在表单上有 1 个标签(Label1)控件、1 个命令按钮组(CommandGroup1)控件。完成的功能为：当表单运行时，修改各控件的属性，使表单的显示样式如图 9-3 所示。

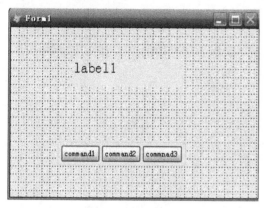

图 9-2 设计的表单

图 9-3 运行的表单

（1）相对引用的形式。

在程序代码中改变各控件的属性的 Form1__Init( )事件代码如下：

```
thisform.label1.Caption="学生信息"
thisform.label1.FontBold=.t.
thisform.label1.fontsize=28
thisform.commandgroup1.command1.Caption="黑体"
thisform.commandgroup1.command2.Caption="幼圆"
thisform.commandgroup1.command3.Caption="隶书"
```

（2）绝对引用的形式。

在程序代码中(设表单的文件名是 my1.scx)改变各控件的属性的 Form1__Activate( )事件代码如下：

```
my1.label1.Caption="学生信息"
_vfp.activeform.label1.FontBold=.t.
_vfp.activeform.label1.fontsize=28
_vfp.activeform.commandgroup1.command1.Caption="黑体"
my1.commandgroup1.command2.Caption="幼圆"
my1.commandgroup1.command3.Caption="隶书"
```

在本题中，要注意表单的两种事件 Init 与 Activate 的使用的区别，并能区分出对象引用中相对引用与绝对引用的区别。

2. 对象的多个属性的设置

当对一个对象一次设置多个属性时，With … EndWith 结构可以简化设置过程。语法规则如下：

【格式】

With　对象引用

.属性 1=值 1

......

.属性 n=值 n

EndWith

【功能】

一次设置指定对象多个属性值。

【说明】

对象引用既可以使用绝对引用，也可以使用相对引用。属性前的"."绝对不能缺少。

例如，在例 9.7 中，设置标签属性的代码可以写成：

```
With  thisform.label1
   .Caption="学生信息"
   .FontBold=.t.
   .fontsize=28
EndWith
```

9.3.4　事件和方法程序的使用

1. 事件

在 Visual FoxPro 中，对象可以响应 50 多种事件，当事件发生时，将执行包含在事件过程中的全部代码。

事件有的适用于专门的控件，有的适用于多种控件。事件的发生大多数是由用户操作引发，一部分事件的发生是由系统或其他对象引发。Visual FoxPro 中的常用事件参见第 10 章的表 10-3。

2. 方法程序的调用

每一类对象都有特定的方法程序，表单的常用方法程序请参见第 10 章的表 10-4。

如果对象已经创建，便可以在应用程序的任何一个地方调用这个对象的方法程序。语法如下：

"对象名.方法名"或者"对象名.方法名（ ）"

例 9.8　表单 Form1，且表单 Form1 的文件名也是 Form1，在表单 Form1 中有一个命令按钮 Command1。将焦点设置在命令按钮 Command1 上的方法程序是：_____。

答案：Form1.Command1.setFocus。

习　题　9

1. 单项选择题

(1) 在面向对象的程序设计中，程序运行的最基本的实体是_____。

A. 对象　　　　　B. 类　　　　　C. 方法　　　　　D. 函数

(2) 现实世界中的每一个事物都是一个对象，任何对象都有自己的属性、事件和方法。对属性的正确描述是_____。

    A. 属性只是对象所具有的内部特征

    B. 属性只是对象所具有的固有特征，一般用各种类型的数据来表示

    C. 属性只是对象所具有的外部特征

    D. 属性只是对象所具有的固有方法

(3) 下面关于"类"的描述，错误的是_____。

    A. 一个类包含了相似的有关对象的特征和行为方法

    B. 类只是实例对象的抽象

    C. 类并不实行任何行为操作，它仅仅表明该怎样做

    D. 类可以按所定义的属性、事件和方法进行实际的行为操作

(4) 每一个对象都可以对一个被称为事件的动作进行识别和响应。下面对于事件的描述中错误的是_____。

    A. 事件是一种预先定义好的特定的动作，由用户或系统激活

    B. VFP 基类的事件集合是由系统预先定义好的，是唯一的

    C. VFP 基类的事件也可以由用户创建

    D. 可以激活事件的用户动作有按键、单击鼠标、移动鼠标等

(5) 当了解了对象可能发生的各种事件以后，最重要的就是如何编写事件代码。编写事件代码的方法中不正确的是_____。

    A. 为对象的某个事件编写代码就是要编写一个扩展名为.prg 的程序，其主文件名就是事件名

    B. 为对象的某个事件编写代码就是要将代码写入该对象的该事件过程中

    C. 可以由定义了该事件过程的类中继承

    D. 在属性对话框中选择该对象的事件并双击，在事件窗口中输入相应的事件代码

(6) 下面对控件类的各种描述中，有错误的是_____。

    A. 控件类用于进行一种或多种相关的控制

    B. 可以对控件类对象中的组件单独进行修改或操作

    C. 控件类一般作为容器类中的控件

    D. 控件类的封装性比容器类更加严密

2. 填空题

(1) 现实世界中的每一个事物都是一个对象，对象所具有的固有特征称为_____。

(2) 对象的_____就是对象可以执行的动作或它的行为。

(3) 类是对象的集合，它包含了相似的有关对象的特征和行为方法，而_____是类的实例。

(4) 在程序中为了显示已创建的 My1 表单对象，应当使用的命令是_____。

(5) 在程序中为了隐藏已显示的 My1 表单对象，应当使用的命令是_____。

(6) 无论是否对事件编程，发生某个操作时，相应的事件都会被_____。

(7) "类"是面向对象程序设计的关键部分，VFP 提供了一系列基类来支持用户派生出新类，从而简化了新类的创建过程。VFP 基类有两种：_____和_____。

3. 简答题

(1) 什么是对象、类、属性、事件和方法？

(2) VFP 常用的控件类和容器类有哪些？

(3) 如何用程序方式设置对象的属性？

(4) 类有哪些特性？

(5) 对象的引用有几种方法？分别怎么用？

4．设计题

(1) 设计一个表单，如图 9-4 所示。在表单上有 4 个标签(Label1～Label4)控件，1 个命令按钮（Command1）控件，3 个文本框(Text1～Text3)控件。完成的功能为：当表单运行时，修改各控件的属性，使表单的显示样式如图 9-5 所示。

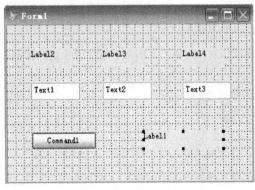

图 9-4　设计的表单

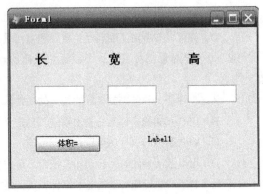

图 9-5　运行的表单

(2) 设计一个表单，如图 9-6 所示。在表单上有 1 个标签(Label1)控件、1 个命令按钮组（CommandGroup1）控件，以及数据环境中的表文件的字段内容。完成的功能为：当表单运行时，修改部分控件的属性，使表单的显示样式如图 9-7 所示。

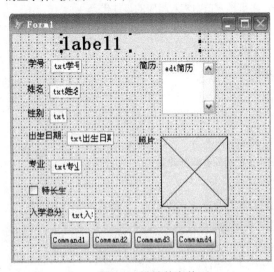

图 9-6　设计的表单

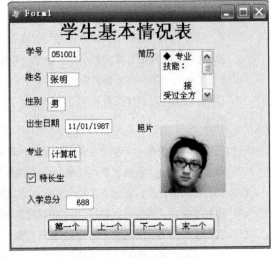

图 9-7　运行的表单

(3) 设计一个表单，如图 9-8 所示。在表单上有 4 个标签(Label1～Label4)控件，1 个命令按钮(Command1)控件，3 个文本框(Text1～Text3)控件。完成的功能为：当表单运行时，修改各控件的属性，使表单的显示样式如图 9-9 所示。

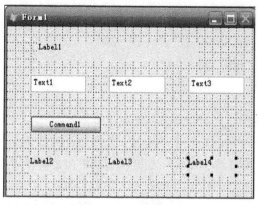

图 9-8　设计的表单

图 9-9　运行的表单

（4）设计一个表单，如图 9-10 所示。完成的功能为：当表单运行时，修改各控件的属性，使表单的显示样式如图 9-11 所示。

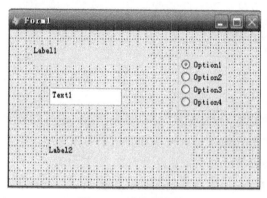

图 9-10　设计的表单

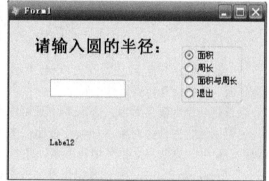

图 9-11　运行的表单

（5）设计一个表单，完成的功能为：当表单运行时，修改各控件的属性，使表单的显示样式如图 9-12 所示。

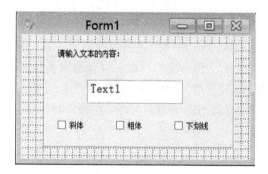

图 9-12　设计的表单

第 10 章　表单设计

教学提示：表单是 Visual FoxPro 提供的用于建立应用程序界面的最主要的工具之一。表单相当于 Windows 应用程序窗口或对话框，表单内可以包含命令按钮、文本框、标签等各种界面元素，还能产生标准的窗口或对话框，通过各种界面元素，可以在窗口中显示数据或接收数据。本章将详细介绍 VFP 提供的两种表单设计工具：表单向导与表单设计器。

教学目标：本章主要介绍表单的概念、表单的设计方法、表单中的常用控件的使用方法。通过本章的学习，要求学生掌握表单及控件的有关概念、表单设计的几种方法，表单控件的使用方法。本章实际上还强调了 Visual FoxPro 面向对象的可视化编程思想，它与 FoxPro 传统的面向过程编程方法完全不同。

10.1　表单的概念

Visual FoxPro 中表单是用英文 Form 表示的，在 Visual FoxPro 中又称为窗体。表单具有图形界面、人机交互方式操作的特点。

表单是一个容器类对象，在表单中既可以包含容器类对象，如命令按钮组、选项按钮组等，也可以包含控件类对象，如命令按钮、文本框、标签等。表单和其中的对象一样，都具有属性、事件、方法和数据环境等要素，表单的设计就是围绕这几个方面来进行的。

在 Visual FoxPro 中，表单是以表单文件来存储的，表单文件的扩展名是.SCX，其备注文件的扩展名是.SCT。当创建一个表单文件时，将在磁盘上产生这两个文件。一个数据库应用程序可以包含多个表单文件，一个表单文件里面可以包含一个表单或多个表单。

10.2　表单的设计方法

设计表单可以使用 Visual FoxPro 系统提供的两种设计工具：表单向导和表单设计器。调用这两种工具可以通过系统菜单、命令窗口、项目管理器等多种方法。

表单向导适用于创建简单的表单，表单设计器适用于创建复杂的表单。也可以先用表单向导创建出表单，再用表单设计器修改表单。另外，在表单设计器中，还可以使用一种叫"快速表单"的工具来创建表单。

10.2.1　使用表单向导

人们一直在追求简化编程，通过交互方式操作来生成程序是一大进步。VFP 提供的菜单设计器与表单设计器等都是程序生成工具。向导则以更简便的方式引导用户从操作产生程序，避免书写代码。但是，向导的简便性也使得它只能按一定的模式来产生结果。

表单向导能引导用户选定表来产生实用的表维护窗口，窗口中含有所选取的字段，还包含供用户操作的各种按钮，具有翻页、编辑、查找、打印等功能。

表单向导适用于使用表的表单，既数据表单，如图 10-1 所示。表单向导能产生两种表单。

在"向导选取"对话框的列表中含有"表单向导"与"一对多表单向导"两个选项，前者适用于设计数据源只有一个表的表单，后者适用于设计数据源有两个表的表单，两个表之间有一对多的关系。

图 10-1　表单向导

1．表单向导的启动

启动表单向导的几种方法如下：

（1）单击"文件"菜单的"新建"命令，在"新建"对话框中单击"表单"选项按钮，单击"向导"按钮。

（2）单击"工具"菜单的"向导"子菜单中的"表单"按钮。

（3）单击"常用"工具栏上的"表单向导"按钮。

使用以上方法中的任何一种，都会出现一个如图 10-1 所示的"向导选取"对话框。

2．表单向导的操作步骤

含一个表的表单向导或含两个表的表单向导的操作步骤相似，可以按照向导的提示逐步操作，就可以快速完成表单的设计。

下面举例说明使用表单向导来产生两种表单的操作步骤。

例 10.1　使用表单向导创建一个能维护"学生基本情况"的表单。

（1）打开"表单向导"对话框：在工具菜单的"向导"子菜单中单击"表单"命令，在"向导选取"对话框中单击"确定"按钮来认可列表中"表单向导"默认选定，将出现如图 10-2 所示的"表单向导"对话框。

（2）步骤 1-字段选取：单击图 10-2 中"数据库和表"区域的对话框按钮，在随之出现的对话框中选定"学生基本情况"，将"可用字段"列表框中的所有字段移到"选定字段"列表框中，如图 10-2 所示。单击"下一步"按钮。

（3）步骤 2-选择表单样式：在如图 10-3 所示的窗口的"样式"列表框中选定"浮雕式"，单击"下一步"按钮。

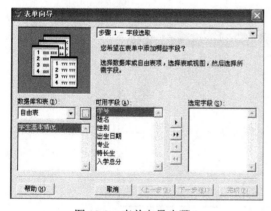

图 10-2　表单向导步骤 1

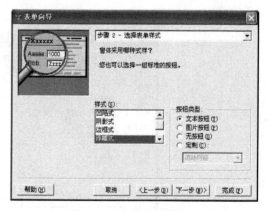

图 10-3　表单向导步骤 2

"样式"列表框中共有 9 种表单样式可供选用。在窗口左上角的放大镜中，会自动按选定的样式显示样本。本步骤还具有选择按钮类型功能，用户可在"按钮类型"区中选定 4 种类型按钮之一，文本按钮（按钮上显示的是文本）为其中的默认按钮。

（4）步骤3-排序次序：在如图10-4所示的窗口中，将"可用的字段或索引标识"列表框中的"性别"以升序添加到"选定字段"列表框中，然后将"姓名"以降序添加到"选定字段"列表框中，单击"下一步"按钮。

图10-4所示的窗口用于选择字段或索引标识来为记录排序。若按字段排序，主、次字段最多可选3个；若以索引标识来排序，则索引标识仅可选1个。

（5）步骤4-完成：如图10-5所示，在窗口中的"请键入表单标题"文本框中键入"学生基本情况"，单击"预览"按钮显示所设计的表单，如图10-6所示。然后单击"返回向导"按钮返回"表单向导"，单击"完成"按钮，结果如图10-7所示。在"另存为"对话框的文本框中键入表单文件名"学生基本情况.scx"，然后单击"保存"按钮，创建的表单就被保存在表单文件"学生基本情况.scx"与表单备注文件"学生基本情况.sct"中了。

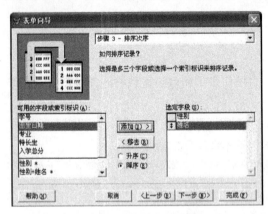

图10-4　表单向导步骤3

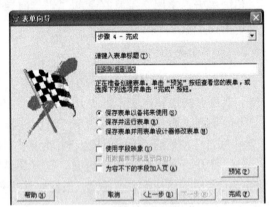

图10-5　表单向导步骤4

通常在单击"完成"按钮前应预览一下表单。若要修改表单，可逐步单击"上一步"按钮。

（6）执行表单：选定程序菜单的运行命令，在运行对话框的文件类型组合框中选定表单选项，在列表中选定"学生基本情况.scx"，单击"运行"按钮，屏幕就显示出如图10-6所示的标题为"学生基本情况"的窗口，用户即可对此窗口进行操作。当运行表单时将显示如图10-7所示的窗口。

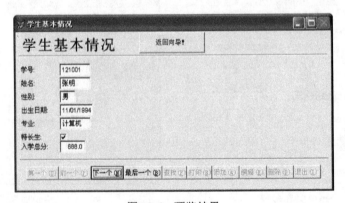

图10-6　预览结果

下面再补充两个有关的问题：

（1）在表单向导所创建的表维护窗口中，包含了在当前表中所选取的字段。窗口底部有一排按钮，有的用来移动记录指针浏览记录；有的用来添加（加在最后）或删除记录；若要修改记录，必须使用"编辑"按钮，在其他状态下是只读的；"查找"按钮用来弹出一个"搜索"对话框。

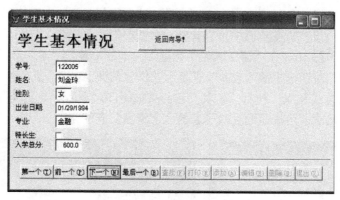

图 10-7　表单运行结果

（2）在图 10-5 底部有一个"为容不下的字段加入页"复选框。此复选框默认为选中状态，表示当字段太多以至于一页中放不下时，系统将产生以选项卡形式分页显示的多页窗口。

例 10.2　创建一个用于按"学生表"查询"选课"的表单，在本表单中将使用 STU.DBF 和 XK.DBF 两张表。

（1）打开"表单向导"创建步骤如下。在工具菜单的向导子菜单中选定表单命令，在如图 10-1 所示"向导选取"对话框的列表中选定"一对多表单向导"选项，就会出现"一对多表单向导"对话框，如图 10-8 所示。

（2）步骤 1-从父表中选定字段：单击"一对多表单向导"对话框中"数据库和表"区域的对话框按钮，在随之出现的对话框中选定 STU 表，将"可用字段"列表框的所有字段移到"选定字段"列表框中，结果如图 10-8 所示。单击"下一步"按钮，将进入如图 10-9 所示的对话框。

（3）步骤 2-从子表中选定字段：在"数据库和表"组合框下的列表框中选定 XK 表，将"可用字段"列表框中除"学号"字段以外的所有字段移到"选定字段"列表框中，结果如图 10-9 所示。单击"下一步"按钮，将进入如图 10-10 所示的对话框。

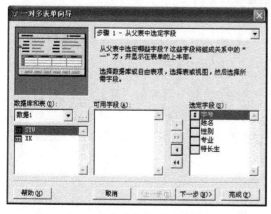

图 10-8　一对多表单向导对话框步骤 1

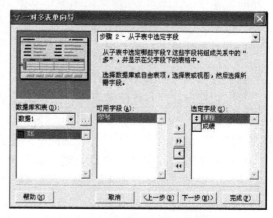

图 10-9　一对多表单向导对话框步骤 2

（4）步骤 3-建立表之间的关系：在如图 10-10 所示的"STU.学号"与"XK.学号"之间的关联正好符合要求，单击"下一步"按钮。

注意，对于尚未建立永久关系的表，可在本步骤中建立关联，只要调整好关联字段就行，关联所需的索引会自动建立。

(5) 选择表单样式：参照图 10-3 选定"凹陷式"，单击"下一步"按钮。

(6) 排序记录：该步骤在本例中可以省略，直接单击"下一步"按钮。

(7) 完成：参照图 10-5 在"请键入表单标题"文本框中键入"学生选课"，单击"完成"按钮。在"另存为"对话框中键入表单文件名为"学生选课.SCX"，然后单击"保存"按钮。

当表单"学生选课.SCX"执行后，其显示结果如图 10-11 所示。父表提供分类数据，子表数据则显示在表格中，用按钮翻页时子表的内容将随父表变化。

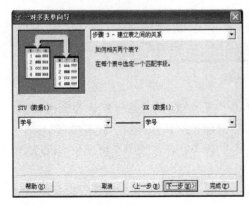

图 10-10　一对多表单向导对话框步骤 3

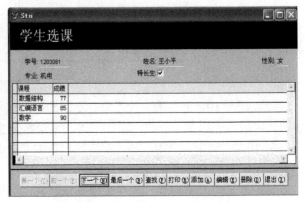

图 10-11　一对多表单显示结果

10.2.2　使用表单设计器

创建表单除了可使用表单向导以外，还可使用表单设计器。使用表单设计器来设计表单就像在一张白纸上画画。表单设计器的特点如下：

(1) 不但能创建表单，而且可修改表单，使用表单向导产生的表单也可用表单设计器来修改。

(2) 操作界面可视化，用户可利用多种工具栏、敏感菜单(指 VFP 菜单随表单设计器的打开而增加与改变的部分)及快捷菜单在表单上创建和修改对象。

(3) 表单的设计面向对象。

1. "表单设计器"的启动

以下方法都可以启动"表单设计器"。

(1) 菜单方法：若是新建表单，在系统菜单中选定"文件"菜单的"新建"命令，在"文件类型"对话框中选择"表单"，单击"新建文件"按钮；若是修改表单，则单击"文件"菜单的"打开"命令，在"打开"对话框中选择要修改的表单文件名，单击"打开"按钮。

(2) 命令方法：在命令窗口中输入如下命令：

```
CREATE  FORM  表单文件名        && 新建表单
```

或：

```
MODIFY  FORM  表单文件名        && 打开表单
```

(3) 在项目管理器中，先选择"文档"标签，然后选择表单，单击"新建"按钮；若是修改表单，选择要修改的表单，单击"修改"按钮。

不管采用上面哪种方式，系统都将打开"表单设计器"窗口、"属性"窗口、"表单控件"

工具栏及"表单设计器"工具栏，如图 10-12 所示。并会在系统菜单中增加"表单"菜单项。在"表单设计器"环境下，用户可以交互式、可视化地设计各种各样的表单。

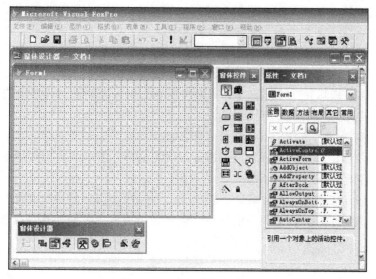

图 10-12　表单设计器窗口

2. "表单设计器"的组成

启动后的"表单设计器"的系统界面由"表单设计器"窗口（又称为"窗体设计器"窗口）、"表单控件"工具栏（又称为"窗体控件"工具栏）、"属性"窗口和"表单设计器"工具栏（又称为"窗体设计器"工具栏）组成。下面分别说明这几部分的使用。

1）"表单设计器"窗口

它是表单的设计界面，该设计器最上面标题栏的名称就是表单的文件名。当刚启动设计器时，"表单设计器"窗口包含一个标题名和对象名都为 Form1 的表单，可根据需要在"表单设计器"窗口添加更多的表单。

此外，表单的大小可以用鼠标拖动它的边框和四角来改变。

在"表单设计器"窗口中的 Form1 窗口即表单对象，称为表单窗口。多数设计工作将在表单窗口内进行，包括往窗口内添加对象、对各种对象进行操作与编写代码。

2）"表单控件"工具栏

它是最重要的表单设计工具，设计者通过这个工具栏中的按钮向表单上添加所需的各类控件对象。该工具栏的控件按钮用图标表示，当鼠标指到相应的图标上时，将显示出该图标的名称。

"表单控件"工具栏共有 25 个按钮，如图 10-13 所示。在这些按钮中，除首尾两排的选定对象、查看类、生成器锁定和按钮锁定 4 个按钮是辅助按钮以外，其他按钮都是控件定义按钮。

在表单控件工具栏中，呈凹陷状的按钮表示按下后的状态，再次单击此按钮它就会恢复常态而呈凸出状。在图 10-13 中只有选定对象按钮为凹陷的，其他按钮都是凸出的。

"表单控件"工具栏中的辅助按钮的使用如下：

图 10-13　表单控件工具栏

（1）选定对象按钮 是一个允许创建指示器。每当选定一种控件按钮后，该按钮即自动弹起，表示允许创建控件；创建了一个控件之后该按钮就自动呈凹陷状，表示不可创建控件。

（2）单击按钮锁定按钮 可以连续创建某一种控件，直至释放该按钮或单击选定对象按钮为止。例如先后按下文本框按钮和按钮锁定按钮之后，每次单击表单窗口都将产生一个文本框控件。

（3）生成器锁定按钮 使得通过"表单生成器"向表单中添加字段和选择控件显示样式都很方便。其实生成器是小型的向导，利用它就能既直观又简便地为对象进行常用属性的设置。

生成器对话框通常用快捷菜单来打开，即在选定对象后先单击右键，然后在快捷菜单中选定生成器命令。但所打开的生成器对话框会因对象而异，例如表单的快捷菜单中的生成器命令只能打开"表单生成器"对话框。

按下生成器锁定按钮后，一旦表单上添加了一个控件，VFP 将会自动打开与该控件匹配的生成器，从而省略了打开快捷菜单的操作。假如往表单窗口添加文本框，系统将自动打开"文本框生成器"。

（4）查看类按钮 用于切换表单控件工具栏的显示，或向该工具栏添加控件按钮。

表单是 VFP 最常见的界面，各种对话框和窗口都是表单的不同表现形式。在表单或应用程序中可以添加各种控件，以提高人机交互能力。

3）"属性"窗口

"属性"窗口又称为属性栏，主要用来对表单上的对象进行属性设计。在表单上选中了某个对象后，在属性栏中出现的是该对象所有的属性。"属性"窗口的功能不仅可以设计对象的属性，还可以用来选定要设计的对象，设置对象的数据环境、事件和方法程序。VFP 的"属性"窗口如图 10-14 所示。

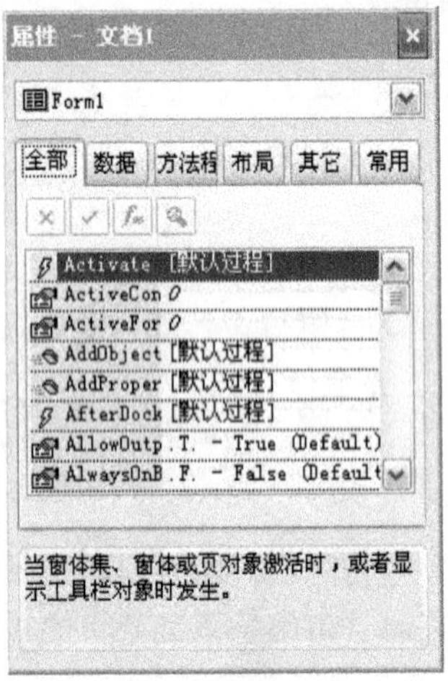

4）"表单设计器"工具栏

图 10-14　属性窗口

它用来显示和隐藏所有与表单相关的设计工具。工具栏由图标按钮组成，当鼠标指向这些按钮时会显示相应的名称，如图 10-15 所示。该工具栏包括设置 Tab 键次序、数据环境、属性窗口、代码窗口、表单控件工具栏、调色板工具栏、布局工具栏、表单生成器和自动格式按钮。

图 10-15　表单设计器工具栏

3. 表单中对象的使用

1）表单对象的列表

VFP 是利用"表单控件"工具栏的按钮向表单中添加对象，来构成 Windows 风格的对话窗口。"表单控件"工具栏按钮分两种：一种是在表单上创建控件类对象，如文本框、标签、命令按钮等；另一种是创建容器类对象，如表格、页框等。表 10-1 列出了控件按钮所创建对象的清单。

2）表单对象的引用

在程序代码中使用对象名来操作对象，引用格式可以使用绝对引用或相对引用两种方法。有关绝对引用和相对引用的使用，参见第 9 章。

表 10-1 表单控件按钮创建对象清单

按钮名(控件类)	说　明	按钮名(容器类)	说　明
标签	创建标签控件	命令按钮组	命令按钮的集合
文本框	创建文本框控件	选项按钮组	单选按钮的集合
命令按钮	创建命令按钮控件	表格	创建表格对象
文本框	创建文本框控件	页框	创建页框对象
复选框	创建复选框控件	容器	创建容器对象
组合框	创建组合框控件		
列表框	创建列表框控件		
微调框	创建微调框控件		
图像	创建图像控件		
计时器	创建计时器控件		
ActiveX 控件	创建 OLE 容器控件		
ActiveX 绑定控件	创建 OLE 绑定控件		
线条	在表单上画线条		
形状	画矩形、圆、椭圆		
超级链接	创建超级链接控件		

4. 表单的属性、事件和方法

表单和表单所包括的对象，有一些常用的属性、事件和方法。

1）表单常用属性

（1）表单对象的属性列表：属性描述了对象的特征和性质。表 10-2 列出了表单和表单中对象的常用属性。

表 10-2 表单和表单中对象的常用属性

属性名	说　明	属性名	说　明
Name	对象名(内部名)	Value	对象的当前值
Caption	对象的标题名(外部名)	Visible	指定对象可见或不可见
Height	对象的高度	Enabled	指定对象可用或不可用
Left	对象左边离父对象的位置	Movable	指定对象能否移动
Top	对象上边离父对象的位置	Closable	窗口的关闭按钮是否有效
Width	对象的宽度	AutoSize	对象是否自动调整大小
FontName	对象文本的字体	AutoCentre	对象是否自动居中
FontSize	对象文本的字号	AlwayOnTop	是否处于其他窗口的前面
ForeColor	对象的前景色	ControlBox	是否取消窗口的控制按钮
BackColor	对象的背景色	MaxButton	窗口是否可以最大化
BoderStyle	对象的边框样式	MinButton	窗口是否可以最小化

（2）表单对象的属性设置：属性的设置不仅反映了表单的外观，也和数据能否显示以及对象能否正确操作密切相关。在 VFP 中，对象的属性设置可以通过"属性窗口"或"代码窗口"两种方法来设置。

•"属性"窗口：用"属性"窗口设置的属性是对象的静态属性。设置方法为，在表单上选定对象，用鼠标在"属性"窗口列表框的右列设置属性值。当表单运行后，这些属性就起作用。

•"代码"窗口：在"代码"窗口中设置的属性是对象的动态属性。设置方法为，在表单上双击对象，进入事件"代码"窗口，在"代码"窗口中使用"对象名.属性名=属性值"的格式编写代码设计对象的属性。在表单运行时，通过事件的触发，执行这段代码来设置对象的属性。

例如：表单中有一个命令按钮，其对象的名称(Name 的属性值)默认为 Command1，要在代码窗口中，将命令按钮的标题名(Caption 的属性值)设置为"确定"，那么设置的代码为 THisForm.Command1.Caption="确定"。当表单运行时，通过相应的事件触发，可以看见设置的属性。

一般来说，两种属性设置的使用情况的选取原则是：表单刚启动就要看见的对象属性，或表单运行后无需改变的属性，可以使用"属性"窗口来设置；在表单运行过程中对象的属性要发生动态的变化，就可以使用"代码"窗口来设置。

2) 表单对象的常用事件

(1) 表单对象的事件列表：事件是由用户或系统激发的特定动作，这些动作是预先规定好的，能被系统识别和接收。事件一旦激发，系统自动执行事件所包括的方法程序。表单对象的常用事件如表 10-3 所示。

表 10-3　表单对象的常用事件

事件名	事件的激发	事件名	事件的激发
Click	单击对象	MouseDown	按下鼠标的按钮
DblClick	双击对象	MouseUp	释放鼠标的按钮
RightClick	鼠标右击对象	MouseMove	在对象上移动鼠标
Load	创建对象前	GotFocus	对象得到焦点时
Init	创建对象时	Valid	对象失去焦点前
Activate	对象被激活时	LostFocus	对象失去焦点时
Unload	释放对象前	InteractiveChange	以交互方式改变对象值
Destroy	释放对象时	Move	对象移动位置时发生
KeyPress	按下并释放某个键时	Timer	在指定的时间间隔发生

(2) 事件的选择方法：在事件"代码"窗口编写程序代码时，首先要选择相关的事件，选择相关事件可以通过在"代码"窗口的过程中或在"属性"窗口的方法程序中选择。

•"代码"窗口的过程：双击某个对象，会弹出如图 10-16 所示的事件代码窗口。单击该窗口的"过程"的下拉箭头，展开该对象所有的事件，然后选择相应的事件，在事件的"代码"窗口编写程序。

图 10-16　对象的事件代码窗口

• 属性窗口的方法程序：选定表单上的对象后，在它的"属性"窗口选择"方法程序"选项卡，在列表框中再双击选择相应的事件来编写程序。

（3）事件的使用说明如下：

• 事件的激发一般由用户的动作方式确定，如鼠标的单击、双击、拖动等。个别事件由系统激发，如计时器的 Timer 事件，每隔一定的时间间隔，系统会自动执行 Timer 事件的代码程序。

• 不同的控件所具有的事件有所区别，而许多控件有相同的事件。如表单、命令按钮、标签、文本框等都有 Click 事件，但命令按钮没有 DblClick 事件，其他几个都有 DblClick 事件。

• 在一个表单中可以包含多个对象，一个对象又可以选择多个事件编写各自的程序代码。表单上的各个事件程序段的执行顺序不在设计时确定，而是在表单运行时由用户指定，也就是没有主程序和子程序的区别。各程序段定义的内存变量都是局部变量，如果使用的内存变量要在各个程序段公用，最好在表单的 Init 事件中用 Public 命令定义为全局变量。

3）表单的方法

（1）表单的方法列表：方法是指能使对象做出响应的一组程序代码。VFP 的方法和 VFP 的其他程序代码一起，是放在对象的事件"代码"窗口中使用（图 10-16），在事件被激发后得以执行。而方法又不同于 VFP 的其他程序，它是和对象密切相关，不同的对象有不同的方法，表 10-4 列出了 VFP 表单的常用方法。

表 10-4　表单的常用方法

方　法　名	功　　能	方　法　名	功　　能
Hide	隐藏表单	AddObject	向表单中添加对象
Show	显示表单	Line	在表单上画线
Release	释放表单或表单集	Box	在表单上画矩形
Refresh	刷新表单上控件的值	Circle	在表单上画圆圈或圆弧
SetFocus	设置控件对象的焦点	Cls	清除表单上的文本和图形

（2）表单方法的使用：表单方法通常是在对象的事件代码窗口中使用。VFP 的方法使用格式为"对象名.方法名"或者"对象名.方法名()"。

例如：释放表单的方法程序为 ThisForm.release 或 ThisForm.release()。

5. 表单的数据环境

1）数据环境的概念

数据环境指定义表单或表单集时使用的数据源，包括表、视图和关系。数据环境及其中的表与视图都是对象。数据环境一旦建立，当打开或运行表单时，其中的表或视图即自动打开，与数据环境是否显示出来无关；而在关闭或释放表单时，表或视图也能随之关闭。

2）"数据环境设计器"的作用

"数据环境设计器"可用来可视化地创建或修改数据环境。打开"数据环境设计器"的方法是：先打开"表单设计器"；然后选定表单的快捷菜单中的"数据环境"命令，或选定显示菜单中的"数据环境"命令。

"数据环境设计器"打开后，就会显示"数据环境设计器"窗口，如图 10-17 所示。在 VFP 菜单中也会增加一个"数据环境"菜单。

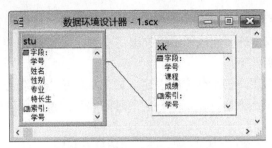

图 10-17　数据环境设计器

3)"数据环境设计器"的快捷菜单与"数据环境"菜单

"数据环境"菜单提供的几个命令，具有查看和修改数据环境的功能。"数据环境设计器"的快捷菜单也具有这些功能。

(1)"添加"命令：打开"数据环境设计器"窗口后，在其快捷菜单中选定"添加"命令，屏幕上即显示添加表或视图对话框，供用户将表或视图添加到"数据环境设计器"窗口中。窗口中每个表显示为一个可调整大小的窗口，其中列出了表的字段和索引。

表添加后，若两个表原来已存在永久关系，则在两表之间会自动显示表示关系的连线。用户可针对已创建的表单来打开"数据环境设计器"，并进行添加操作。

用户也可在两表之间添加或删除连线。连线规则为：在"数据环境设计器"窗口中，从父表的字段拖到子表的索引。如果要解除关联，可按 Del 键删除连线。

(2)"移去"命令：该命令用来在"数据环境设计器"窗口中移去一个选中的表或视图，与按 Del 键效果相同。但移去的表或视图并不从磁盘中删除。

(3)"浏览"命令：选定该命令将在浏览窗口显示选中的表或视图，以便检查或编辑表或视图的内容。

10.2.3　使用"表单设计器"中的"快速表单"

表单的创建除了可以使用"表单向导"、"表单设计器"之外，还有一种更快的方法，那就是使用"快速表单"的方法。此方法的使用前提是：要先打开"表单设计器"后，才可以使用。

当打开"表单设计器"后，就在 VFP 中产生了"表单"动态菜单，在此菜单下，有一个"快速表单"命令，它能在表单窗口中为当前表迅速产生选定的字段变量。这种设计方法用户干预少，速度较快，故简称"快速表单"。在实际应用中，常常先快速创建一个表单，再把它修改为符合需要的更复杂的表单，这比从头设计省事得多。

下例说明快速创建表单的方法。

例 10.3 为表 STU.DBF 快速创建一个记录编辑窗口。

(1) 打开"表单设计器"：在命令窗口中键入命令"MODIFY　FORM　学生选课"，即出现标题为"学生选课.SCX"的"表单设计器"窗口，如图 10-18 所示。

(2) 产生快速表单：选定表单菜单的"快速表单"命令(或在快捷菜单中选定"生成器"命令)，在"表单生成器"对话框的"字段选取"选项卡中选出 STU.DBF 及需要的字段，如图 10-19 所示。在"样式"选项卡中选定"浮雕式"，单击"确定"按钮，就会出现快速定义后的表单窗口。

图10-18 "学生选课"表单设计窗口

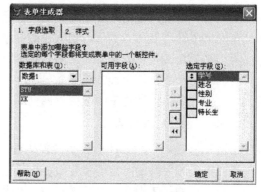
图10-19 字段选取选项卡

（3）执行表单：右击表单窗口中的空白处，在快捷菜单中选定"执行表单"命令，在系统询问保存表单时单击"是"按钮，将出现表单的运行结果，如图10-20所示。

图10-20 表单运行结果

10.3 表单的设计步骤与运行

表单的设计是一种典型的面向对象的编程方法，面向对象编程的核心思想是事件驱动编程。在创建了表单和添加了表单中的对象后，围绕对象的数据环境、属性、事件和方法程序展开设计。

设计的表单有普通表单和数据表单。普通表单是不使用表的表单；而在数据表单中使用表，表字段内容通过表单控件体现出来。

10.3.1 表单的设计步骤

表单的设计步骤一般包括：创建表单、设置数据环境、添加控件对象、设置控件对象的属性、编写程序代码等步骤。

1. 创建表单

可用表单向导、系统"文件"菜单的"新建"命令、项目管理器的"文档"选项卡、在命令窗口中使用"Create Form 文件名"命令等多种方法创建新的表单。

2. 设置数据环境

数据环境是一个对象，可以把表单中需要的表添加到数据环境中，这样可以实现表与表单的绑定。将表添加到数据环境后，在表单中使用表时，就不需要使用命令打开与关闭表了。

数据表单需要数据源，设置数据环境应该在这一步进行，把数据环境中表的字段拖向表单，将实现表中的字段与表单中的控件的绑定。

普通表单不使用表，不需要使用数据环境。所以对于普通表单可以省略这一步。

3. 添加控件对象

向表单中添加控件对象的方法有以下两种：

第一种方法是把数据环境中的表的字段直接拖向表单，这样既向表单中添加了控件对象，又能在表单运行后自动显示与之相联系的字段值。此种方法适用于数据表单。

第二种方法是使用表单控件工具栏的控件按钮添加控件对象，此种方法主要适用于普通表单，也适用于数据表单。如果是数据表单，这种方式添加的文本框、表格等对象，要显示表的字段值，还要设计对象的数据源属性。

4. 设置控件对象的属性

对添加到表单中的各种对象要设置位置、大小、字体、字号、颜色等布局方面的属性，对与表中字段相关联的对象要设置数据方面的属性。

用户可以根据表单运行的需要，选择使用"属性"窗口或"代码"窗口两种方式来完成对象属性的设置。

5. 编写程序代码

根据表单的操作方式，选择相应的事件，在事件"代码"窗口中编写触发事件所执行的程序代码。在 VFP 中事件的程序代码如下：

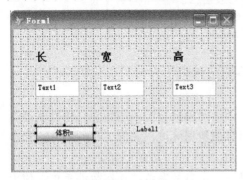

图 10-21　表单

- 对象的属性代码
- 对象的方法代码
- 程序文件(.PRG)中的命令代码

下例举例说明表单的设计步骤。

例 10.4　设计一个表单，完成的功能为：在文本框中输入长方体的长、宽、高，求长方体的体积。具体表单的设计步骤如下。

(1) 创建表单。创建好的表单如图 10-21 所示。

(2) 设置数据环境。在本题中，因为创建的是不需要数据源的普通表单，所以不需要这一步。

(3) 添加控件对象。使用"表单控件"工具栏的控件按钮添加控件对象，分别向表单中添加 4 个标签(Label1～Label4)、3 个文本框(Text1～Text3)、一个命令按钮(Command1)，表单如图 10-21 所示。

(4) 设置控件对象的属性，如表 10-5 所示。

表 10-5　各控件对象的属性

对　　象	属　性	属　性　值	说　　明
Label2~Label4	Caption	分别为：长、宽、高	
Command1	Caption	体积=	按钮的标题
Text1~Text3	Value	分别为：0、0、0	类型为数值型
Label1	Caption		值为空

(5) 编写程序代码。

为命令按钮"体积"编写 Command1_Click()代码如下：

```
A= THISFORM.TEXT1.VALUE
B= THISFORM.TEXT2.VALUE
C= THISFORM.TEXT3.VALUE
V=A*B*C
THISFORM.LABEL1.CAPTION=STR(V)
```

例 10.5 设计一个数据表单，完成的功能为：在表单中能检索表中的记录情况。具体表单的设计步骤如下：

(1) 创建表单。

(2) 设置数据环境。在本题中，因为创建的是需要数据源的表单，即数据表单，所以需要使用这一步。右击表单，选择"数据环境"将"学生信息.DBF"添加到数据环境中，如图 10-22 所示。

(3) 添加控件对象。

① 依次将表中的"学号"、"姓名"、"出生日期"等字段用鼠标拖至表单中，如图 10-23 所示。

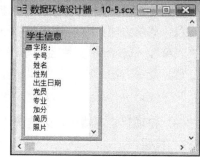

图 10-22 数据环境

② 在表单中添加一个命令按钮组(CommandGroup1)和一个标签(Label1)，如图 10-24 所示。

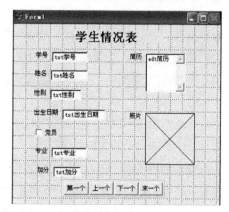

图 10-23 添加控件对象   图 10-24 添加命令按钮组

③ 设置控件对象的属性。标签(Label1)的外观值为"学生情况表"，命令按钮组内容为"第一个"，"上一个"，"下一个"，"末一个"，如图 10-24 所示。

④ 编写程序代码。为命令按钮组编写 CommandGroup1_Click() 代码如下：

```
n=THIS.Value
do case
    case n=1
        go top
    case n=2
        skip -1
    case n=3
        skip
    case n=4
        go bottom
endcase
THISFORM.Refresh
```

10.3.2 表单的修改与运行

表单创建后，发现了错误是需要修改的。另外，表单创建后，需要通过运行产生结果。下面讲解一下表单的修改及运行方法。

1. 表单的修改

可以使用多种方法打开已经创建的表单文件来进行修改。

(1) 菜单方法：在系统菜单中选定"文件"菜单的"打开"命令，在对话框中选择类型为"表单"，选择表单文件名，单击"确定"按钮。

(2) 命令方法：在命令窗口中输入如下命令。

  MODIFY FORM 〈表单文件名〉

(3) 在项目管理器中，先选择"文档"标签，然后选择"表单"，选择表单文件名，单击"修改"按钮。

2. 表单的运行

表单设计完成后，需要运行表单，表单的运行方式有以下多种。

(1) 使用系统菜单：选择"程序"菜单下的"运行"命令，在"运行"对话框中选择文件类型为表单，选择表单文件名，单击"运行"按钮。

(2) 使用工具栏：在系统工具栏中有个按钮，图标为 **!**，单击该按钮可以运行表单。

(3) 使用项目管理器：打开项目管理器，选择"文档"中的"表单"，选择表单文件名，单击"运行"按钮。

(4) 在命令窗口中输入如下命令：

  Do Form 表单文件名

运行例 10.5 的结果如图 10-25 所示。当分别单击"第一个"、"上一个"、"下一个"、"末一个"时，将显示表中的相应记录内容。当单击 "下一个"按钮时，显示结果如图 10-26 所示。

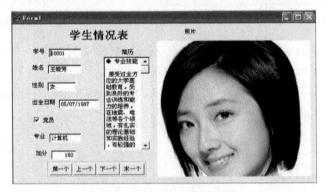

图 10-25　例 10.5 的运行结果

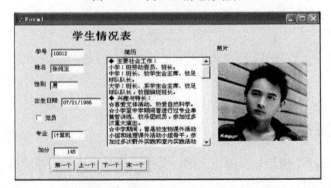

图 10-26　单击 "下一个"按钮显示的结果

10.4 表单控件设计

表单上的控件对象分为两种，一种是与数据源绑定的控件，如文本框、表格等；另一种是不与数据源绑定的控件，如标签、命令按钮等。除了与数据源绑定的控件可用拖动数据环境中的字段直接生成外，这两种控件对象都可用表单控件工具栏的按钮来创建。控件工具栏有 25 个图形按钮用来可视化地设计表单对象，设计者应从控件的作用、常用属性、相关代码这几个方面掌握表单控件的设计。

Visual FoxPro 的表单控件分为控件类与容器类两类控件。属于控件类的有：标签、文本框、命令按钮、复选框、文本框、组合框、列表框、微调按钮、计时器等；属于容器类的有：命令按钮组、选项按钮组、表格控件、页框控件等。

本章将分别介绍各个控件的用途及其具体的使用方法。

10.4.1 控件的操作

在表单设计器窗口的控件有添加、移动、删除等基本操作。

1. 表单设计时可使用的工具栏

1）工具栏的作用

（1）表单控件工具栏：用于在表单上创建控件。

（2）布局工具栏：用于对齐、放置控件以及调整控件大小。

（3）调色板工具栏：用于指定一个控件的前景色和背景色。

（4）表单设计器工具栏：该工具栏中包括设置 Tab 键次序、数据环境、属性窗口、代码窗口、表单控件工具栏、调色板工具栏、布局工具栏、表单生成器和自动格式等按钮。

2）工具栏的显示

显示菜单中含有表单控件工具栏、布局工具栏和调色板工具栏等命令。它们的作用是决定这 3 个工具栏是否要在屏幕上显示出来。若命令左端有标记√，表示该工具栏当前已经显示。

显示菜单下端还有一个工具栏命令，选定它后将会显示工具栏对话框。该对话框可用于显示或隐藏各种工具栏、创建或删除工具栏，以及为工具栏添加或删除按钮。要显示"表单设计器"工具栏，只要选定"表单设计器"复选框并单击"确定"按钮即可。

2. 控件的编辑

为了合理安排控件位置，常需对控件进行移动、改变大小、删除等操作。表单窗口中的所有操作都是针对当前控件的，故对控件实行操作前须先进行选定。

1）选定控件

（1）选定单个控件：单击控件，该控件区域的四角及每边的中点均会出现一个控制点符号■，表示控件已被选定。

（2）选定多个控件：按下 Shift 键，逐个单击要选定的控件。或者按下鼠标按键拖曳，使屏幕上出现一个虚线框，放开鼠标按键后，圈在其中的控件就被选定。

（3）取消选定：单击已选定控件的外部某处。

2）移动控件

选定控件后，即可用鼠标将它们拖曳到合适的位置。如果选定的是多个控件，则它们将同时移动。选定的控件还可用键盘的箭头键微调位置。

3）改变控件大小

选定控件后，拖曳它的某个控制点即可使控件放大或缩小。

4）删除控件

选定对象后，按 Del 键或选定"编辑"菜单中的"清除"命令。

5）剪贴对象

选定对象后，利用"编辑"菜单中的有关剪贴板的命令来复制、移动或删除对象。

除上述操作外，VFP 还提供了以下功能：

（1）在表单上显示网格线。"显示"菜单中有"网格线"命令，可用来在"表单设计器"中添加或移去网格线，供定位对象时参考。网格刻度的默认值在"选项"对话框的"表单"选项卡中设置；网格的间距可由"格式"菜单中的"设置网格刻度"命令来设置：先选定该命令使屏幕出现"设置网格刻度"对话框，然后在其中设置网格水平间距与垂直间距的像素值。

（2）鼠标操作时使控件对齐格线。选定"格式"菜单中的"对齐格线"命令后，当设置控件或用鼠标对控件进行移动时，控件边缘总会与最近的网格线对齐。应该注意，对齐格线的功能与表单窗口是否显示网格无关，即使表单窗口不显示网格，也可对齐格线。但是，若用键盘的箭头键来移动控件，总可使控件任意定位，与是否选定对齐格线无关。

（3）控件布局工具栏中的按钮具有使选定的控件居中、对齐等功能。

3. 调整 Tab 键次序的命令

用户可用 Tab 键来移动表单内的光标位置。所谓 Tab 键次序，就是连续按 Tab 键时光标经过表单中控件的顺序。

修改表单时，可能要调整 Tab 键的次序。VFP 提供了两种调整 Tab 键的方法，用户可通过如下步骤选定其中之一：选定"工具"菜单的"选项"命令，选定"选项"对话框的"表单"选项卡，在"Tab 键次序"组合框中选定"交互"或"按列表"命令（前者是默认调整方法）。

调整方法确定后，即可选定显示菜单中的 Tab 键次序命令执行调整操作了。对于"交互"方法，用户可单击控件来改变它的顺序号；对于"按列表"方法，VFP 则显示一个"Tab 键次序"对话框，用户可上下移动对话框中控件选项左端的按钮来改变顺序。

10.4.2 标签控件

1. 用途

标签在表单上用来显示信息说明、标题名、栏目名、字段名以及无需编辑的数据。

2. 相关说明

（1）标签控件用于在表单中显示静态的文本，它没有数据源，一般用于其他控件的标题或提示信息等。其中必须要设置的属性是 Caption，通过该属性设置标签的内容（即显示的静态文本的内容）。

（2）标签用于字符显示，没有数据处理功能，不能用鼠标获得焦点。

（3）可设置 WordWrap 属性为.T.，把标签文本设置为多行。

3. 常用的属性

标签的常用属性如表 10-6 所示。

表 10-6　标签的常用属性

属性名	说　明	属性名	说　明
Name	标签的对象名	BackColor	设置背景颜色
Caption	文本内容	ForeColor	设置字的颜色
FontName	设置字体	AutoSize	自动调整大小
FontSize	设置字号	WordWrap	垂直方向变化大小以适应文本

例 10.6　设计一个表单，完成的功能为：当运行表单时，用标签显示当前日期。运行结果如图 10-27 所示。

操作方法为：新建一个表单，在表单上添加两个标签控件 Label1 和 Label2。编写表单的 Init 事件代码 Form1__Init( )如下：

```
thisform.Caption="显示日期"
thisform.label1.AutoSize=.t.
thisform.label1.fontsize=20
thisform.label2.AutoSize=.t.
thisform.label2.FontSize=20
thisform.label1.Caption="今天的日期是:"
thisform.label2.Caption=DTOC(DATE())
```

图 10-27　表单的运行结果

说明：本题中的 Init 事件代码可以使用 Activate 事件来替代，但是不能使用 Load 事件替代。

10.4.3　文本框控件

1. 用途

文本框控件用于显示或输入单行文本，它允许用户编辑内存变量、数组元素及保存在表中非备注字段中的数据。显示在文本框中的内容是保存在其属性 Value 中的。文本框是表单上最灵活、最重要的数据交互操作控件。

2. 相关说明

（1）如果想在文本框中显示表中的数据或反映出这些数据发生的变化，则可以将文本框的 ControlSource 属性设置为表字段，这样在文本框中显示的内容不仅保存在 Value 属性中，同时也保存在了 ControlSource 属性指定的变量或字段中。

（2）文本框可以输入和输出除备注字段和通用字段以外的各种类型数据。

（3）可以设置文本框的 ReadOnly 属性为.T.，数据为只读。

（4）可以选择它的 PasswordChar 属性，以占位符表示输入字符，起到密码的作用。

（5）没有设置 ControlSource 属性的文本框，默认的数据是字符型，可设置 Value 属性值为 0，这样数据类型变为数值型。

3. 常用的属性

文本框的常用属性如表 10-7 所示。

表 10-7　文本框的常用属性

属 性 名	说 明	属 性 名	说 明
Name	文本框的对象名	ForeColor	前景色
ControlSource	文本框的数据控制源	BackColor	背景色
Alignment	数据的对齐方式	Value	文本框的当前值
FontName	字体	ReadOnly	数据是否只读
FontSize	字号	PasswordChar	文本数据的密码样式

4. 常用的事件

文本框的常用事件如表 10-8 所示。

表 10-8　文本框的常用事件

事 件 名	说 明
KeyPress	按下并释放键盘上的某个键时发生
InteractiveChange	更改文本框的值时发生
GotFocus	文本框得到焦点时发生
LostFocus	文本框失去焦点时发生

例 10.7　设计一个数据表单，完成的功能为：在表单上显示表的字段(学号、姓名和专业)内容。运行的结果如图 10-28 所示。

图 10-28　数据表单的运行结果

具体的方法：可以使用两种方法在文本框中显示表的字段值。

1) 方法 1：从数据环境拖放字段到表中

设计一个表单，用它的快捷菜单打开数据环境，将自由表"学生基本情况.DBF"添加到数据环境中，将表中的字段(学号、姓名和专业)分别拖到表单中。这样，字段名将自动生成表单上的标签，而字段值将根据字段类型的不同，生成相应类型的控件。其中，当字段类型为"字符型"、"数值型"、"日期型"时，将相应的字段值生成文本框控件。

当表单运行后，在表单上就可以显示与修改对应的字段值。

注意：当修改字段值时，修改的结果也将改变原表中的内容。

2) 方法 2：用表单控件工具栏设计

有时根据应用程序设计的需要，在表单运行后才打开表，那么就不能使用数据环境来创建控件了，这时可以使用表单控件工具栏来进行设计。具体的步骤如下：

(1) 用表单控件工具栏将各个控件添加到表单中。

本题中，在表单中添加 3 个文本框控件，分别为 Text1、Text2、Text3。

(2) 在代码窗口中，编写表单的 Init 事件代码为：USE　表名。

本题中，编写 Form1__Init( )事件代码为：USE　学生基本情况。

（3）将文本框控件与表中的字段进行绑定，方法有以下两种。

· 在属性窗口中将相应文本框控件的 ControlSource 属性值设置为：表文件名.字段名。
本题中，各个属性值如表 10-9 所示。

表 10-9　各控件的属性值

对象名(控件名)	属 性 名	属 性 值
Text1	ControlSource	学生基本情况.学号
Text2	ControlSource	学生基本情况.姓名
Text3	ControlSource	学生基本情况.专业

· 在代码窗口中将表单的 Init 事件代码设置如下：

```
thisform.文本框控件.ControlSource="表文件名.字段名"
```

本题中，将表单的 Init 事件代码(Form1__Init( ))设置如下：

```
thisform.text1.ControlSource="学生基本情况.学号"
thisform.text2.ControlSource="学生基本情况.姓名"
thisform.text3.ControlSource="学生基本情况.专业"
```

例 10.8　设计一个表单，完成的功能为：在两个文本框中任意输入两个数，在第三个文本框中显示两个数的和。本题要求使用文本框的 KeyPress 事件编写代码，当输入完第二个数后按回车键，两个数的和立即在第三个文本框中显示出来。设计的表单的运行结果如图 10-29 所示。

设计方法：使用表单控件工具栏，在表单上分别添加 3 个标签、3 个文本框，分别为各个控件设置属性，如图 10-29 所示。

编写文本框 Text2 的 KeyPress 事件代码(Text2__KeyPress( ))如下：

```
LPARAMETERS nKeyCode, nShiftAltCtrl
IF nkeycode=13                    && 回车键的 ASCII 码为 13
    a=VAL(thisform.text1.Value)
    b=VAL(thisform.text2.value)
    c=a+b
    thisform.text3.Value=STR(c,5)
ENDIF
```

例 10.9　设计一个表单，完成的功能为：在两个文本框中任意输入两个数，在第三个文本框中显示两个数的和。本题要求使用文本框的 InteractiveChange 事件编写代码，当输入第二个数时，两个数的和立即在第三个文本框中显示出来。设计的表单的运行结果如图 10-29 所示。

表单的设计、控件的添加、控件的属性设置与上题相同。

编写文本框 Text2 的 InteractiveChange 事件代码(Text2__InteractiveChange ( ))如下：

```
a=VAL(thisform.text1.Value)
b=VAL(thisform.text2.value)
c=a+b
thisform.text3.Value=STR(c,5)
```

例 10.10　设计一个表单，完成的功能为：在文本框中输入一个数字(1~7)，用英文单词显示对应的数字。设计的表单如图 10-30 所示。

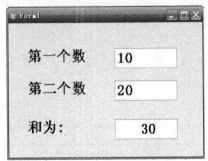

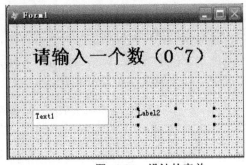

图 10-29 表单的运行结果

图 10-30 设计的表单

使用表单控件工具栏，在表单上分别添加各控件：2 个标签(Label1~Label2)、1 个文本框(Text1)，并为各控件设置相应的属性如表 10-10 所示。

表 10-10 各控件的属性值

对　象	属　性	属　性　值	说　明
Text1	Value	0	设置为数值型
Label1	Caption	请输入一个数(1~7)：	标题
	FontBold	.T.	加粗
	FontSize	18	字号

编写文本框 Text1 的 KeyPress 事件代码(Text1__KeyPress( ))如下：

```
LPARAMETERS nKeyCode, nShiftAltCtrl
    IF nKeyCode=13
        n=THISFORM.Text1.Value    && 或: n=this.value
        DO CASE
            CASE N=1
                M="One"
            CASE N=2
                M="Two"
            CASE N=3
                M="Three"
            CASE N=4
                M="Four"
            CASE N=5
                M="Five"
            CASE N=6
                M="Six"
            CASE N=7
                M="Seven"
        ENDCASE
        THISFORM.Label2.Caption=m
    ENDIF
```

例 10.11 设计一个表单，完成的功能为：在第一个文本框中输入密码的同时，在第二个文本框中显示出刚才输入的密码值。设计的表单运行结果如图 10-31 所示。

设计方法：使用表单控件工具栏，在表单上分别添加两个文本框(Text1 和 Text2)与一个标签(Label1)，并设置 Text1.PassWordChar 的属性值为*。

编写文本框 Text1 的 InteractiveChange 事件代码(Text1__InteractiveChange（）)如下：

```
thisform.text2.Value=thisform.text1.value
```

图 10-31　表单的运行结果

10.4.4　命令按钮

1. 用途

命令按钮在应用程序中起控制作用，用于完成某一特定的操作，一般在命令按钮的 Click 事件下编写代码。鼠标单击命令按钮，执行指定的操作。

2. 常用属性

命令按钮的常用属性如表 10-11 所示。

表 10-11　命令按钮的常用属性

属 性 名	说　　明	属 性 名	说　　明
Name	命令按钮的对象名	FontSize	字号
Caption	命令按钮的标题	ForeColor	前景色
Enabled	按钮是否可用	BackColor	背景色
Visible	按钮是否隐藏	ToolTipText	按钮的功能说明
FontName	字体	Picture	按钮的图形

3. 常用事件

命令按钮的常用事件如表 10-12 所示。

表 10-12　命令按钮的常用事件

事件名	说　　明
Click	单击鼠标左键时发生
KeyPress	按下并释放键盘上某个键时发生
GotFocus	得到焦点时发生
LostFocus	失去焦点时发生

4. 命令按钮使用要点

1) 命令按钮的 Click 事件

命令按钮最常用和最主要的事件就是用户用鼠标单击命令按钮，即命令按钮的 Click 事件，所以命令按钮的特定操作代码通常也放置在 Click 事件中。

2) 使命令按钮成为默认选择

将命令按钮的 Default 属性设置为"真"(.T.)，可使该命令按钮成为默认选择，默认选择的按钮比其他命令按钮多一个粗的边框。如果一个命令按钮是默认选择，那么按回车键后，将执行这个命令按钮的 Click 事件。

注意：如果当前在编辑框或表格中，当按回车键时，不会执行默认选择按钮的 Click 事件代码。在编辑框中按回车键，将在编辑框中加入一个回车和换行符；在表格中按回车键将选择一个相邻的区域。若要执行默认按钮的 Click 事件，按 Ctrl+Enter 键。

5. 命令按钮的外观设计

下面结合介绍属性来讨论命令按钮控件的外观设计。

1）文字命令按钮

（1）命令按钮标题：用 Caption 属性设置。

（2）设置字体及文字的大小、粗体、斜体、下划线：其对应属性依次为 FontName、FontSize、FontBold、FontItalic、FontUnderLine。

（3）超宽的中文标题折行显示：只要将 WordWrap 属性设置为.T.，此时与 AutoSize 属性无关。

（4）在标题中增加热键：在 Caption 属性值中某字符前插入符号"\<"，该字符就成为热键。例如 Caption 属性设置为 Comm\<a 表示 a 为热键。热键显示时字符下方有一条下划线；在等待事件驱动的状态下，按一次热键就会触发命令按钮的 Click 事件。

2）图文命令按钮

（1）命令按钮上显示图形：可在 Picture 属性中设置一个图形文件，例如通过"属性"窗口的对话按钮选出图形文件 C:\VPF\WIZARDS\WIZBMPS\WZNEXT.BMP（该图形为向右的三角箭头）。

（2）命令按钮上显示图文：只要既设置图形文件又设置标题便可。若不要显示标题，应将 Caption 属性的文本删除掉。

3）能显示提示框的命令按钮

这种命令按钮每当鼠标指针移到该命令按钮上时会显示一个提示框。设置方法是将表单属性 ShowTips 设置为.T.，并在命令按钮的 ToolTipText 属性中设置提示文本。

4）使命令按钮失效

（1）使命令按钮淡化：只要将 Enabled 属性设置为.F.，该命令按钮就以浅色显示，表示该命令按钮当前无效。

（2）命令按钮淡化时显示的图形：可在 DisablePicture 属性中设置一个图形文件。例如，若要求按下命令按钮 Command1 后，命令按钮 Command2 会淡化并显示一个图形，可先在表单中创建两个命令按钮，然后进行以下设置。

Command1 的 Click 事件代码如下：

```
THISFORM.Command2.Enabled=.F.
```

Command2 的 DisablePicture 属性如下：

```
C:\VPF\WIZARDS\WIZBMPS\WZDEI_ETE.BMP
```

5）指定命令按钮按下时显示的图像

可在 DownPicture 属性中设置一个图形文件。

6）隐藏型命令按钮

要隐藏命令按钮只要将其 Style 属性设置为 1（表示不可见），但是由于看不见它，对该命令按钮进行操作就产生了困难。幸好 MousePointer 属性能指定鼠标指针移到该控件位置时显示的形状，如果指定一个与通常相异的形状，那么在移动鼠标指针时一旦看到其形状有所改变，便可进行操作(例如单击)。

用 Visible 属性也可将命令按钮设置为不可见，但设置后命令按钮被隐藏而且不能对它进行操作，除非在代码中将它恢复为可见。这与 Style 属性的隐藏含义不同。

7) 缺省命令按钮

若表单上有多于一个的命令按钮，可将其中一个命令按钮设置为缺省命令按钮。缺省命令按钮不同于带焦点的命令按钮，前者比通常的命令按钮增加了一个边框，后者则内部有一个虚线框。当所有命令按钮都未获得焦点时，用户按回车键时缺省命令按钮就做出响应(执行该命令按钮的 Click 事件)。

设置缺省命令按钮的方法是：将其 Default 属性设置为.T.；不言而喻，Enabled 属性也须处于.T.状态。一个命令按钮设置为缺省命令按钮后，其他命令按钮的 Default 属性将自动变为.F.。

8) 附加 Esc 键的命令按钮

命令按钮的 Cancel 属性设置为.T.后，按 Esc 键将执行该命令按钮的 Click 事件。

例 10.12 设计一个表单，完成的功能为：在文本框中输入圆的半径，分别求出圆的面积和周长。面积和周长分别在两个标签中显示。设计的表单如图 10-32 所示。

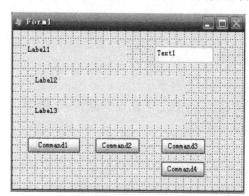

图 10-32 设计的表单

设计方法：使用表单控件工具栏，在表单上添加 3 个标签(Label1～Label3)、1 个文本框(Text1)、4 个命令按钮(Command1～Command4)，并为各控件设置相应的属性，如表 10-13 所示。

表 10-13 各控件的属性

对 象	属 性	属 性 值	说 明
Label1	Caption	请输入圆的半径：	
Text1	Value	0	文本框的值为数值型
Command1	Caption	面积	
Command2	Caption	周长	
Command3	Caption	清除	清除文本框和标签中的内容
Command4	Caption	退出(\<Q)	退出的热键为 Alt+Q
Form1	Caption	计算圆的面积和周长	设置表单的标题

编写各对象的事件代码如下。

(1) 求面积。Command1__Click()事件代码如下：

```
r=thisform.text1.value
s=PI()*r**2
thisform.label2.Caption="面积为:"+STR(s,5)
```

(2) 求周长。Command2__Click()事件代码如下：

```
r=thisform.text1.value
```

```
c=2*PI()*r
thisform.label3.Caption="周长为:"+STR(c,5)
```

(3) 清除文本框及 Label1 和 Label2 中的内容。Command3__Click()事件代码如下:

```
thisform.text1.Value=0
thisform.label2.Caption=""
thisform.label3.Caption=""
```

(4) 退出。Command4__Click()事件代码如下:

```
thisform.release
```

(5) 设置焦点 Form1__Activate()事件代码如下:

```
thisform.text1.setfocus
        && 当表单运行时,将焦点设为 Text1
```

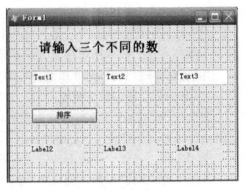

图 10-33 设计的表单

例 10.13 设计一个表单,完成的功能为:在 3 个文本框中分别输入 3 个不同的数,将它们从大到小排序。当表单运行时,单击"排序"命令按钮,排序结果分别显示在 3 个标签中。设计的表单如图 10-33 所示。

设计方法:使用表单控件工具栏,在表单上添加 4 个标签(Label1~Label4)、3 个文本框(Text1~Text3)、1 个命令按钮(Command1),并为各控件设置相应的属性,如表 10-14 所示。

表 10-14 各控件的属性

对　象	属　性	属　性　值	说　明
Command1	Caption	排序	按钮的标题
Text1~Text3	Value	分别为:0、0、0	接收输入的 3 个数
Label2~Label4	InputMask	9999, 9999, 9999	指定可以接收 4 位数值
Label1	Caption	请输入三个不同的数	表单标题

编写"排序"的事件 Command1__Click()代码如下:

```
A= THISFORM.TEXT1.VALUE
B= THISFORM.TEXT2.VALUE
C= THISFORM.TEXT3.VALUE
IF A<B
    T=A
    A=B
    B=T
ENDIF
IF A<C
    T=A
    A=C
    C=T
ENDIF
IF B<C
    T=B
```

```
        B=C
        C=T
    ENDIF
    THISFORM.LABEL2.CAPTION=STR(A,4)
    THISFORM.LABEL3.CAPTION=STR(B,4)
    THISFORM.LABEL4.CAPTION=STR(C,4)
```

10.4.5 命令按钮组(容器类控件)

1. 用途

命令按钮组控件实际是一个容器，它包含了一组命令按钮控件。由于将相关的一组命令按钮集中在一起，这样既可单独操作，也可作为一个组来统一操作。

2. 常用属性

命令按钮组的常用属性如表 10-15 所示。

表 10-15　命令按钮组的常用属性

属性名	说　　明
ButtonCount	按钮的数目
Value	用数字 n 表示鼠标单击的第 n 个按钮(n 从 1 开始)
Buttons	用 Buttons(n)指定第 n 个按钮，用来设计该按钮的属性和方法

3. 命令按钮组控件的使用要点

1) 通过选择结构来管理命令按钮

要让命令按钮组中所有命令按钮的 Click 事件代码都用同一个方法程序,可将代码加入命令按钮组的 Click 事件代码中。命令按钮组的 Value 属性指明单击了哪个按钮。下面的程序代码说明了如何通过命令按钮组(此例中命令按钮组中包括 3 个命令按钮)来管理命令按钮的选择。编写命令按钮组的 Click 事件时，经常使用以下代码：

```
    DO CASE
        CASE THIS.Value=1        && 选择第一个按钮
            执行动作 1
        CASE THIS.Value=2        && 选择第二个按钮
            执行动作 2
        CASE THIS.Value=3        && 选择第三个按钮
            执行动作 3
    ENDCASE
```

注意：如果只单击命令按钮组，而没有单击其中的某一个按钮，Value 属性的值仍为上一次选定的命令按钮。

2) 单独控制每个命令按钮的选择

命令按钮组中的命令按钮可以像前面那样统一管理和控制，也可以单独为每一个命令按钮编写代码。

3) 命令按钮组是容器类对象，具有层次性，它的下一层是命令按钮。命令按钮组容器有属性和事件，容器下命令按钮也有自己的属性和事件。

要使用容器还是容器中的控件，首先必须先选定对象。要选定命令按钮组容器，只要用鼠标单击命令按钮组即可；要选定命令按钮控件，需要将鼠标在命令按钮组上右击，从快捷菜单中选择"编辑"命令即可。

例 10.14 设计一个表单，完成的功能为与例 10.12 相同：在文本框中输入圆的半径，分别求出圆的面积和周长。面积和周长分别在两个标签中显示。设计的表单如图 10-34 所示。此题使用命令按钮组来实现表单的功能。

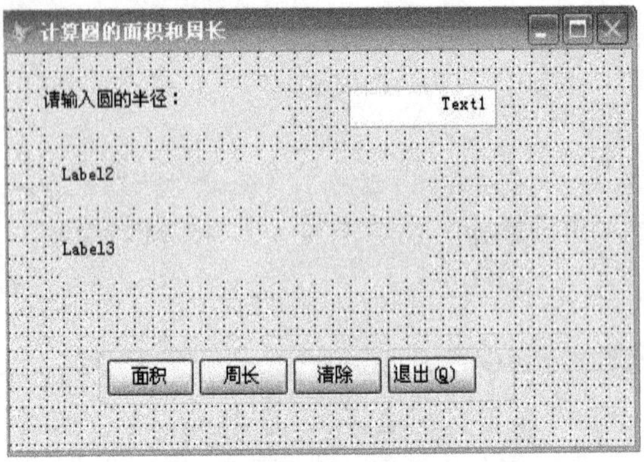

图 10-34　设计的表单

设计方法：使用表单控件工具栏，在表单上添加 3 个标签(Label1～Label3)、1 个文本框(Text1)、1 个命令按钮组(CommandGroup1)，并为各控件设置相应的属性，如表 10-16 所示。

表 10-16　各控件的属性

对　　象	属　性	属 性 值	说　　明
Label1	Caption	请输入圆的半径：	
Text1	Value	0	文本框的值为数值型
Form1	Caption	计算圆的面积和周长	设置表单的标题
命令按钮组(CommandGroup1)			
Command1	Caption	面积	
Command2	Caption	周长	
Command3	Caption	清除	清除文本框和标签中的内容
Command4	Caption	退出 (\<Q)	退出的热键为 Alt＋Q

编写各对象的事件代码如下。

(1) 命令按钮组 CommandGroup1__Click()事件代码如下：

```
r=thisform.text1.Value
s=PI()*r**2
c=2*PI()*r
n=this.Value
DO case
   CASE n=1
      thisform.label2.Caption="面积为:"+STR(s,5)
   CASE n=2
      thisform.label3.Caption="周长为:"+STR(c,5)
   CASE n=3
      thisform.text1.Value=0
```

```
              thisform.label2.Caption=""
              thisform.label3.Caption=""
          CASE n=4
              thisform.Release
      ENDCASE
```

(2) 设置焦点 Form1__Activate() 事件代码如下：

```
      thisform.text1.setfocus      && 当表单运行时，将焦点设为 Text1
```

例 10.15 设计一个表单，完成的功能为：用命令按钮组改变表单上标签的字体。设计的表单如图 10-35 所示。

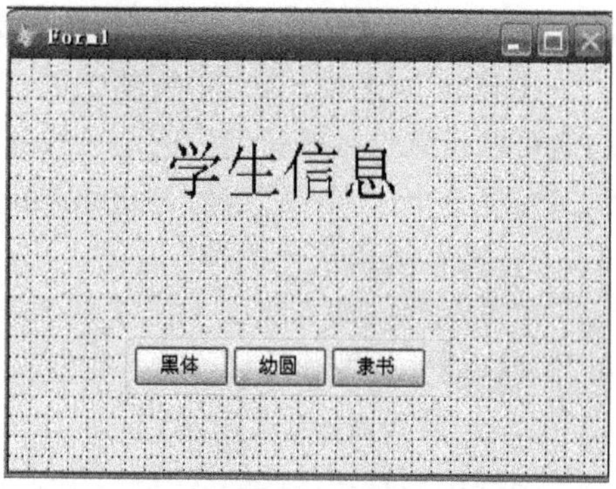

设计方法：使用表单控件工具栏，在表单上添加 1 个标签(Label1)、1 个命令按钮组(Command Group1)，并为各控件设置相应的属性。

编写命令按钮组 CommandGroup1__Click() 事件代码如下：

图 10-35　设计的表单

```
      n=this.Value
      DO case
          CASE n=1
              thisform.label1.fontname="黑体"          && 第一种相对引用
          CASE n=2
              this.Parent.label1.fontname="幼圆"        && 第二种相对引用
          CASE n=3
              _vfp.ActiveForm.label1.fontname="隶书"   && 绝对引用
      ENDCASE
```

10.4.6　选项按钮组(容器类控件)

选项按钮组中包括的控件是单选按钮。选项按钮组也是容器，其结构层次与命令按钮组类似，也使用 ButtonCount 属性设置按钮的数目，用快捷菜单的"编辑"命令使容器处于编辑状态，以便进一步设计每个单选按钮的属性。也经常使用选择结构来编写程序代码。

选项按钮一般也称作单选按钮，用于在多个选项中选择其中一个选项，所以选项按钮一般都是成组使用。在一组选项按钮中只能选择一项，当重新选择一个选项时，先前选择的选项将自动释放，被选中的选项用黑心圆点表示。

1. 用途

从多项选择中选择其中的一项。

2. 常用属性

选项按钮组的常用属性如表 10-17 所示。

3. 选项按钮组控件的使用要点

选项按钮组最常用的事件也是 Click，即当用户单击选项按钮组中的按钮时触发的状态变换。

表 10-17　选项按钮组的常用属性

属性名	说　　明
ButtonCount	单选按钮的数目
Caption	单选按钮的名称
Value	有两个含义 • 在选项按钮组中：用数字 n 表示选中的第 n 个单选按钮(n 从 1 开始) • 在一个单选按钮中：1 表示选中，0 表示未选中

1) 设置选项按钮组中的选项按钮数目

在表单中创建一个选项按钮组时，它默认包含两个选项按钮，通过改变 ButtonCount 属性的值可以设置选项按钮组中的选项按钮数目。例如，要想使一个选项按钮组包含 6 个选项按钮，可将这个选项按钮组的 ButtonCount 的属性设置为 6。

2) 设置选项按钮的属性

可以在"属性"窗口中设置单个按钮的属性；也可以在运行时，通过指定选项按钮的名称和属性值来设置这些属性。

3) 判断当前选定的按钮

根据选项按钮组 Value 属性的值可以判断用户选定了哪个按钮。如果按钮组中有 5 个按钮，并且选定了第 3 个按钮，则选项按钮组的 Value 属性值为 3；如果没有选定选项按钮，则选项按钮组的 Value 属性为 0。使用选项按钮的一般规则是：有且仅有一个按钮被选中，初始时有一个默认的被选中。

4) 使用选项按钮将用户的选择存储到表中

在少数情况下可以通过选项按钮获得用户信息，并通过保存 Caption 属性的值将这些信息保存到表中。例如，在一个标准化考试的应用程序中，可以使用选项按钮，使用户在多项选择 A、B、C、D 中进行选择。为了将一个选项按钮的 Caption 属性保存到表中，可以使用如下方法：

(1) 将选项按钮组的 Value 属性设置为空字符串。

(2) 将按钮组的 ControlSource 属性设置为表中的一个字符型字段(相应的表在表单的数据环境中)。

假设选项按钮组中选项按钮的标题分别为 A、B、C 和 D，并且选项按钮组的 ControlSource 属性设置为一个字符型字段，那么当用户选择标题为 B 的按钮时，字母 B 将被保存在当前记录的相应字段中。

例10.16　设计一个表单，完成的功能为：用选项按钮组改变表单上标签的字体。设计的表单如图 10-36 所示。

设计方法：使用表单控件工具栏，在表单上添加 1 个标签(Label1)、1 个选项按钮组(OptionGroup1)，并为各控件设置相应的属性。

编写选项按钮组 OptionGroup1__Click( )事件代码如下：

```
n=this.Value
DO case
    CASE n=1
        thisform.label1.fontname="黑体"
    CASE n=2
```

```
        this.Parent.label1.fontname="幼圆"
    CASE n=3
        _vfp.ActiveForm.label1.fontname="隶书"
ENDCASE
```

例10.17 设计一个表单，完成的功能为：用一个选项按钮组改变表单上标签的字体，用另一个选项按钮组改变表单中的字号。设计的表单如图 10-37 所示。

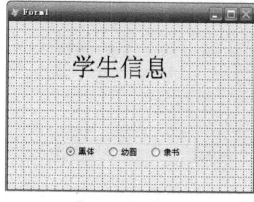

图 10-36 设计的表单

图 10-37 设计的表单

设计方法：使用表单控件工具栏，在表单上添加 3 个标签(Label1～Label3)、2 个选项按钮组(OptionGroup1、OptionGroup2)，并为各控件设置相应的属性。

（1）编写选项按钮组 OptionGroup1__Click( )事件代码如下：

```
n=this.Value
DO case
    CASE n=1
        thisform.label1.fontname="黑体"
    CASE n=2
        this.Parent.label1.fontname="幼圆"
    CASE n=3
        _vfp.ActiveForm.label1.fontname="隶书"
ENDCASE
```

（2）编写选项按钮组 OptionGroup2__Click( )事件代码如下：

```
n=this.Value
DO CASE
    CASE n=1
        thisform.label1.FontSize=9
    CASE n=2
        thisform.label1.FontSize=16
    CASE n=3
        thisform.label1.fontsize=28
ENDCASE
```

例10.18 设计一个表单，完成的功能为：输入圆的半径，利用选项按钮组，选择计算面积、周长。设计的表单如图 10-38 所示。

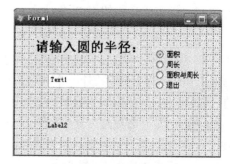

图 10-38 设计的表单

设计方法：使用表单控件工具栏，在表单上添加：2 个标签(Label1、Label2)、1 个选项按钮组(OptionGroup1)、1 个文本框(Text1)，并为各控件设置相应的属性，如表 10-18 所示。

表 10-18　表单中各控件的属性

对　　象	属　性	属　性　值	说　　明
Text1	Value	0	
Label1	Caption	请输入圆的半径：	
	FontBold	.T.	加粗
	FontSize	18	字号
选项按钮组(OptionGroup1)			
Option1	Caption	面积	
Option2	Caption	周长	
Option3	Caption	面积与周长	
Option4	Caption	退出	

（1）编写文本框 Text1__KeyPress()事件代码如下：

```
LPARAMETERS nKeyCode, nShiftAltCtrl
   IF nKeyCode=13
      r= this.value
      do case
         case thisform.optiongroup1.value=1
             n=pi()*r**2
             thisform.label2.caption="圆的面积为："+STR(n,12,4)
         case thisform.optiongroup1.value=2
             n=2*pi()*r
             thisform.label2.caption="圆的周长为："+STR(n,12,4)
         case thisform.optiongroup1.value=3
             n=pi()*r**2
             m=2*pi()*r
             thisform.label2.caption="圆的面积为："+STR(n,12,4);
                 +CHR(13)+"圆的周长为："+STR(m,12,4)
         case thisform.optiongroup1.value=4
             thisform.release
      endcase
   ENDIF
```

（2）编写选项按钮组 OptionGroup1__Click()事件代码如下：

```
ThisForm.Text1.KeyPress(13)
```

例 10.19　如图 10-39 所示的学生成绩数据库，其中有"学生(STU.DBF)"及"成绩(XK.DBF)"两个表。设计一个表单，表单标题为"学习成绩浏览"。表单中有 1 个选项组控件，选项组控件有两个按钮"升序"和"降序"，2 个命令按钮"成绩查询"和"关闭"。表单的功能：如果选项是"升序/降序"，按"成绩查询"按钮时，将显示两个表中的"学号、姓名、课程、成绩"字段，并按成绩的"升序/降序"显示(本题用 SQL 完成)。

设计的表单如图 10-40 所示。

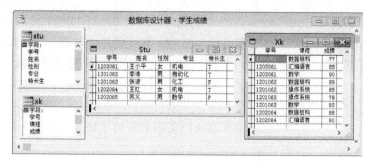

图 10-39　学生成绩数据库

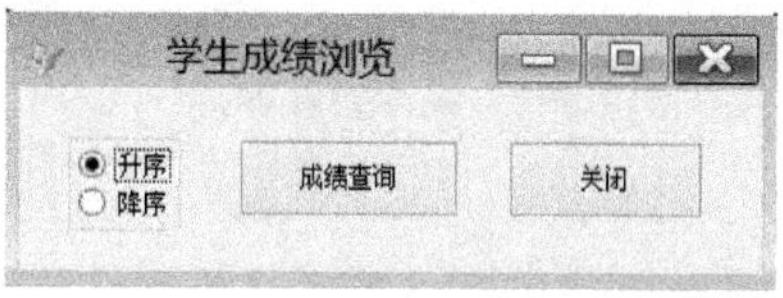

命令按钮"关闭"的 CLICK 事件的代码如下：

```
THISFORM.RELEASE
```

命令按钮"成绩查询"的 CLICK 事件的代码如下：

图 10-40　设计的表单

```
n=THISFORM.optiongroup1.value
do case
    case n=1
        select stu.学号,姓名,课程,成绩 from stu,xk ;
            where stu.学号=xk.学号 order by 成绩
    case n=2
        select stu.学号,姓名,课程,成绩 from stu,xk;
            where stu.学号=xk.学号 order by 成绩 desc
endcase
```

10.4.7　复选框

复选框有时也称作选择框，指明一个选项是选定还是不选定。复选框一般是成组使用的，用来表示一组选项，在应用时可以选择多项，也可以一项都不选。当单击复选框时，它自动在"选中"和"未选中"状态之间进行切换。

1. 复选框控件的常用属性

（1）Caption：在复选框旁显示的文本。
（2）Alignment：说明文本显示在复选框的左边或右边。
（3）Enabled：说明此复选框是否可用。
（4）Visible：说明此复选框是否可见。
（5）Value：说明此复选框是否被选中，1 为选中，0 为未选中，2 为不可用。

2. 复选框控件的使用要点

1）判定是否选择了复选框控件

复选框控件主要用来在一组选项中判定选择了哪些选项，由于每个复选框控件都是一个独立的控件，所以必须逐个判定每个复选框控件的 Value 属性的值，如果为 1 则说明该选项被选中，如果为 0 则说明该选项未被选中（也可以用.T.或.F.来判断，这取决于该属性的初始值）。

2）保存或显示表中逻辑字段的值

表中的逻辑型字段与复选框对应。复选框与选项按钮组控件一样，它也可以与表中的字段绑定，也同样是通过 ControlSource 属性来实现的，即如果复选框控件的 ControlSource 属性设置为表中的一个逻辑字段，那么当字段值为.T.时，复选框显示被选中，否则显示未被选中；当用户单击复选框改变复选框的状态时，这种状态也将反映到表的相应字段中，即如果选中复选框，则相应的字段值被置为.T.，否则被置为.F.。

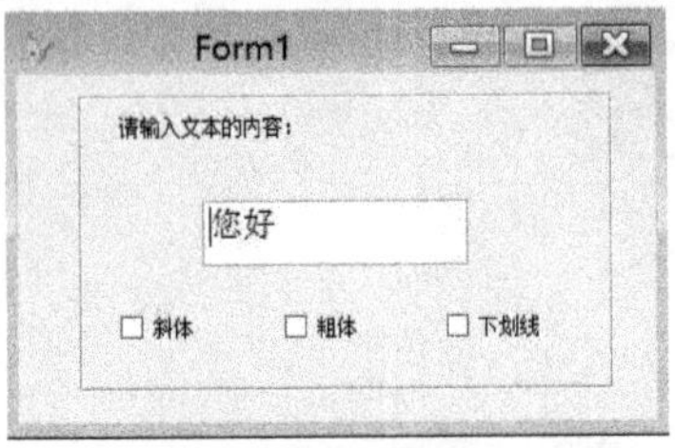

图 10-41　设计的表单

例 10.20　设计一个表单，完成的功能为：利用复选框来控制输入或输出文本的字体风格。设计的表单如图 10-41 所示。

设计方法：使用表单控件工具栏，在表单上添加 1 个形状控件(Shape1)、1 个标签(Label1)、1 个文本框(Text1)、3 个复选框控件(Check1～Check3)，并为各控件设置相应的属性，如表 10-19 所示。

表 10-19　表单中各控件的属性

对　象	属　性	属　性　值	说　明
Shape1	SpeisEffect	0～3	边框的风格
Text1	Value	您好	
	FontSize	14	
Label1	Caption	请输文本的内容：	
	FontBold	.T.	加粗
	FontSize	11	字号
Check1	Caption	斜体	
	AutoSize	.T.	
Check2	Caption	粗体	
	AutoSize	.T.	
Check3	Caption	下划线	
	AutoSize	.T.	

编写的各事件代码如下：

(1) 编写 Form1__Activate 事件代码如下：

```
THIS. Text1. SetFoucus
```

(2) 编写 Check1__Click 事件代码如下：

```
THISFORM. Text1. FontItalic=THIS. Value
```

(3) 编写 Check2__Click 事件代码如下：

```
THISFORM. Text1. FontBold=THIS. Value
```

(4) Check3__Click 事件代码如下：

```
THISFORM. Text1. FontUnderLine=THIS. Value
```

10.4.8　编辑框

1. 用途

编辑框专用于显示和编辑表文件中备注型字段或长文本数据。

2. 说明

（1）在编辑框中，可以自动换行并能使用箭头键、PageUp 和 PageDown 键以及滚动条来浏览文本。

（2）编辑框默认有垂直滚动条，可移动其中的文本内容。若不要垂直滚动条，可把 ScrollBar 属性设置为 None。

（3）编辑框最多接收 2147483647 个字符，可通过 MaxLength 属性限制其中的字符串长度。

（4）在编写代码时，经常使用循环结构语句来编写程序，并在循环体内使用语句 thisform.编辑框.Value=thisform.编辑框.value+输出内容+CHR（13），以实现多行文本的目的。具体的使用方法参见例 10.22。

3. 常用属性

（1）Value：指定编辑框控件的当前状态。

（2）AllowTabs：指定用户在编辑框中是否能使用 Tab 键（注意：不是用 Tab 键移到下一个控件）。如果允许使用 Tab 键，则要使焦点移到下一个控件时需用 Ctrl+Tab 键。

（3）HideSelection：指定在编辑框没有获得焦点时，编辑框中被选定的内容是否为可见的。

（4）ReadOnly：指定用户能否修改编辑框中的内容。

（5）SelLength：指定用户要选定文本框内容的长度。

（6）SelStart：指定用户要选定文本框内容的起始点。

（7）ScrollBars：指定编辑框中是否具有垂直滚动条。

4. 编辑框控件的使用要点

1）编辑框控件与数据的绑定

与文本框类似，编辑框也可以和表中的字段绑定在一起，以便及时地反映出这些字段的变化情况。此时，需要将编辑框的 ControlSource 属性设置为所要绑定的字段名以及该字段所在的表名即可。例如，假设在"学生"表中有一个名为"备注"的备注型字段，可以将编辑框的 ControlSource 属性设置为"学生.备注"，这样用户就能在编辑框中编辑这个备注型字段了，同时，该字段的任一变化都会在该编辑框中显示出来。

2）在编辑框中对选定文本进行处理

编辑框和文本框都有 SelLength、SelStart 和 SelText 这 3 个属性，可以用于对选定的文本内容进行操作。利用 SelStart 和 SelLength 属性可以确定选中文本的起始位置和长度。

上述的 3 个属性都是在运行时有效的。当改变 SelStart 属性时，编辑框就会滚动，显示新的 SelStart 值；利用 SelText 属性可以访问编辑框或文本框中选定文本。例如，下面一行代码可将选定文本全部变为大写。

```
Forml.edit1.SelText=UPPER(Forml.edit1.SelText)
```

编辑框与文本框的主要差别如下：

（1）编辑框只能用于输入或编辑字符型数据或备注型数据；而文本框则适用于数值型、字符型、日期型等类型的数据。

若在表单上创建文本框和编辑框控件各 1 个，并将文本框值设置为数值型，则执行代码 THISFORM.Editl.Value =THISFORM.Text1.Value，将会出现程序错误信息框。

（2）文本框只能供用户键入一段数据；而编辑框则能输入多段文本，即回车符不能终止编辑框的输入。

因为编辑框允许输入多段文本，所以编辑框常用来处理长的字符型字段或备注型字段（需将编辑框与备注型字段绑定），有时用来显示一个文本文件或剪贴板中的文本。为方便用户处理长文本，VFP 还提供了可用来显示垂直滚动条的 ScrollBars 属性。

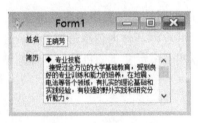

图 10-42　运行的表单

例 10.21　设计一个表单，在数据环境中添加学生信息.DBF，把"姓名"字段和"简历"字段分别拖到表单上。表单运行后的界面如图 10-42 所示。本题目不用编写程序代码，就可以完成设计要求。

例 10.22　设计一个表单，完成的功能为：在编辑框中输出 100～200 之间能被 3 整除的所有数。设计的表单如图 10-43 所示。

设计方法：使用表单控件工具栏，在表单上添加 1 个标签（Label1）、1 个编辑框（Edit1）、3 个命令按钮（Command1～Command3），并为各控件设置相应的属性。

编写的各事件代码如下：

（1）编写"开始"的 Command1__Click（）事件代码如下：

```
FOR i=100 TO 200
    IF i%3=0
        thisform.edit1.Value=thisform.edit1.value+STR(i,5)+CHR(13)
    ENDIF
ENDFOR
```

（2）编写"清除"的 Command2__Click（）事件代码如下：

```
thisform.edit1.Value=""
```

（3）编写"关闭"的 Command3__Click（）事件代码如下：

```
THISFORM.RELEASE
```

运行后，单击"开始"按钮，结果如图 10-44 所示。

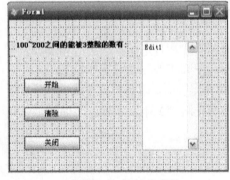

图 10-43　设计的表单

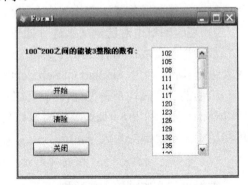

图 10-44　运行的表单

10.4.9　列表框

列表框用于显示多行数据的控件，此控件相当于一个一维数组，下标从 0 开始。数组名是列表框的 List 属性，下标是列表框的 ListIndex 属性。

1. 用途

列表框控件用于显示一系列选项,用户可以从中选择一项或多项。当表单运行时,是以多行形式显示数据,但是不能直接编辑列表框中的数据。当项目在列表框的空间内显示不下时,可以通过旁边的滚动条上下滚动进行翻页。

2. 常用方法程序

(1) AddItem:向列表框中添加一项(适用于单列的列表框)。

使用格式为:列表框控件.AddItem(字符串)

(2) AddListItem:向列表框中添加一项(适用于多列的列表框)。

使用格式为:列表框控件.AddListItem(字符串,行,列)

(3) RemoveItem:从列表框中删除一项(适用于单列的列表框)。

(4) RemoveListItem:从列表框中删除一项(适用于多列的列表框)。

(5) Clear:清除列表框中的所有项。

(6) Requery:当 RowSource 属性值改变时刷新列表框。

3. 常用属性

列表框、组合框的常用属性如表 10-20 所示。

表 10-20   列表框、组合框的常用属性

属 性 名	含 义
RowSourceType	指定与列表框或组合框绑定的数据源类型(值:0~9)
RowSource	指定与列表框或组合框绑定的数据源
ColumnCount	列表框的列数(一行的列数)。此属性可应用于:列表框、组合框、表格
List	数据项的字符串数组,相当于数组名。如要显示列表框的第三项的形式为:List1.list(2)
ListIndex	当前选项的索引号,索引号从 0 开始。如果没有选项被选中,该属性为 0
Value	列表框中当前选项的值
ListCount	列表框中选项的个数

说明:一般情况下,RowSourceType 属性和 RowSource 属性配合使用。RowSourceType 属性的取值范围、含义及 RowSource 属性配合使用情况如表 10-21 所示。

表 10-21   RowSourceType 属性的取值范围、含义及 RowSource 属性配合使用情况

属性值	含义	RowSource 属性的配合使用情况
0	无(默认值)	不使用 RowSource 属性。通过 AddItem 方法添加到列表框条目,通过 RemoveItem 方法移去列表框条目
1	值	通过 RowSource 属性手工指定具体的列表框条目
2	别名(表名)	将同一个表中的字段值作为列表框的条目。用 ColumnCount 属性指定要取的字段的数目,也就是列表框的列数。指定的字段总是表中最前面的若干字段
3	SQL 语句	将 SQL SELECT 语句的执行结果作为列表框条目的数据源
4	查询(.QPR)	将.QPR 文件执行产生的结果作为列表框条目的数据源。格式:RowSource="文件名.QPR";查询(.qpr)文件是由"查询设计器"创建的
5	数组	将数组中的内容作为列表框条目的来源。格式:RowSource="数组名"
6	字段	将同一个表中的一个或几个字段作为列表框条目的数据源。格式:RowSource="表名.字段,字段,…"。与别名的区别:可以取同一个表中不连续的字段;而 SQL 可以取包含多个表中的字段
7	文件	将某个驱动器和目录下的文件名作为列表框的条目。格式:RowSource="文件名"
8	表结构	将表中的字段名作为列表框的条目,由 RowSource 属性指定表
9	弹出式菜单	将弹出式菜单作为列表框条目的数据源

例 10.23 设计一个表单，表单的功能：用于学习 RowSourceType 属性和 RowSource 属性配合使用情况。总体设计的表单如图 10-45 所示。表单中有 4 个控件（列表框 List1：用于显示信息；命令按钮 Command1：用于向列表框中添加信息；命令按钮 Command2：用于清除列表框中的信息；标签 Label1：用于显示 RowSourceType 的值）。设置的结果如图 10-45 所示。本题用到的表，请参考图 10-39 中的数据库表。

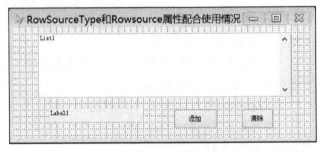

图 10-45　设计的表单

(1) 当 RowSourceType=0（无）时，设置了相应属性的表单，如图 10-46 所示。

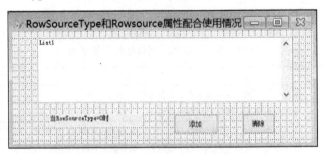

图 10-46　属性为无的表单

"添加"按钮的代码如果是：THISFORM.LIST1.AddItem("ABC")，则运行时，单击"添加"按钮的运行结果如图 10-47 所示。

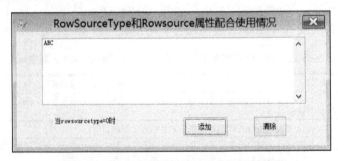

图 10-47　单击"添加"后，表单的运行结果

"清除"按钮代码如果是：thisform.list1.removeitem(thisform.list1.listindex)，则运行时，选择列表框中的字符串，将清除字符串。

(2) 当 RowSourceType=1（值）时，如果"添加"按钮的代码如下：

```
thisform.list1.rowsourcetype=1
thisform.list1.rowsource="abc,def,ghj"
```

则运行时，单击"添加"按钮的运行结果如图 10-48 所示。

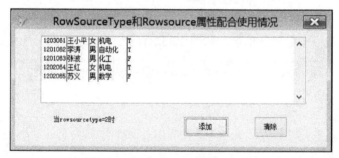

图 10-48 属性为值表单的运行结果

"清除"按钮代码如果是:thisform.list1.removeitem(thisform.list1.listindex),则运行时,选择列表框中的字符串,将清除选定的一个字符串。

如果要清除列表框中的所有字符串,将代码改为 thisform.list1.clear 即可。

（3）当 RowSourceType=2（表别名）时,如果"添加"按钮的代码如下:

```
Use stu                          && 表必须打开
thisform.list1.rowsourcetype=2
thisform.list1.columncount=5     && 列表框的列数为 5
thisform.list1.rowsource="stu"   && stu 是表的别名
```

则运行时,在列表框中显示的信息,如图 10-49 所示。

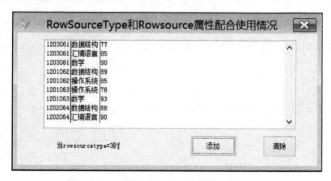

图 10-49 属性为表别名表单的运行结果

（4）当 RowSourceType=3（SQL 语句）时,如果"添加"按钮的代码如下:

```
thisform.list1.rowsourcetype=3
thisform.list1.columncount=3
thisform.list1.rowsource="select * from xk into cursor temp"
```

则运行时,在列表框中显示的信息如图 10-50 所示。

图 10-50 属性为 SQL 表单的运行结果

（5）当 RowSourceType=6（字段）时，如果"添加"按钮的代码如下：

```
use stu                          && 表必须打开
thisform.list1.rowsourcetype=6
thisform.list1.columncount=2
thisform.list1.rowsource="姓名,专业"
```

则运行时，在列表框中显示的信息如图 10-51 所示。

图 10-51　属性为字段表单的运行结果

（6）当 RowSourceType=8（结构）时，如果"添加"按钮的代码如下：

```
use stu
thisform.list1.rowsourcetype=8
thisform.list1.rowsource="stu"          && 或用：thisform.list1.rowsource=""
```

运行时，在列表框中显示的信息，如图 10-52 所示。

图 10-52　属性为结构表单的运行结果

例 10.24　设计一个表单，完成的功能为：在列表框中输出 100～200 之间能被 3 整除的所有数。设计的表单如图 10-53 所示。

设计方法：使用表单控件工具栏，在表单上添加 1 个标签（Label1）、1 个列表框（List1）、3 个命令按钮（Command1～Command3），并为各控件设置相应的属性。

编写的各事件代码如下。

（1）编写"开始"的 Command1__Click()事件代码如下：

图 10-53　设计的表单

```
FOR i=100 TO 200
      IF i%3=0
          thisform.list1.additem(STR(i,5))
```

```
        ENDIF
    ENDFOR
```

（2）编写"清除"的 Command2__Click( )事件代码如下：

```
THISFORM.LIST1.CLEAR
```

运行后，单击"开始"按钮，结果如图 10-54 所示。

例 10.25 设计一个表单，完成的功能为：在列表框中输出 1～20 的所有平方数。要求列表框的内容每行输出两个数：前一个数为自然数，后一个数为该自然数的平方数。设计的表单如图 10-55 所示。

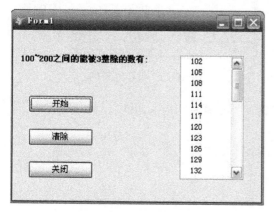

图 10-54　运行的表单

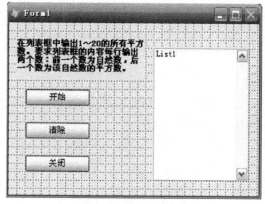

图 10-55　设计的表单

设计方法：使用表单控件工具栏，在表单上添加 1 个标签(Label1)、1 个列表框(List1)、3 个命令按钮(Command1～Command3)，并为各控件设置相应的属性，如表 10-22 所示。

表 10-22　表单中各控件的属性

对　象	属　性	属　性　值	说　明
Label1	WordWrap	.t.	自动换行
List1	ColumnCount	2	列的数目
	ColumnLines	.f.	列间的分隔线
	ColumnWidths	50,50	各列的宽度

编写的各事件代码如下。

（1）编写"开始"的 Command1__Click( )事件代码如下：

```
FOR i=1 TO 20
    j=i*i
    thisform.list1.AddListItem(STR(i,2),i,1)
    thisform.list1.AddListItem(STR(j,4),i,2)
ENDFOR
```

（2）编写"清除"的 Command2__Click( )事件代码如下：

```
THISFORM.LIST1.CLEAR
```

运行后，单击"开始"按钮，结果如图 10-56 所示。

例 10.26 设计一个表单，在表单上有 1 个文本框、3 个命令按钮、1 个列表框。完成的功能为：把文本框中输入的字符用"添加"命令按钮移到列表框中，用"清除"命令按钮清除列表框中被选中的数据，用"全部清除"命令按钮清除列表框中所有的数据项。设计的表单如图 10-57 所示。本题不需要数据源，RowSourceType=0（默认），不用 RowSource 属性。

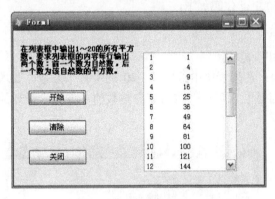

图 10-56　运行的表单

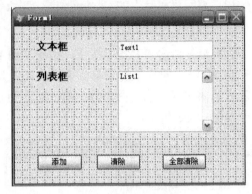

图 10-57　设计的表单

设计如图 10-57 所示的表单，添加相应的控件，并设置出相应的属性。

编写的各事件代码如下。

（1）编写"添加"的 Command1__Click（）事件代码如下：

```
thisform.list1.AddItem(thisform.text1.Value)
thisform.text1.Value=""
thisform.text1.SetFocus
```

（2）编写"清除"的 Command2__Click（）事件代码如下：

```
IF thisform.list1.ListIndex>0
    thisform.list1.RemoveItem(thisform.list1.ListIndex)
ENDIF
```

（3）编写"全部清除"的 Command3__Click（）事件代码如下：

```
FOR i=1 TO thisform.list1.ListCount
    thisform.list1.RemoveListItem(i)
ENDFOR
```

注意：本代码可用 thisform.list1.clear 代替。

10.4.10　组合框和下拉列表框控件

组合框和下拉列表框是同一个控件，在表单控件工具栏中称为组合框控件。当它的 Style 属性值为 0（默认）时称为下拉组合框，而当它的 Style 属性值为 2 时称为下拉列表框。下拉组合框和下拉列表框的区别在于：后者只能从下拉列表框的项目中选择项目；而前者则像是文本框和下拉列表框的组合，不仅可以从下拉列表中选择项目，还可以直接输入数据。事实上在其他开发工具或应用软件中都把它们统一称作下拉列表框。

下拉列表框和列表框都提供一个列表项供用户选择，在决定使用哪个控件时，可以考虑以下因素：

（1）如果表单上有足够的空间，并且想强调可以选择的项，建议使用列表框。

（2）如果想节省表单上的空间，并且想强调当前选定的项，建议使用下拉列表框。

1. 用途

组合框和列表框一样，都可以快速、准确地选择和输入数据，只是表单运行后，组合框只有一行，而列表框是多行显示数据。列表框和组合框具有几乎相同的属性和事件，其含义和操作方法相同。

2. 常用属性

（1）ColumnCount：下拉列表框的列数。

（2）ControlSource：用户从列表中选择的值保存在何处。

（3）RowSource：列表中显示的值的来源。

（4）RowSourceType：确定 RowSource 的类型，它可以是一个值、表、SQL 语句、查询、数组、文件列表或字段列表。

（5）Style：指定是下拉组合框，还是下拉列表框。

（6）Value：指定组合框的当前值。

（7）DisplayCount：指定在列表中允许显示的最大项目数。

（8）InputMask：如是下拉组合框时，指定允许输入的数据格式。

3. 使用要点

下拉列表框的使用方法和列表框的使用方法非常相似，建议在熟练掌握了列表框的使用方法后，再来学习使用下拉列表框。但是要注意：下拉列表框只能从中选择一项，而列表框则能选择多项。

1）填充下拉列表框中的项目

通过设置 RowSourceType 和 RowSource 属性，可以用不同数据源中的项填充下拉列表框。其中 RowSourceType 属性决定下拉列表框的数据源类型；设置好 RowSourceType 后，设置 RowSource 属性可指定下拉列表项的数据源。

2）直接输入项目

当设置为下拉组合框时可以直接输入项目，这时如果下拉列表项目很多，直接输入更快，则可以直接输入项目。但一般的规则是：输入的项目要与列表项中的某个项目匹配，从而保证数据的完整性。

为了能够输入项目，首先需要将 Style 属性设置为"0-下拉组合框"（默认），然后在程序运行时就可以直接输入项目了。

3）得到从下拉列表框中选择的项目

不管是输入的项目，还是从下拉列表框(或下拉组合框)中选择的项目，结果都在组合框的"文本框"位置，该处的数据可以直接利用 text 属性直接获得。例如，如下语句将表示下拉列表框(或下拉组合框)combo1 的当前项目。

```
THISFORM.combo1.text
```

例 10.27 设计一个表单，在表单上有 1 个文本框、3 个命令按钮、1 个组合框。完成的功能为：把文本框中输入的字符用"添加"命令按钮移到组合框中，用"清除"命令按钮清除组合框中选中的数据，用"全部清除"命令按钮清除组合框中所有的数据项。设计的表单如图 10-58 及图 10-59 所示。

方法 1：组合框使用下拉列表框(Style=2)，如图 10-58 所示。
方法 2：组合框使用下拉组合框(Style=0)，如图 10-59 所示。

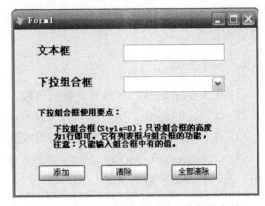

图 10-58　组合框使用下拉列表框的表单　　　　图 10-59　组合框使用下拉组合框的表单

（1）编写"添加"的 Command1__Click( )事件代码如下：

```
thisform.Combo1.AddItem(thisform.text1.Value)
thisform.text1.Value=""
thisform.text1.SetFocus
```

（2）编写"清除"的 Command2__Click( )事件代码如下：

```
IF thisform.Combo1.ListIndex>0
    thisform.Combo1.RemoveItem(thisform.Combo1.ListIndex)
ENDIF
```

（3）编写"全部清除"的 Command3__Click( )事件代码如下：

```
Thisform.combo1.clear
```

注意：组合框不论设置成下拉列表框还是下拉组合框，编写程序代码的方式都相同。组合框和列表框的编程方法类似。

例 10.28　设计一个表单，完成的功能为：在组合框中输出 100～200 之间能被 3 整除的所有数。设计的表单如图 10-60 所示。

设计方法：使用表单控件工具栏，在表单上添加 1 个标签(Label1)、1 个组合框(Combo1)、3 个命令按钮(Command1～Command3)，并为各控件设置相应的属性。

编写的各事件代码如下。

（1）编写"开始"的 Command1__Click( )事件代码如下：

```
FOR i=100 TO 200
    IF i%3=0
        thisform.Combo1.additem(STR(i,5))
    ENDIF
ENDFOR
```

（2）编写"清除"的 Command2__Click( )事件代码如下：

```
THISFORM.Combo1.CLEAR
```

运行后，单击"开始"按钮，结果如图 10-61 所示。

图 10-60   设计的表单

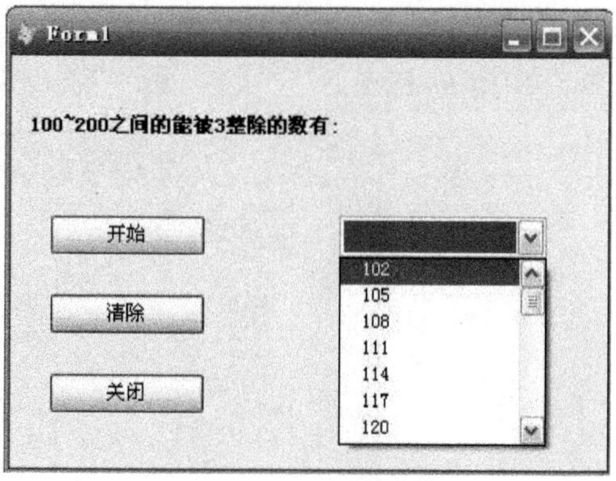

图 10-61   运行的表单

例 10.29   设计一个表单，用于操作"学生信息"表中的内容。表单中有 1 个组合框、1 个文本框。组合框中有 3 个条目"计算机"、"数学"、"工业会计"（只有 3 个专业名称，不能输入新的）可供选择。当在组合框中选择专业名称后，在文本框中显示相应专业的人数。

设计的表单，如图 10-62 所示。在表单的数据环境中，将"学生信息"表添加进去。

（1）编写 form1_Init 事件代码如下：

```
thisform.combo1.rowsourcetype=1
thisform.combo1.rowsource="计算机,数学,工业会计"
```

或者：

```
thisform.combo1.rowsourcetype=0
thisform.combo1.AddItem("计算机")
thisform.combo1.AddItem("数学")
thisform.combo1.AddItem("工业会计")
```

（2）编写 combo1_Valid 事件（控件失去焦点前发生）代码如下：

```
zy=this.value
select count(*) from 学生信息 where 专业=zy into array a
thisform.text1.value=str(a)
```

或者：

```
zy=this.value
count to a for 专业=zy
thisform.text1.value=str(a)
```

运行时，结果如图 10-63 所示。

图 10-62   设计的表单

图 10-63   运行的表单

例 10.30   如图 10-64 所示的"学生成绩"数据库，其中有 STU 及 XK 两个表，已经按"学号"建立了永久关联。设计一个表单，用于同时操作两个表中的内容。表单中有 1 个组合框、3 个标签、2 个文本框。组合框中包括表中的所有"姓名"字段，可供选择。当在组合框

中选择"姓名"后，在其他对象中显示相应的内容（只显示姓名对应的第一条记录）。设计的
表单如图10-65所示。

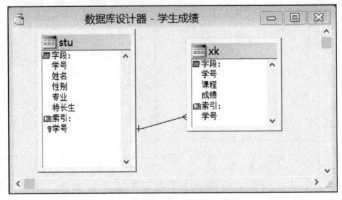

图 10-64　学生成绩数据库

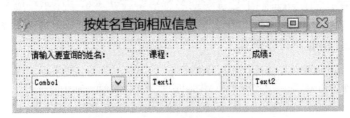

图 10-65　设计的表单

（1）编写 form1_Init 事件代码如下：

```
thisform.combo1.rowsourcetype=6
thisform.combo1.rowsource="STU.姓名"
```

（2）编写 combo1_Valid 事件代码如下：

```
xm=this.Value
LOCATE FOR 姓名=xm      && 找到第一条满足的记录
thisform.text1.Value=xk.课程
thisform.text2.Value=STR(xk.成绩,3)
```

运行时，结果如图10-66所示。

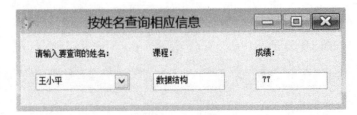

图 10-66　运行的表单

10.4.11　表格（容器类控件）

表格控件是将数据以表格形式表示出来的一种控件，它属于容器控件，其中包含了列标
头、列和列控件等。

1. 用途

表格类似于浏览窗口，具有网格线，用来同时显示和操作多行多列数据。

2. 表格控件的常用属性

表格控件的属性包括表格自身的属性和表格中列的属性。

表格常用属性有以下几种。

（1）ChildOrder：和父表的主关键字相连接的子表中的外部关键字。

（2）ColumnCount：列的数目，如果 ColumnCount 设置为-1，表格将具有和表格数据源中字段数一样多的列。

（3）LinkMaster：显示在表格中的子记录的父表。

（4）RecordSourceType：指定与表格绑定的数据源的类型(值：0～4)。

（5）RecordSource：表格中要显示的数据。

说明：RecordSourceType 属性要与 RecordSource 属性配合使用。RecordSourceType 属性的取值范围、含义及 RecordSource 属性配合使用情况如表 10-23 所示。

表 10-23　RecordSourceType 属性的取值范围、含义及 RecordSource 属性配合使用情况

属性值	含　义	RecordSource 属性的配合使用情况
0	表	表由 RecordSource 属性指定，该表能被自动打开
1	别名(默认值)	表别名由 RecordSource 属性指定，该表必须已经打开
2	提示	运行时，由用户根据提示选择表格的数据源
3	查询(.QPR)	将.QPR 文件执行产生的结果作为表格的数据源，格式：RecordSource="文件名.QPR"。查询(.QPR)文件是由"查询设计器"创建的
4	SQL 语句	将 SQL SELECT 语句的执行结果作为表格的数据源

常用的列属性有以下几种。

（1）ControlSource：在列中要显示的数据，常见的是表中的一个字段。

（2）Sparse：如果将 Sparse 属性设置为"真"(.T.)，表格中控件只有在列中的单元被选中时才显示为控件(列中的其他单元仍以文本形式显示)；将 Sparse 设置为"真"(.T.)，允许用户在滚动一个有很多显示行的表格时能快速重画。

（3）CurrentControl：指定表格中哪一个控件是活动的，默认值为 Text1，如果在列中添加了一个控件，则可以将它指定为 CurrentControl。

例 10.31　设计一个表单，表单的功能为：用于学习 RecordSourceType 属性和 RecordSource 属性配合使用情况。总体设计的表单如图 10-67 所示。表单中有 3 个控件(表格 Grod1：用于显示信息；命令按钮 Command1：用于向表格中添加信息；标签 Label1：用于显示 RecordSourceType 的值)。本题用到的表，请参考图 10-64。

图 10-67　设计的表单

(1) 当 RecordSourceType=0(表)时，设置了相应属性的表单，如图 10-68 所示。

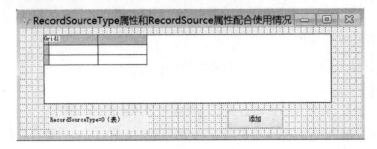

图 10-68　设置了相应属性的表单

如果"添加"按钮的代码如下：

```
thisform.grid1.recordsourcetype=0
thisform.grid1.recordsource="STU"
```

则运行时，在表格中显示的信息如图 10-69 所示。

图 10-69　表格显示的信息

(2) 当 RecordSourceType=1(表别名)时，如果"添加"按钮的代码如下：

```
use STU                        && 表必须打开
thisform.grid1.recordsourcetype=1
thisform.grid1.recordsource="STU"
```

则运行时，在表格中显示的信息如图 10-69 所示(与上例结果相同)。

(3) 当 RecordSourceType=4(SQL 语句)时，如果"添加"按钮的代码如下：

```
thisform.grid1.recordsourcetype=4
thisform.grid1.recordsource="SELECT * FROM STU INTO CURSOR TEMP"
```

则运行时，在表格中显示的信息如图 10-69 所示(与上两个例子结果相同)。

3. 表格控件使用要点

1) 设置表格列数

设置表格列数的方法是：在属性窗口中设置 ColumnCount(列数)属性的值。如果 ColumnCount 属性设置为-1(默认值)，则在运行时表格将包含与其链接的表中字段同样数量的列。

2) 设置表格中显示的数据源

可以为整个表格设置数据源，也可以为每个列单独设置数据源。

为整个表格设置数据源的步骤如下：

（1）选择表格，然后选择"属性"窗口的 RecordSourceType 属性。

（2）如果让 Visual FoxPro 打开表，则将 RecordSourceType 属性设置为"0-表"；如果在表格中放入打开表的字段，则将 RecordSourceType 属性设置为"1-别名"。

（3）选择"属性"窗口中的 RecordSource 属性。

（4）键入作为表格数据源的"别名"或"表"名。

如果要在特定的列中显示一个特定的字段，也可以为列设置数据源。为列设置数据源的具体方法如下：

（1）选择表格中的列，然后选择"属性"窗口的 ControlSource 属性。

（2）键入作为列的数据源的别名、表名或字段名。例如，可以键入：

　　　　学生.学号

注意：只有设置了列数（即设置了属性 ColumnCount 的值），才能选择列，并为列设置数据源。

3）向表格添加记录

将表格的 AllowAddNew 属性设置为"真"（.T.），则允许用户向表格中显示的表中添加新的记录。如果将 AllowAddNew 属性设置为"真"，当用户选中了最后一个记录，并且按下向下箭头键时，就向表中添加了新记录。

如果还想进一步控制用户什么时候向表中添加新记录，则可以将 AllowAddNew 属性设置为默认的"假"（.F.），并使用 APPEND BLANK 或 INSERT 命令添加新记录。

4）使用表格控件创建一对多表单

表格最常见的用途之一是：当文本框显示父表记录时，表格显示表的子记录；或当用户在父表中浏览一记录时，另一表格将显示相应的子记录。

如果表单的数据环境包含两个表之间的一对多联系，那么要在表单中显示这个一对多联系则非常容易，只需要将这两个具有一对多联系的表分别从"数据环境"拖拽到表单中即可（再用拖拽的方法调整一下布局），也可以只将需要的字段从"数据环境"中拖拽到表单中。由于在"数据环境"中已经有了两个表之间的一对多联系，将它们拖拽到表单后则会自动建立两个表格之间的一对多关系。

在大多数情况下，都要为表单或表单集创建一个数据环境，并且在设计数据库时已经建立好了表之间的联系。

但是在特殊情况下，即使不用"数据环境"，创建一对多表单也并不复杂。具体步骤如下：

（1）将文本框添加到表单中，显示主表中需要的字段。

（2）设置文本框的 ControlSource 属性为主表。

（3）在表单中添加一个表格。

（4）将表格的 RecordSource 属性设置为相关表的名称。

（5）设置表格的 LinkMaster 属性为主表名称。

（6）设置表格的 ChildOrder 属性为相关表中索引标识的名称，索引标识和主表中的关系表达式相对应。

（7）将表格的 RelationalExpr 属性设置为连接相关表和主表的表达式。例如，如果 ChildOrder 标识以 lastname+firstname 建立的索引，应将 RelationalExpr 也设置为相同的表达式。

无论用哪种方法建立一对多表单，都可以添加定位控件，浏览父表并刷新表单对象。

例如，在一个命令按钮的 Click 事件中可包含下面的代码：

```
SELECT orders                          &&如果 orders 是父表
SKIP
IF EOF()
  GO BOTTOM
ENDIF
THISFORM.Refresh()
```

5）在表格列中显示控件

除了在表格中显示字段数据，还可以在表格的列中嵌入控件（如嵌入文本框、复选框、下拉列表框、微调按钮等）。例如，如果表中有一个逻辑字段，当运行该表单时，通过辨认复选框的状态可以判定哪个记录的相应字段值是"真"（.T.）和哪个记录的相应字段值是"假"（.F.），同时修改这些值，也只需设置或清除复选框即可。

可以在"表单设计器"中交互地向表格列中添加控件，也可以通过编写代码在运行时添加控件。

在"表单设计器"中交互地在表格列中添加控件的方法如下：

（1）在表单中添加一个表格。

（2）在"属性"窗口中将表格的 ColumnCount 属性设置为需要的列数。

（3）在"属性"窗口的"对象"框中为控件选择父列。

（4）在"表单控件"工具栏中选择所要的控件，然后单击父列。在"表单设计器"中，新控件不在表格列中显示，但在运行时会显示出来。

（5）在"属性"窗口中，要确保该控件缩进显示在"对象"框中父列的下面。

（6）将父列的 ControlSource 属性设置为需要的表字段。

（7）将父列的 CurrentControl 属性设置为新加入的控件。

当运行表单时，这个控件将显示在表格列中。

提示：如果想让复选框在表格列中居中，可先创建一个容器类，将复选框添加到容器类中，并调整复选框在容器类中的位置，然后将容器类添加到表格列中，并将复选框的 ControlSource 属性设置为需要的字段。

用如下方法可以从"表单设计器"中移去表格列中的控件。

（1）在"属性"窗口的对象框中选择要移去的控件。

（2）激活"表单设计器"（可在"属性"窗口的对象框中选择要移去的控件后单击表单设计器），如果"属性"窗口可见，控件的名称将显示在"对象"框中。

（3）按下 Del 键删除控件。

例 10.32　设计一个表单，在表单的数据环境中添加"学生基本情况.DBF"表后，在表单上用表格控件显示一个表的数据。

方法 1：把数据环境中的"学生基本情况.DBF"的标题拖到表单上，将自动创建一个表格控件。表单运行后，将自动显示该表中的全部数据，如图 10-70 所示。

方法 2：用表单控件工具栏在表单上添加一个表格控件 Grid1，设置表格控件 Grid1 的属性，如表 10-24 所示。

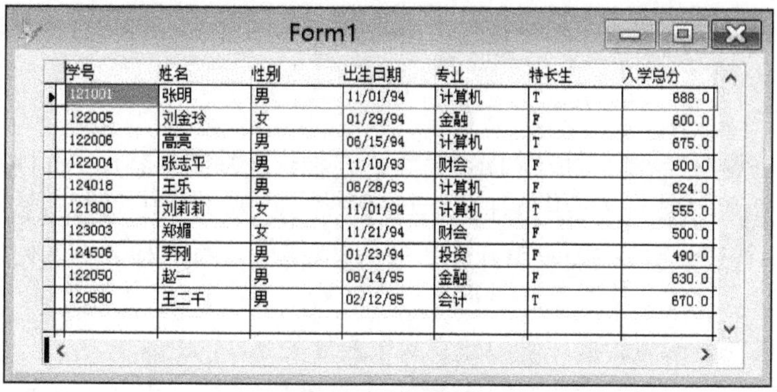

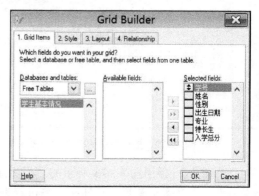

图 10-70　运行的表单

表 10-24　表格控件的属性

属　性　名	属　性　值	说　　明
RecordSourceType	0-表	指定与表格控件建立联系的数据源的类型
RecordSource	学生基本情况	数据源(即表名)
ColumnCount	-1	表格的列数

　　表单运行后，将自动显示该表中的全部数据，如图 10-70 所示。

　　方法 3：用表单控件工具栏在表单上添加一个表格控件 Grid1，设置表格控件 Grid1 的属性，如表 10-24 所示。用鼠标右击表格控件，在弹出的快捷菜单中执行"生成器"命令，在"表格生成器"窗口(图 10-71)，打开"学生基本情况.DBF"，选择在表格上输出的字段，运行表单后的结果与前两种方法相同。

　　几种方法的说明：前两种方法适用于在表格上输出表的全部字段，而用"表格生成器"既可以输出全部字段，也可以方便地选择部分字段输出。这 3 种方法设计的表格在表单运行后的效果相同。

图 10-71　表格生成器

　　例10.33　在表单上设计两个表格，在两个表格中分别显示两个表的内容。两个表分别是：学生表(Stu.DBF)、选课表(Xk.DBF)。两个表的记录内容如图 10-72 所示。

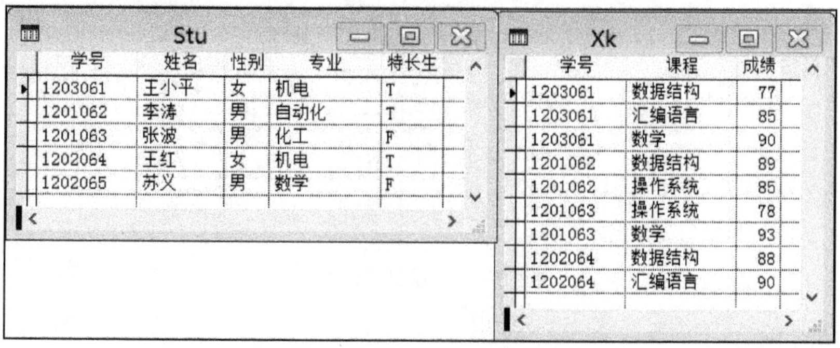

图 10-72　学生表(Stu.DBF)和选课表(Xk.DBF)的内容

当表单运行后，鼠标在一个表格控件上单击某个学生记录，则在另一个表格控件上显示该学生的选课信息。

操作步骤如下：

（1）创建一个数据库"学生成绩.DBC"文件，在该数据库中添加 Stu.DBF 和 Xk.DBF，把 Stu.DBF 作为主表（父表），在"表设计器"中设置"学号"为主索引（或候选索引），Xk.DBF（子表）中的"学号"为普通索引。拖动索引标记学号，建立两个表的一对多的永久关系，如图 10-73 所示。

注意：也可以在表单的数据环境中建立两个表的关系。

（2）创建表单，在表单上添加两个标签：设置属性 Label1（Caption 属性：学生），Label2（Caption 属性：成绩）。

（3）用鼠标把"数据库设计器"中两个表的标题分别拖到表单上，生成两个表格，调整好各标签和表格的位置。

运行该表单后，用鼠标单击"学生"表中的某个记录，下面的"成绩"表格显示了该学生的成绩，表示两个表在建立了关联后，记录指针按照"学号"同步移动，如图 10-74 所示。

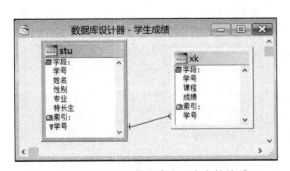

图 10-73　数据库中两个表的关系

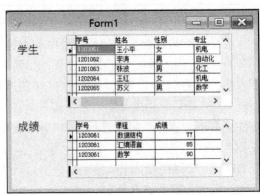

图 10-74　运行的表单

例 10.34　使用图 10-73 所示的"学生成绩"数据库，其中有 stu 及 xk 两个表，已经按"学号"建立了永久关联。设计一个能进行查询的表单，其界面如图 10-75 所示。当从组合框 Combo1 中选择姓名后，会在表格内显示该学生所选各课程的成绩，并在左边相应的文本框中显示其中的最高分、最低分、平均成绩。单击"退出"按钮将关闭表单。

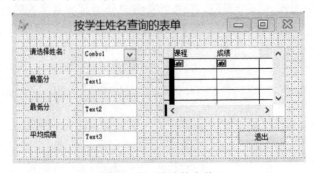

图 10-75　设计的表单

操作过程如下：

（1）创建表单，并向数据环境中添加 stu 及 xk 两个表。

（2）在表单中添加 4 个标签、3 个文本框、1 个组合框、1 个表格、1 个命令按钮，并设置相应的属性。

（3）设置表格的 ColumnCount 属性=2（共两列）。

（4）使用"表格生成器"进行设置：将表格内两列标头的 Caption 属性分别设置为"课程"和"成绩"，设置界面如图 10-76 所示。

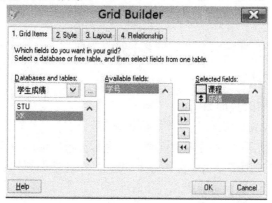

图 10-76　设置表格内两列标头

（5）编写 Form1_Init 代码如下：

```
thisform.combo1.rowsourcetype=6
thisform.combo1.rowsource="STU.姓名"
thisform.grid1.columncount=2
thisform.grid1.recordsourcetype=4
```

（6）编写 Combo1_Valid 代码如下：

```
thisform.grid1.recordsource="select 课程,成绩 ;   && 续行符(;)前必有空格
from 学生,成绩 where 学生.学号=成绩.学号 ;   && 续行符(;)前必有空格
and 姓名=alltrim(this.value) into cursor temp"
select max(成绩) as maxcj,min(成绩) as mincj,avg(成绩) as avgcj;
from temp into cursor temp1
thisform.text1.value=maxcj
thisform.text2.value=mincj
thisform.text3.value=avgcj
```

（7）编写退出_Click 代码如下：

```
Thisform.release
```

表单的运行界面如图 10-77 所示。

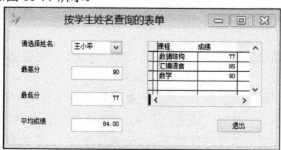

图 10-77　运行的表单

10.4.12 页框

页框控件一般也称为选项卡控件，页框是包含页面的容器对象，页面又可包含控件。可以在页框、页面或控件上设置属性。可以把页框想象为有多层页面的三维容器，只有最上层页面(或在页框的顶部)中的控件才是可见的、活动的。

1. 用途

页框控件是在表单上设计选项卡，提供多个对话界面。

2. 页框控件的常用属性

(1) PageCount：页框的页面数。

(2) Caption：在页框编辑状态下设计页面的标签。

(3) ActivePage：指定页框中的活动页面，或返回页框中活动页面的页号。

(4) TabStyle：确定选项卡是否都是大小相同的，并且是否都与页框的宽度相同。

(5) Tabs：确定页面的选项卡是否可见。

3. 页框控件的使用要点

1) 设置页框中的页面数

将页框控件添加到表单后，可以首先根据需要设置页框中的页面数，即设置 PageCount 属性的值。

2) 在页框中选择不同的页面

单击鼠标右键，将页框作为容器激活，然后从弹出的快捷菜单中选择"编辑"，可以直接选择要使用的页面选项卡，然后，就可以往页框中添加控件了。

也可以在"属性"窗口的"对象"框中直接根据页面名称选择页面。

3) 添加控件

为了把控件添加到指定页面下，可以采取如下步骤：

(1) 按前面所叙述的方法选择要添加控件的页面。

(2) 在"表单控件"工具栏中选择要添加的控件按钮。

(3) 在页面中单击鼠标添加控件，并把它调整到适当的大小。

注意：添加到页面的控件，只有在页面活动时才是可见的、活动的。

4) 管理页面选项卡上的长标题

如果选项卡下的标题太长，不能在给定页框宽度和页面数的选项卡上显示出来，可以有下面两种选择：

(1) 将 TabStretch 属性设置为"1-单行"(默认设置)，这样只显示能放入选项卡中的标题字符。

(2) 将 TabStretch 属性设置为"0-多重行"，这样选项卡将层叠起来，以便所有选项卡中的整个标题都能显示出来。

例 10.35 设计一个表单，在表单上添加页框控件，在页框控件中显示日期、时间等。

操作步骤为：新建表单，选择"新建"表单，进入"表单设计器"。往表单中添加一个页框架控件(PageFrame1)，并为该控件设置 PageCount 属性为 3，右单击页框架控件，选择"编辑"菜单，并对 Page1～Page3 分别添加控件并设置其属性。

（1）对 Page1 的设置。在该控件上增加一个标签（Label1）和一个形状控件（Shape1），并设置属性，如表 10-25 所示。

表 10-25　各控件的属性

对　　象	属　　性	属　性　值	说　　明
Page1	Caption	您好	
Label1	Caption	欢迎使用本系统	

设计和运行结果如图 10-78 所示。

（2）对 Page2 的设置。在该控件上增加一个文本框（Text1）、一个形状控件（Shape1）、一个计时器（Timer1）和两个标签 Label1～Label2，并设置属性，如表 10-26 所示。

表 10-26　各控件的属性

对　　象	属　　性	属　性　值	说　　明
Page2	Caption	时间	
Text1	Alignment	2-中间	文本居中
	Value	=TIME()	时间函数
Timer	Interval	1000	1 秒
	Enabled	.T.	定时
Label1	Caption	现在时间是：	

计时器 Timer__Timer()事件的代码如下：

```
IF HOUR(DATETIME( ))>=12
    THIS.Parent.Label1.caption="下午"
ELSE
    THIS.Parent.Label1.caption="上午"
ENDIF
THIS.Parent.Text1.Value=SUBSTR(TTOC(DATETIME()),10,8)
```

设计和运行结果，如图 10-79 所示。

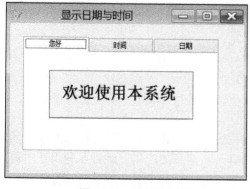

图 10-78　运行的表单

图 10-79　运行的表单

（3）对 Page3 的设置。在该控件上增加一个文本框（Text1）、一个形状控件（Shape1）和一个标签（Label1），并设置属性，如表 10-27 所示。

设计和运行结果如图 10-80 所示。

表 10-27　各控件的属性

对　象	属　性	属　性　值	说　明
Page3	Caption	日期	
Text1	Alignment	2-中间	文本居中
	Value	=DATE()	日期函数
	DateFormat	14-汉语	日期格式
Label1	Caption	今天是:	

例 10.36　在例 10.35 的表单中，添加一个选项按钮组，如图 10-81 所示。当单击选项按钮组中的按钮时，完成相应的功能。例如，单击"您好"按钮，进入"您好"选项卡。

图 10-80　运行的表单

图 10-81　设计的表单

编写选项按钮组 OptionGroup1_Click 的代码如下：

```
n=this.value
do case
    case n=1
        thisform.pageframe1.activepage=1
    case n=2
        thisform.pageframe1.activepage=2
    case n=3
        thisform.pageframe1.activepage=3
    case n=4
        thisform.release
endcase
```

10.4.13　计时器

计时器控件与用户的操作独立，它对时间做出反应，可以让计时器以一定的间隔重复地执行某种操作。例如，一个实时监控数据库中是否有最新信息的应用，就可以利用计时器定时检查数据库是否有新记录，计时器通常用来检查系统时钟，确定是否到了应该执行某一任务的时间。

计时器最常用的属性是 Interval，它指定了一个计时器事件和下一个计时器事件之间的毫秒数。如果计时器有效，它将以近似等间隔的时间接收一个事件(命名为 Timer 事件)。在使用计时器编程时，必须考虑 Interval 属性的如下几条限制：

（1）间隔的范围为 0～2147483647，这意味着最长的间隔约为 596.5 小时(超过 24 天)。

（2）间隔并不能保证经历时间的精确性，为确保其精确度，计时器应及时检查系统时钟，不以内部累计的时间为准。

（3）系统每秒钟产生 18 次时钟跳动，虽然 Interval 属性以毫秒作为计量单位，但间隔的真正精确度不会超过 1/18 秒。

（4）如果应用程序向系统提交繁重的任务，比如很长的循环、大量的计算，或磁盘、网络、端口的访问，则应用程序不能按 Interval 属性指定的频率来接收计时器事件。

计时器控件设计时在表单中是可见的，这样便于选择属性、查看属性和为它编写事件过程；而运行时计时器是不可见的，所以它的位置和大小都无关紧要。

1. 用途

计时器利用系统时钟触发事件，在一定时间的间隔周期性地执行某些重复的工作。

2. 计时器控件的常用属性

计时器控件主要有两个属性，即 InterVal 属性和 Enabled 属性。

InterVal 属性为时间间隔属性（单位是毫秒），范围为 0～2147483647。如果计时器有效，它将以近似等间隔的时间接受一个事件（命名为 Timer 事件）。

计时器的 Enabled 属性为"真"（.T.）表示启动计时器，计时器的 Enabled 属性为"假"（.F.）表示终止计时器。计时在表单设计过程中以图标方式存在，但在运行时是以后台方式运行的，没有可视形式，它的位置和大小无关紧要。

3. 计时器控件使用要点

1）设置计时器的间隔

通过设置计时器的 Interval 属性的值来决定 Timer 事件的工作间隔，Interval 属性以毫秒作为计量单位。

必须记住 Timer 事件是周期性的，Interval 属性不能决定事件已经进行了多长时间，而是决定事件发生的频率。间隔的长短要根据需要达到的精度来确定，由于存在一定潜在的内部误差，应将间隔设置为所需精度的一半。

注意：计时器事件越频繁，处理器就需要用越多的时间响应计时器事件，这样会降低整个程序的性能，除非必要，尽量不要设置太小的时间间隔。

2）对计时器事件的响应

计时器控件有一个 Timer 事件，Timer 事件每隔 Interval 属性规定的时间间隔将发生一次，即每隔一定时间间隔重复执行的程序代码将放在计时器控件的 Timer 事件下。

数字时钟是使用计时器控件的一个简单但非常有用的应用程序，如图 10-82 所示。但其中计时器控件在运行时是看不到的。

图 10-82 所示的时钟应用程序在设计时将 Interval 属性设置为 1000（毫秒），然后只需要在计时器控件的 Timer 事件下包含如下语句：

```
thisform.label2.caption=time()
```

3）停止 Timer 事件的响应

如果要停止计时器控件 Timer 事件的响应，只需要将 Interval 属性的值设置为 0。例如，在图 10-82 所示程序的"停止计时"命令按钮下有如下语句：

```
thisform.timer1.Interval=0
```

例 10.37 设计一个表单,如图 10-83 所示。表单中有 2 个标签(分别显示日期与时间)、1 个命令按钮组(定时:开始定时;停止:停止定时;退出:退出表单)、1 个计时器。

(1) 编写"计时器控件"的 Timer1__Timer()事件代码如下:

```
thisform.label1.caption=dtoc(date())
thisform.label2.caption=time()
```

图 10-82　计时器运行结果

(2) 编写"命令按钮组"的 CommandGroup1__Click()事件代码如下:

```
n=this.value
do case
    case n=1
        thisform.timer1.enabled=.t.
        thisform.timer1.interval=1000
    case n=2
        thisform.timer1.enabled=.f.
    case n=3
        thisform.release
endcase
```

表单的运行结果如图 10-84 所示。

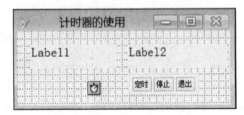

图 10-83　设计的表单

图 10-84　表单的运行结果

10.4.14　微调按钮

微调控件是一种可以通过输入或单击上、下箭头按钮增加或减少数值的控件,既可以让用户通过"微调"值来选择确定一个值,也可以直接在微调框中输入值。

1. 用途

微调按钮简称为微调,它通过微小增量或减量调节输入一定范围的数值数据。

2. 常用属性

(1) Increment:用户每次单击向上或向下按钮时增加或减少的值。

(2) Value:微调框控件的当前状态(值)。

(3) KeyboardHighValue:键盘能输入微调文本框中的最高值。

(4) KeyboardLowValue:键盘能输入微调文本框中的最低值。

(5) SpinnerHighValue:单击向上按钮时,微调控件能显示的最高值。

(6) SpinnerLowValue:单击向下按钮时,微调控件能显示的最低值。

3. 微调控件的使用要点

1）设置用户输入值的范围

将 KeyboardHighValue 和 SpinnerHighValue 属性设置为用户可在微调控件中输入的最大值；将 KeyboardLowValue 和 SpinnerLowValue 属性设置为用户在微调控件中输入的最小值。在设计微调控件应用时，应该将用户可以输入的范围值和用户可以"微调"的范围值统一起来。

2）单击向上按钮减少微调控件值

在一般应用中单击向上按钮是增加值，单击向下按钮是减少值。但在有些特殊应用中可能正好相反。例如，用微调控件输入表示"优先级"的值，单击向上按钮时优先级从 2 提高到 1，这时可将 Increment 属性设置为−1。

3）微调非数值型值

微调控件值一般为数值型，也可以使用微调控件和文本框来微调多种类型的数值。例如，如果想让用户微调一定范围的日期，可以调整微调控件的大小，使它只显示按钮，同时在微调按钮旁边放置一个文本框，设置文本框的 Value 属性为日期，在微调控件的 UpClick 和 DownClick 事件中增加或减少日期。

例 10.38 设计一个表单，界面如图 10-85 所示。表单中有 2 个标签、1 个表格、2 个微调按钮。表单的功能：对学生信息表进行查询，当单击微调按钮 Spinner1 时，从中选择月份，同时在表格中显示出本月出生的学生记录；当单击微调按钮 Spinner2 时，从中选择年份，同时在表格中显示出本年出生的学生记录。

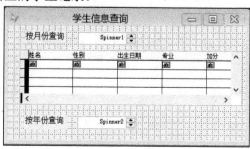

图 10-85 设计的表单

设计方法如下：

（1）创建表单，在数据环境添加"学生情况"表。

（2）在表单上添加 2 个标签，并分别设置属性，如图 10-85 所示；2 个微调框(Spinner1、Spinner2)，并分别设置微调框的属性，如表 10-28 及表 10-29 所示；1 个表格，并在表格生成器中设置相应属性，如图 10-85 所示。

表 10-28 微调框(Spinner1)的属性

属 性 名	属 性 值	属 性 名	属 性 值
SpinnerHightValue	12	Increment	1
SpinnerLowValue	1	Value	6

表 10-29 微调框(Spinner2)的属性

属 性 名	属 性 值	属 性 名	属 性 值
SpinnerHightValue	1996	Increment	1
SpinnerLowValue	1992	Value	1994

(3) 编写表单的 form1_Init()代码如下：

```
thisform.grid1.recordsourcetype=4
```

(4) 编写"微调框"的 Spinner1__Click()事件代码如下：

```
yf=this.value
thisform.grid1.recordsource="select 姓名,性别,出生日期,专业,加分 ;
from 学生情况 where month(出生日期)=yf into cursor temp"
```

运行后，用微调的数字增减按钮选择月份后，用鼠标单击上下箭头左边的空白处，就执行了微调框的 Click 事件代码，显示了所选月份出生的学生，结果如图 10-86 所示。

(5) 编写"微调框"的 Spinner2__Click()事件代码如下：

```
nf=this.value
thisform.grid1.recordsource="select 姓名,性别,出生日期,专业,加分 ;
from 学生情况 where nf=year(出生日期) into cursor temp"
```

运行后，用微调的数字增减按钮选择年份后，用鼠标单击上下箭头左边的空白处，就执行了微调框的 Click 事件代码，显示了所选年份出生的学生，结果如图 10-87 所示。

图 10-86　按月份查询的结果　　　　图 10-87　按年份查询的结果

10.4.15　OLE 控件

在表单控件工具栏中，OLE 控件共有两个，一个是 ActiveX 控件(OleControl)，利用它可以在表单中嵌入和链接各种类型的文件；另一个是 ActiveX 绑定控件(OleBoundControl)，利用它可以在表单中嵌入和链接表的通用型字段。

1. 用途

在表单显示 OLE 对象。OLE 指对象的嵌入和链接，是 Windows 环境下各程序之间实现资源共享的一种手段。OLE 对象包括文本数据、声音数据、图像数据、视频数据等。

2. 相关说明

(1) 表单上的 OLE 对象分两种：一种是 OLE 容器，用表单控件工具栏的"ActiveX 控件(OleControl)"按钮创建，其内容是各种 OLE 对象；另一种是 OLE 绑定控件，用表单控件工具栏的"ActiveX 绑定控件(OleBoundControl)"按钮创建，其内容只能是表中的通用型字段的 OLE 对象。

(2) OLE 容器的创建方法是用表单控件工具栏的"ActiveX 控件"按钮在表单上添加 OLE 对象后，立即出现插入对象的对话框，如图 10-88 所示。选择"新建"或"由文件创建"的方式插入 OLE 对象。

图 10-88　插入对象对话框

（3）OLE 绑定控件的创建方法有两种：一种是把表单数据环境中表的通用型字段拖到表单中，自动生成 OLE 控件；另一种是用表单控件工具栏的"ActiveX 绑定控件(OleBoundControl)"按钮在表单上添加对象，设置其 ControlSource 属性为表的通用型字段名。

3．OLE 绑定控件的常用属性

ControlSource 为 OLE 对象所绑定的通用型字段名。

例 10.39　设计一个表单，在表单上添加 1 个 OLE 容器控件，用电子表格 Excel 的数据作为 OLE 容器的插入对象。

操作步骤如下：

（1）用 Excel 创建一个电子表格文件，输入数据，并保存在磁盘上。文件内容如图 10-89 所示。

（2）创建一个表单，在表单上添加 1 个"ActiveX 控件(OleControl)"控件，在弹出的"插入对象"对话框(图 10-88)中，选择"由文件创建"选项按钮，再用"浏览"按钮找到磁盘上的电子表格文件，将其插入。运行表单后的结果如图 10-90 所示。

图 10-89　Excel 文件内容　　　　　　　　　　图 10-90　运行的表单

例 10.40　把学生信息.DBF 的通用型字段"照片"作为"OLE 绑定控件"对象的例题。设计一个表单，在表单的数据环境中添加"学生信息.DBF"，然后把数据环境中表的"姓名"和"照片"字段拖到表单上。在表单上添加 1 个命令按钮组，通过使用命令按钮，实现浏览记录的功能。

表单运行后，显示的结果如图 10-91 所示。

编写命令按钮组 CommandGroup1__Click()的程序代码如下：

```
n=this.Value
DO case
    CASE n=1
```

```
        GO top
CASE n=2
    SKIP
CASE n=3
    SKIP -1
CASE n=4
    GO bottom
CASE n=5
    thisform.Release
ENDCASE
thisform.Refresh
```

图 10-91　运行的表单

10.4.16　超级链接

1. 用途

超级链接控件主要用于链接到 Internet 的目标地址，进入 Internet 网络。

2. 相关说明

(1) 超级链接控件在表单运行时是不可见的。

(2) 该控件的网络链接功能是通过其他控件的事件代码调用 NavigateTo（ ）方法来实现的。常用加下划线标签的 **Click** 事件代码来调用超级链接的 NavigateTo（ ）方法。

例 10.41　在表单上设计 1 个标签，其 Caption 属性是"沈阳大学信息工程学院"。如果计算机已经上网，在表单运行时，单击"沈阳大学信息工程学院"标签，将进入了沈阳大学信息工程学院网站。

操作步骤如下：

(1) 创建表单，在表单上添加 1 个标签 Label1、1 个超级链接控件 Hyperlink1，Hyperlink1 控件不需要任何设置。设计的表单如图 10-92 所示。

(2) 设置标签 Label1 的属性，如表 10-30 所示。

表 10-30　标签的属性

属 性 名	属 性 值	属 性 名	属 性 值
Caption	沈阳大学信息工程学院	FontUnderline	.T.
FontSize	28	FontBold	.T.

(3) 编写标签 Label1__Click（）的事件代码如下：

```
thisform.hyperlink1.NavigateTo("www.syu.edu.cn/xxgcxy")
```

表单运行后，显示的结果如图 10-93 所示。

图 10-92　设计的表单

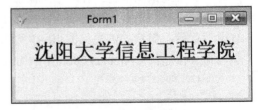

图 10-93　运行的表单

在表单上单击"沈阳大学信息工程学院"标签，将进入沈阳大学信息工程学院网站，如图 10-94 所示。

图 10-94　沈阳大学信息工程学院网站

10.4.17　线条

1. 用途

在表单上画水平线、垂直线或对角线。

2. 相关说明

（1）激活所设计的线条，可用鼠标拖动方法改变线条的长短和方向。
（2）可用属性窗口和线条的属性代码设计线条的静态属性和动态属性。
（3）线条控件一般不需要编写程序。

3. 常用属性

线条的常用属性如表 10-31 所示。

表 10-31　线条的常用属性

属 性 名	属 性 值	属 性 名	属 性 值
BoderStyle	线型（实线、虚线等）	Height	线条在表单上的垂直距离
BoderWidth	指定线条的粗细	Width	线条在表单上的水平距离

例 10.42　设计如图 10-95 所示的表单。在表单上有 4 根线条，增加线条的目的是为了增加表单的美观效果。

图 10-95　设计的表单

10.4.18　形状

1．用途

形状控件主要用于在表单上创建矩形、圆或椭圆形状等对象。

2．相关说明

（1）用 Curvature 属性设置形状控件角的曲率。最小值为 0 表示无曲率，为矩形。可设置的最大曲率为 99，表示圆或椭圆。

（2）对表单设计的形状控件，用鼠标拖动的方法只能修改大小，不能直接改变曲率，改变曲率只能在属性窗口改变或用属性代码。

（3）可用 FillStyle 属性指定形状的填充图案。

（4）形状控件一般不需要编写程序。它在设计表单中主要起到美观的作用。

3．常用属性

（1）Curvature：形状控件的曲率（范围为 0～99）。

（2）FillStyle：填充图案。

例 10.43　设计如图 10-96 所示的表单。在表单上画一个圆，并在里面填充网格线。在表单上添加形状控件 Shape1 后，在属性窗口设置 Shape1 的属性如下：

- Curvature：99
- FillStyle：6-交叉线

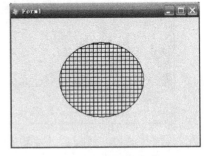

图 10-96　设计的表单

10.4.19　容器

1．用途

容器可以包含多个控件对象，便于统一操作和处理。

2．相关说明

（1）允许用户编辑和访问容器中的对象。

（2）先创建容器，再向容器中添加控件对象，容器中的对象就可以操作了。

（3）容器控件一般不需要编写程序。用它包含其他控件，起到统一管理的作用。

图 10-97　运行的表单结果

3．常用属性

容器除了具有 Top、Width、Height、Visible、Enabled 等属性外，还具有以下常用属性。

（1）BackStyle：窗口是否透明。

（2）SpecialEffec：容器样式（0-凸起、1-凹下、2-平面）。

例 10.44　设计一个的表单。在表单上利用容器控件美化表单，表单的运行效果如图 10-97 所示。

本题中在表单上添加了 3 个控件, 外层的容器(Container1)为凹下, 内层的容器(Container2)为凸起, 在凸起的容器上添加 1 个标签(Label1)。各控件的属性如下。

· Container1: SpecialEffect 属性的值为 1-凹下。
· Container2: SpecialEffect 属性的值为 0-凸起。
· Label1: 学生管理系统。

10.4.20　图像控件

图像控件允许在表单中添加图片(.bmp 文件)。图像控件和其他控件一样, 具有一整套的属性、事件和方法程序。因此, 在运行时可以动态地更改图像, 可以用单击、双击和其他方式来交互地使用图像。

1. 用途

图像控件主要用于存放图片, 使用它来修饰表单的外观效果。图像控件一般不需要编写程序代码。

2. 常用的属性

(1) Picture: 要显示的图片(.bmp 文件)。
(2) BorderStyle: 决定图像是否具有可见的边框。
(3) Stretch: 如果 Stretch 设置为"0-剪裁", 那么超出图像控件范围的那一部分图像将不显示; 如果 Stretch 设置为"1-等比填充", 图像控件将保留图片的原有比例, 并在图像控件中显示最大可能的图片; 如果 Stretch 设置为"2-变比填充", 则将图片调整到正好与图像控件的高度和宽度匹配。

例 10.45 对例 10.44 中的表单, 在其上添加 1 个图像控件, 设置它的 Picture 属性为一个图片文件, 用于修饰表单。表单的运行效果如图 10-98 所示。本题不用编写程序代码。

本章介绍了表单的建立和使用方法。在 VFP 中可以创建两类表单, 分别是普通表单与数据表单。在创建表单时, 要重点用好表单控件。

【说明】

本章中用到了 4 个新的自由表。这 4 个自由表分别为: 学生表(Stu.DBF)、选课表(Xk.DBF)、学生基本情况表(学生基本情况.DBF)、学生信息表(学生信息.DBF), 这 4 个表的内容分别如图 10-99～图 10-102 所示。

图 10-98　使用图像修饰表单

学号	姓名	性别	专业	特长生
1203061	王小平	女	机电	T
1201062	李涛	男	自动化	T
1201063	张波	男	化工	F
1202064	王红	女	机电	T
1202065	苏义	男	数学	F

图 10-99　学生表(Stu.DBF)的内容

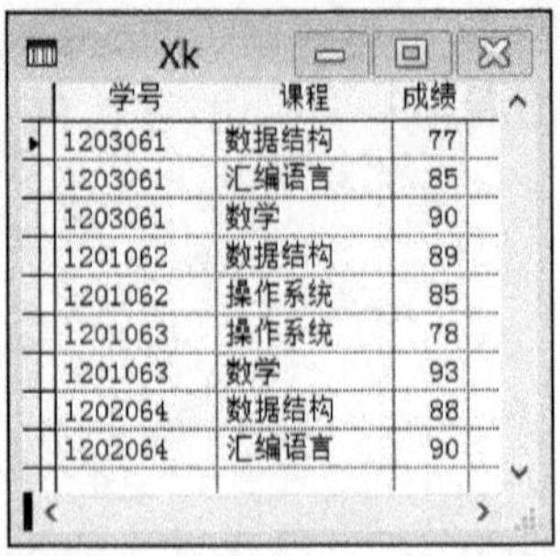

学号	课程	成绩
1203061	数据结构	77
1203061	汇编语言	85
1203061	数学	90
1201062	数据结构	89
1201062	操作系统	85
1201063	操作系统	78
1201063	数学	93
1202064	数据结构	88
1202064	汇编语言	90

图 10-100　选课表(Xk.DBF)的内容

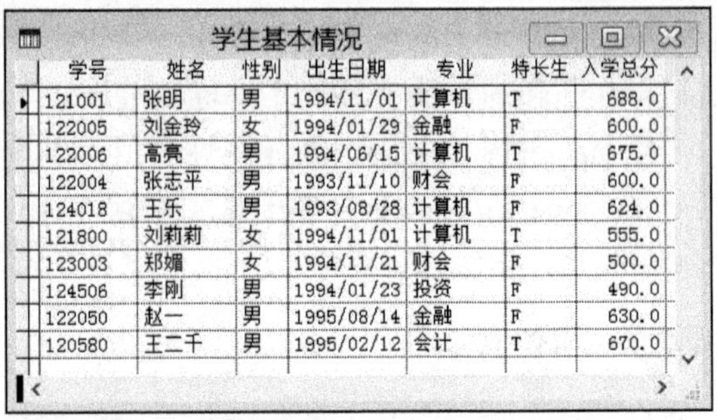

学号	姓名	性别	出生日期	专业	特长生	入学总分
121001	张明	男	1994/11/01	计算机	T	688.0
122005	刘金玲	女	1994/01/29	金融	F	600.0
122006	高亮	男	1994/06/15	计算机	T	675.0
122004	张志平	男	1993/11/10	财会	F	600.0
124018	王乐	男	1993/08/28	计算机	F	624.0
121800	刘莉莉	女	1994/11/01	计算机	T	555.0
123003	郑媚	女	1994/11/21	财会	F	500.0
124506	李刚	男	1994/01/23	投资	F	490.0
122050	赵一	男	1995/08/14	金融	F	630.0
120580	王二千	男	1995/02/12	会计	T	670.0

图 10-101　学生基本情况表(学生基本情况.DBF)的内容

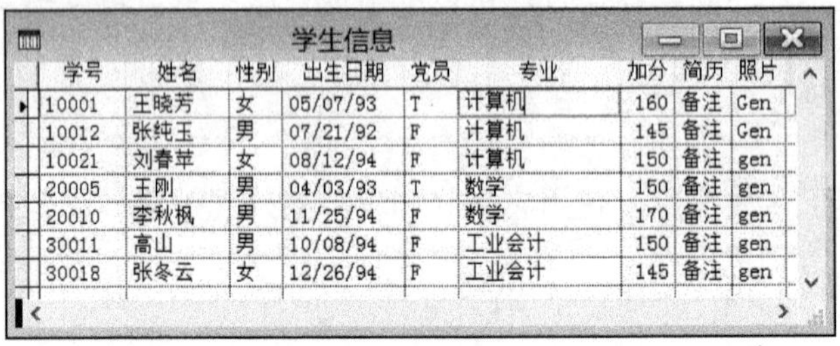

学号	姓名	性别	出生日期	党员	专业	加分	简历	照片
10001	王晓芳	女	05/07/93	T	计算机	160	备注	Gen
10012	张纯玉	男	07/21/92	F	计算机	145	备注	Gen
10021	刘春苹	女	08/12/94	F	计算机	150	备注	gen
20005	王刚	男	04/03/93	T	数学	150	备注	gen
20010	李秋枫	男	11/25/94	F	数学	170	备注	gen
30011	高山	男	10/08/94	F	工业会计	150	备注	gen
30018	张冬云	女	12/26/94	F	工业会计	145	备注	gen

图 10-102　学生信息表(学生信息.DBF)的内容

习　题　10

1. 单项选择题

(1) 在 Visual FoxPro 中，表单(Form)是指________。

A. 数据库中各个表的清单　　B. 一个表中各个记录的清单

C. 数据库查询的列表　　D. 窗口界面

(2) 在表单控件工具栏中，________是“编辑框”控件的图标。

A. 　　B. 　　C. 　　D.

(3) Visible 属性是指________。

A. 指定对象是否可见　　B. 指定对象是否响应用户引发的事件

C. 指定对象是否只读　　D. 指定对象是否能够得到焦点

(4) 下列________方法具有刷新控件的作用。

A. Release　　B. Show　　C. Refresh　　D. SetFocus

(5) 下列控件均为容器类的是________。

A. 表单、命令按钮组、命令按钮　　B. 表单集、列、组合框

C. 表格、列、文本框　　D. 页框、表单、表格

(6) VFP 中可编辑的表单文件的扩展名是________。

A. SCT　　B. SCX　　C. SPR　　D. SPT

(7) VFP 系统环境下，运行表单的命令为________。

A. DO FORM <表单名>　　B. REPORT FORM <表单名>

C. DO <表单名>　　D. 只能在项目管理器中运行

(8) 表单中包含一个命令按钮组，命令按钮组中有 2 个按钮 Command1、Command2，在 Command1 的 Click 事件中，This.parent 指的是________。

A. 表单 B. 命令按钮组

C. Command1 按钮 D. Command2 按钮

(9) 假设一个表单中包含一个命令按钮，当按下命令按钮时，表单的标题改为"我的表单"，在命令按钮的 Click 事件中添加的正确代码是_____。

A. This.Caption="我的表单" B. ThisForm.Caption="我的表单"

C. ThisFormSet.Caption="我的表单" D. ThisParent.Form.Caption="我的表单"

(10) 表格(Grid)、文本框(Text)、命令按钮组(CommandGroup)、列(Column)是 VFP 系统中的对象，它们当中不能直接加到表单中的对象是_____。

A. 表格 B. 命令按钮组 C. 文本框 D. 列

2. 填空题

(1) 创建表单有两种途径：_____和_____。

(2) 表单中的_____控件可用来创建多页面表单，该控件的_____属性可用来设置页面的个数。

(3) 在表单中添加了某些控件后，除了通过属性窗口为其设置各种控件外，也可以通过相应_____为其设置常用属性。

(4) 在表单设计器启动后，Visual FoxPro 的系统菜单中将自动出现_____菜单。

(5) 利用_____工具栏可以向表单中添加控件。

(6) 如果单击表单后，表单对象的标题栏消失，则该表单的 Click 事件中的代码为_____。

(7) 要将命令按钮设置成失效，只要将其对应的 Enable 属性设置为_____。

(8) 在对表单上的控件进行操作前，必须先_____。

(9) 在打开数据环境设计器时，系统菜单上将出现_____菜单。

(10) 建立一个表单 Form1，表单中含有一个标签 Label1，一个命令按钮 Command1。表单标题为"练习"，标签的标题为空，命令按钮上的标题为"开始"。用鼠标单击按钮后，标签上显示"欢迎使用！"。完成表单初始化事件(Init)和按钮单击事件(Click)中的代码。

表单初始化事件(Init)中的代码如下：

```
ThisForm.Caption="练习"
   1
   2
```

按钮单击事件(Click)中的代码：

```
   3
```

3. 简答题

(1) 什么是表单？

(2) 设计表单有几种方法？

(3) 如何设置表单的数据环境？

(4) 表单中常用的控件有哪些？

(5) 如何向表单中添加控件？如何修改控件？

(6) 表单中控件的属性如何设置？

(7) 利用表单向导创建的表单有何局限？

(8) 简要说明文本框控件与编辑框控件的区别。

(9) 组合框控件分为几种类型？如何设置组合框的类型？

(10) 说明"容器类"控件与"控件类"控件的区别，并指出哪些是"容器类"控件，哪些是"控件类"控件。

4. 设计题

(1) 设计一个表单，在表单上有 3 个命令按钮，分别为"大写"、"小写"和"复原"，在表单上有 1 个文本框，在文本框中有 Hollo。表单的功能为：当表单运行时，在文本框中输入 Visual FoxPro，当单击"大写"或"小写"按钮时，文本框中的英文相应变成大写或小写。当单击"复原"时，文本框中的 Visual FoxPro 变为：最初的字符 Hollo。设计的表单如图 10-103 所示。

(2) 在第(1)题设计的表单中，将 3 个命令按钮改为命令按钮组，实现的功能与第(1)题的功能相同。设计的表单如图 10-104 所示。

图 10-103　设计的表单

图 10-104　设计的表单

(3) 在第(1)题设计的表单中，将 3 个命令按钮改为选项按钮组，实现的功能与第(1)题的功能相同。设计的表单如图 10-105 所示。

(4) 设计一个简单的计算器，本计算器的功能是：可以完成加、减、乘、除和乘方运算。设计的表单如图 10-106 所示。

图 10-105　设计的表单

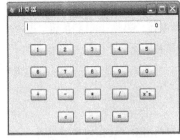

图 10-106　设计的计算器

(5) 利用页框控件设计一个学生成绩查询的表单，表单由两个界面组成，分别如图 10-107 及图 10-108 所示。编写相应的程序。

图 10-107　学生成绩查询界面

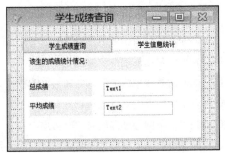

图 10-108　学生信息统计界面

第11章 菜 单 设 计

教学提示：菜单是用户操作应用程序的主要界面，它由一系列命令或选项(菜单项)构成，用户通过选择菜单选项发出命令，指示应用程序完成用户期待的任务。恰当地规划和设计菜单，可以使应用程序的主要功能得以体现，使用户更方便地使用应用程序。

用户在执行应用程序或查找信息之前，首先看到的便是菜单。如果把菜单设计得很好，那么只要根据菜单的组织形式和内容，用户就可以很好地理解应用程序。为此，VFP 提供了"菜单设计器"用来创建菜单，提高应用程序的质量。在应用程序设计过程中，随时都可以创建和修改菜单。

教学目标：本章主要讨论菜单设计方法，其中主要介绍使用 VFP 的菜单设计器设计下拉式菜单与快捷菜单的方法，并重点介绍在表单中引入菜单的方法。通过本章的学习，要求学生掌握菜单的有关概念，学会使用 VFP 的菜单设计器来设计下拉式菜单与快捷菜单的方法，掌握在表单中引入菜单的方法。

11.1 菜单系统概述

11.1.1 菜单系统的基本结构

Visual FoxPro 的菜单分为下拉式菜单和快捷菜单两种。

1. 下拉式菜单

Visual FoxPro 中的菜单与 Windows 中的菜单一样，Visual FoxPro 的下拉式菜单是一个树型结构，列出了一个应用系统的整个功能框架。下拉菜单由一个条形菜单(菜单栏)和一组弹出式菜单(子菜单)组成，如图 11-1 所示。

图 11-1 下拉菜单的样式

菜单按层次可分为如下几种：

1) 条形菜单(菜单栏)

又称为主菜单项，这是下拉菜单系统最上面的一层。每个主菜单项的显示名称又称为菜单标题，例如，"文件"、"编辑" 等。单击主菜单项通常是打开一个下拉菜单，也可以是执行一个命令或过程。

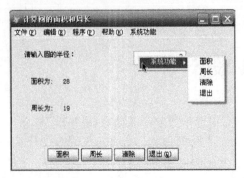

图 11-2　快捷菜单的样式

2) 弹出式菜单(子菜单)

弹出式菜单中包含若干菜单项。在弹出式菜单中,可以用分隔线对逻辑或功能紧密相关的菜单项分组,方便用户使用。菜单项既可以对应一个命令或程序,也可以对应一个子菜单。

2. 快捷菜单

快捷菜单就是用鼠标右键单击时出现的菜单,快捷菜单通常列出与处理对象有关的一些功能命令,快捷菜单一般由一个或一组上下级的弹出式菜单组成,如图 11-2 所示。其中,在文本框处就有一组快捷菜单,用于完成文本框处的相关功能。

11.1.2　在菜单中使用的命令

(1) SET SYMENU TO 命令。

功能:屏蔽系统菜单,使系统菜单不可用。

(2) SET SYMENU TO DEFAULT 命令。

功能:使系统菜单恢复为缺省配置(退出用户自定义的菜单)。

11.1.3　菜单系统的设计步骤

不管应用程序的规模多大,打算使用的菜单多么复杂,创建一个完整的菜单系统都需要以下步骤:

(1) 规划与设计系统。创建一个完整的菜单系统,首先要分析设计菜单系统,确定需要哪些菜单、各菜单出现在屏幕的什么位置,以及哪些菜单要有子菜单等。

(2) 创建菜单与子菜单。使用"菜单设计器"可以定义菜单标题、菜单项和子菜单项。

(3) 按实际要求为菜单系统指定任务。指定菜单所要执行的任务,例如显示表单或对话框等。另外,如果需要,还可以设置初始化代码和清理代码。初始化代码在定义菜单系统之前执行,其中包含的代码用于打开文件、声明变量或将菜单系统保存在堆栈中,以便以后可以进行恢复。清理代码中包含的代码在菜单定义代码之后执行,用于选择菜单和菜单项可用或不可用。

(4) 选择"预览"按钮预览整个菜单系统。

(5) 生成菜单程序。菜单制作完成后将生成一个以.MNX 为扩展名的菜单文件,选择"菜单"菜单,再选择"生成"命令,可将此菜单文件生成一个以.MPR 为扩展名的程序文件。

(6) 从"程序"菜单中选择"执行"命令,然后执行已生成的.MPR 程序,以测试菜单系统。下面分别加以论述。

1. 规划菜单系统

菜单系统的质量直接关系到应用系统的质量。规划合理的菜单,可使用户易于接受应用程序。在规划菜单系统时,应遵循下列准则:

(1) 按照用户所要执行的任务组织菜单系统,避免应用程序的层次影响菜单系统的设计。应用程序最终要面向用户,用户的思考习惯、完成任务的方法将直接决定用户对应用程序的认可程度。用户通过查看菜单和菜单项，可以对应用程序的组织方法有一个感性认识。因此，规划合理的菜单系统，应该与用户执行的任务是一致的。

（2）给每个菜单一个有意义的、言简意赅的菜单标题。此标题对菜单任务能够做简单明了的说明。

（3）参照预计菜单项的使用频率、逻辑顺序或字母顺序合理组织菜单项。

（4）在菜单项的每个逻辑组之间放置分隔线。

（5）将菜单上菜单项的项目限制在一个屏幕之内。如果菜单项的数目超过一个屏幕，则应为其中的一些菜单创建子菜单。

（6）为菜单和菜单项设计访问键或快捷键。

2. 使用"菜单设计器"

规划好菜单系统之后，就可以使用"菜单设计器"创建该系统了。

和创建表单一样，创建菜单也有 3 种方法：

（1）从"项目管理器"中选择"其他"选项卡，再选择"菜单"，然后选择"新建"。

（2）从 VFP 的"文件"菜单中选择"新建"菜单项，再从打开的"新建菜单"对话框中选择"菜单"，然后选择"新建文件"。

（3）在命令窗口中使用 CREATE MENU 命令。

以上 3 种方法都将首先打开如图 11-3 所示的对话框，从中可以建立两类菜单，一类是普通的菜单，一类是快捷菜单(通常在单击鼠标右键时弹出)。在图 11-3 所示的"新建菜单"对话框中，选择"菜单"或"快捷菜单"按钮，都可以打开"菜单设计器"，分别用于创建下拉菜单和快捷菜单。选择哪个按钮，都将进入"菜单设计器"，如图 11-4 所示。在"菜单设计器"中可以定义菜单标题、菜单项和子菜单项。

图 11-3　新建菜单对话框

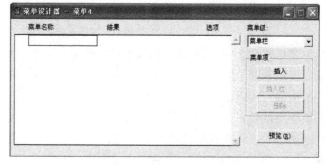

图 11-4　菜单设计器

3. 预览

在设计菜单时，可以随时单击"预览"按钮观察设计的菜单和子菜单，此时不能执行菜单代码。

4. 生成菜单程序文件(.mpr)

当通过"菜单设计器"完成菜单设计后，系统只生成了菜单文件(.mnx)，而.mnx 文件是不能直接运行的，必须先将.mnx 菜单文件生成.mpr 菜单程序，然后才能执行该菜单程序。

要生成菜单程序(.mpr)，应选择"菜单"中的"生成"选项。如果用户是通过项目管理器生成的菜单，则当在项目管理器中选择"连编"或"运行"时，系统将自动生成菜单程序。

5. 执行菜单

从"程序"菜单中选择"执行"命令，然后执行已生成的.mpr 程序，或在命令窗口中使用命令：DO 菜单文件名.mpr，运行菜单程序文件。

11.2 下拉菜单设计

11.2.1 快速菜单

当新建一个下拉菜单时，系统在打开"菜单设计器"的同时，将会在 Visual FoxPro 系统菜单上增加一个名为"菜单"的新菜单栏。如果希望以 Visual FoxPro 菜单为模板创建自己的菜单，可在图 11-3 所示的界面中选择"菜单"命令后，打开如图 11-4 所示的"菜单设计器"。这里可以建立用户自己定制的菜单，也可以快速建立所谓的标准菜单。

快速建立标准菜单的方法是：从"菜单"菜单(当打开"菜单设计器"时才有此菜单)中选择"快速菜单"项，则会产生如图 11-5 所示的结果。

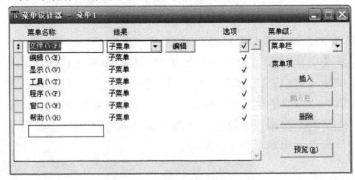

图 11-5 快速菜单的界面

快速菜单将产生一个与 Visual FoxPro 系统菜单一模一样的菜单，这种方法可以快速产生高质量的菜单系统，然后用户可以在"菜单设计器"中对其进行修改，使之符合自己的需要。此方法不用编写代码。

需要注意的是，快速菜单只能对新建的空菜单有效，如果已经在新菜单中输入了内容，则"快速菜单"项将变成灰色而不可使用。

例 11.1 建立快速菜单，只保留"文件"、"编辑"、"程序"和"帮助"4 项，以文件名 MENU1 保存并生成菜单程序。

操作步骤如下：

1) 创建快速菜单

(1) 选择"文件"菜单的"新建"命令，选择新建菜单，进入"新建菜单"对话框，如图 11-3 所示。

(2) 在图 11-3 中，选择"菜单"命令，将打开如图 11-4 所示的"菜单设计器"窗口。

(3) 选择系统主界面中的"菜单"菜单中的"快速菜单"命令，将产生如图 11-5 所示的新菜单。

(4) 在图 11-5 中，用鼠标左键选中不需要的菜单栏，然后通过设计器右侧的"删除"按钮，将其删除。操作后的结果如图 11-6 所示。

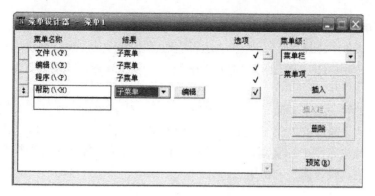

图 11-6　创建的快速菜单

2）预览设计后的快速菜单

单击设计器右侧的"预览"按钮，当前 Visual FoxPro 窗口的系统菜单将消失，取而代之的是新建的菜单，此时可以选择新菜单的任意一个菜单项，但不会执行，而只是在"预览"窗口显示当前选择的菜单项名称，如图 11-7 所示。

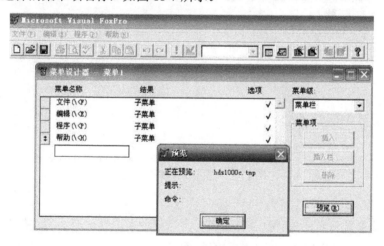

图 11-7　快速菜单的预览

3）保存菜单

单击工具栏上的"保存"按钮，在弹出的"另存为"对话框中，输入菜单名 MENU1，单击"保存"按钮，将新菜单保存为 MENU1.MNX。

4）生成菜单程序

选定"菜单"菜单中的"生成"项，将弹出如图 11-8 所示的"生成菜单"对话框。单击"生成"按钮，将生成 MENU1.MPR 菜单程序。

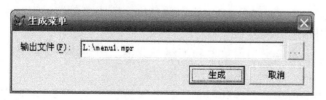

图 11-8　"生成菜单"对话框

5）运行菜单程序

在"程序"菜单中选择"运行"，在"运行"对话框中选中并双击 MENU1.MPR，或者在命令窗口中输入命令：DO　MENU1.MPR，在 Visual FoxPro 窗口中就会显示所定义的菜单，并运行菜单。

注意：使用此种方法创建菜单，不需要编写程序代码。如果要恢复原来的系统菜单，应在命令窗口中输入命令：SET SYSMENU TO DEFAULT 或者重新启动 VFP 系统。

快速菜单只是系统菜单的复制，要实现用户自定义菜单，需要对其进行增、删、改等操作。下面结合"菜单设计器"的使用进行介绍。

11.2.2 "菜单设计器"的使用方法

1．"菜单设计器"界面

"菜单设计器"界面如图 11-9 所示。"菜单设计器"主要由以下几部分组成。

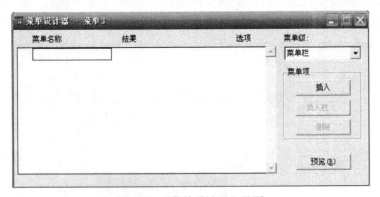

图 11-9 "菜单设计器"界面

1）菜单名称

在此输入菜单显示名称(标题)。每个提示文本框的前面有一个小方块按钮，用鼠标拖动它可以上下改变当前菜单项在菜单列表中的位置。

（1）访问键的设置方法：菜单名称输入"\<字母"。例如："文件\<F"。

（2）分组线的设置方法：菜单名称输入"\-"。

2）结果

用于选定子菜单命令，结果框中共有以下 4 个选项。

（1）命令：如果当前菜单项的功能是执行一条命令(一条语句)，则可以选中该项，然后在其右侧的文本框中输入要执行的命令。

（2）填充名称/菜单项#：在菜单栏中是"填充名称"，在子菜单中是"菜单项#"，其功能是为当前菜单栏指定一个 Visual FoxPro 的内部名称，或为菜单项指定一个内部编号。不需要编写代码的，要使用本选项。

（3）子菜单：供用户定义当前菜单和下级子菜单，当新建子菜单时，右侧出现"创建"按钮，当修改子菜单时，右侧出现"编辑"按钮。

（4）过程：如果当前菜单项的功能是执行一组命令(多条语句)，则应选择此选项。新建过程时，右侧出现"创建"按钮，修改时，右侧出现"编辑"按钮。

3）菜单级

在弹出列表框中显示当前所处的菜单级别。当菜单的层次较多时，可利用此项功能得知当前的位置，并可方便地在菜单栏与各级子菜单之间切换。

4）菜单项

包括"插入"、"插入栏"和"删除"按钮，用于菜单设计操作。

5）"预览"按钮

使用该按钮可观察所设计的菜单的外观，但不会执行菜单项指定的相应操作。

2. 在"菜单设计器"中设计下拉菜单

例 11.2　在"菜单设计器"中创建以下的菜单（下拉菜单）。假设要建立如下结构的菜单系统：

1）系统功能

① 建立实例窗口

·学生信息

·成绩信息

② 关闭当前窗口

③ 打印

④ 打印设置

⑤ 工具栏

⑥ 退出

2）数据管理

① 添加

② 删除

③ 修改

④ 查询

说明：以上的菜单结构描述了在菜单栏（一级菜单）中有系统功能、数据管理 2 项；在"系统功能"菜单下有子菜单（二级菜单），含有建立实例窗口、关闭当前窗口等 6 项；在"数据管理"菜单项下有子菜单（二级菜单），含有添加、删除、修改、查询 4 项；在"建立实例窗口"菜单项下又有级联菜单（三级菜单），含有学生信息和成绩信息 2 项。

下面就来建立这样一个具体的菜单，具体步骤如下。

（1）在命令窗口中输入：CREATE　MENU　MENU2，在出现的新建菜单对话框中，按"菜单"按钮，进入如图 11-9 所示的"菜单设计器"窗口。在"菜单设计器"中依次输入菜单名称"系统功能"、"数据管理"（菜单栏设计）。

（2）将光标定位在"系统功能"项上，在"结果"下拉列表框中选择"子菜单"（默认，如图 11-10 所示），并用鼠标单击旁边的"创建"按钮，然后依次输入"建立实例窗口"、"关闭当前窗口"、"打印"、"打印设置"、"工具栏"和"退出"菜单项。

（3）用类似的方法为"数据管理"、"建立实例窗口"建立子菜单。

（4）单击图 11-10 所示界面右下角的"预览"命令按钮可以预览菜单的设计结果。如图 11-11 所示是在预览时单击菜单栏的"系统功能"时弹出的二级（下拉）菜单。在"建立实例窗口"菜单项旁可以看到一个实心箭头，说明在此项下还有下一级菜单。

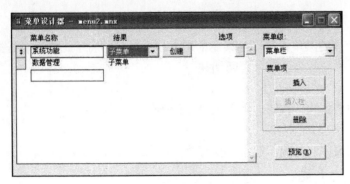
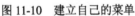

图 11-10　建立自己的菜单　　　　　　　　图 11-11　自定义菜单结果

（5）如果通过预览达到了设计的效果，则通过"菜单"菜单下的"生成"来生成并保存设计的菜单，这时将生成一个扩展名为.mpr 的文件，该文件实际上是由定义菜单的命令语句构成的命令文件。

注意：本例中的菜单只是设计了菜单的外观，还没有程序代码，这并不能执行相应的功能。如果要执行相应的菜单项，还需要为每一项编写程序代码。在本章的后面将介绍这方面的内容。

3．修改菜单

菜单生成以后还可以随时修改，对打开已有的菜单进行修改常用的有以下 3 种方法：

（1）从"项目管理器"中选择"其他"选项卡，然后将"菜单"展开，接着选择要修改的菜单并单击"修改"命令按钮。

（2）从 VFP 的"文件"菜单中选择"打开"菜单项，再从打开的"打开"对话框中选择文件类型为"菜单"，然后选择要修改的菜单文件，最后单击"确定"命令按钮。

（3）在命令窗口中使用"MODIFY MENU 菜单文件名.mnx"命令。

修改菜单的界面和建立菜单的界面是一样的，可以直接在上面修改。如果某菜单项有子菜单，相应"结果"肯定是子菜单，并且旁边有一个"编辑"命令按钮（如果当前还没有建立子菜单，则是"创建"命令按钮，如图 11-6 所示），这时单击"编辑"命令按钮则可以编辑、修改下一级菜单。

如果要返回上一级菜单，则可以通过图 11-6 所示界面右上角的"菜单级"下拉列表框选择相应的级别，"菜单栏"说明是顶级菜单，其他级别的菜单用菜单项的名字描述。通过"菜单级"下拉列表框只能由低层菜单返回高层菜单，不可能从高层菜单选择下层的菜单。

11.2.3　菜单项的相关设计

1．菜单项分组

为增强可读性，可使用分隔线将内容相关的菜单项分隔成组。例如，在 VFP 环境的"编辑"菜单中，就有一条线把"撤消、重做"命令与"剪切"、"复制"、"粘贴"、"选择性粘贴"、"清除"命令分隔开。

将菜单项分组（即显示一条分隔线）的方法如下：

（1）在一个空的"菜单名称"栏中键入符号"\-"便可以创建一条分隔线。

（2）拖动"\-"提示符左侧的按钮，将分隔线移动到正确的位置即可。

也可以在要插入分隔线的位置插入一个新的菜单项，然后直接输入符号"\-"。

2. 指定访问键

设计良好的菜单都具有访问键，从而通过键盘可以快速地访问菜单的功能。在菜单标题或菜单项中，访问键用带有下划线的字母表示。例如，VFP 环境的"文件"菜单使用 F 键作为访问键。

如果需要定义访问键，只需要在菜单项名称的任意位置键入"\<"，然后键入作为访问键的字母。比如，对菜单项"打印"希望定义字母 P 为访问键，则输入"打印\<p"。

注意：如果菜单系统的某个访问键不起作用，则可能在整个菜单中定义了重复的访问键。

3. 指定键盘快捷键

除了指定访问键以外，还可以为菜单项指定键盘快捷键。访问键与键盘快捷键的区别是：使用快捷键可以在不显示菜单的情况下使用按键直接选择菜单中的一个菜单项。

快捷键一般是 Ctrl 或 Alt 键与一个字母键相组合构成的组合键。例如，在 VFP 环境中，按 Ctrl+N 键可在 VFP 中打开"新建"对话框创建新文件。

为菜单项指定快捷键的方法如下：

（1）选择或将光标定位在要定义快捷键的菜单标题或菜单项。

（2）用鼠标单击"选项"栏中的按钮（见图 11-6），则打开如图 11-12 所示的"提示选项"对话框。

（3）在"键标签"文本框中按下组合键（没有定义快捷键时该框显示"按下要定义的键"），则立刻可创建快捷键（注意是直接按组合键，而不是逐个键入字符）。

（4）在"键说明"文本框中，输入希望在菜单项旁边出现的文本（默认是快捷键标记，建议不要更改）。

（5）单击"确定"按钮，快捷键定义生效。

注意：CtrI+J 键是无效的快捷键，因为在 VFP 中经常将其作为关闭某些对话框的快捷键。

4. 启用和废止菜单项

在设计应用程序时经常会有菜单并不总是有效的，所以在设计菜单时就可以为这样的菜单项指定一个"跳过"表达式，即当表达式为"真"时，该菜单项被跳过（即废止菜单项），而当表达式为"假"时菜单项有效（即启用菜单项）。

在图 11-12 所示的"提示选项"对话框中设置"跳过"表达式，可以直接在"跳过"文本框中输入一个逻辑表达式，也可以单击右侧的按钮打开"表达式生成器"来建立"跳过"的逻辑表达式。

图 11-12 "提示选项"对话框

5. 指定提示信息

当鼠标移动到菜单项上时，在屏幕底部的状态栏中可以显示对菜单项的详细提示信息。

为此在设计菜单时，可以在图 11-12 所示"提示选项"对话框的"信息"文本框中输入菜单项的详细提示信息。

例 11.3 第 10 章的图 10-65 所示的学生成绩数据库中有"学生(STU)"及"选课(XK)"两个表，已经按"学号"建立了永久关联。在"菜单设计器"中创建一个下拉菜单。一级菜单：系统功能；二级菜单：查询、退出。"查询"功能：按成绩降序显示出两个表中的学号、姓名、课程、成绩字段对应的记录；"退出"功能：程序终止运行。

操作步骤如下：

图 11-13　自定义的菜单

(1) 使用如图 11-9 所示的"菜单设计器"，创建菜单，如图 11-13 所示。

(2) 为菜单编写代码。

"查询"的菜单代码如下：

```
SELECT STU.学号,姓名,课程,成绩 FROM STU,XK ;
WHERE STU.学号=XK.学号 ORDER BY 成绩 DESC
```

"退出"的菜单代码如下：

```
SET SYSMENU TO DEFAULT
```

(3) 生成菜单程序：选择"菜单"菜单，再选择"生成"命令，将 11-3.MNX 生成 11-3.MPR。

(4) 执行菜单：执行 DO 11-3.MPR 命令后，将显示出菜单，如图 11-13 所示。单击"查询"菜单，将显示如图 11-14 所示的结果；单击"退出"菜单，程序终止运行，并返回 Visual FoxPro 系统菜单。

例 11.4 建立一组条形菜单(一级菜单)，其中包含：文件、显示、工具、窗口、退出(Q)，前 4 项使用 Visual FoxPro 系统菜单的功能，第 5 项"退出(Q)"的功能，使程序终止运行，并返回 Visual FoxPro 系统菜单。

操作步骤如下：

(1) 前 4 项可使用"快速菜单"创建，方法请参见例 11.1。

(2) 在"快速菜单"的后面增加第 5 项，并写入命令代码，如图 11-15 所示。

图 11-14　查询菜单显示的结果

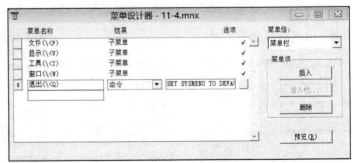

图 11-15　快速菜单窗口

(3) 生成并运行菜单，如图 11-16 所示。这时的各菜单项的功能都可以使用了。

图 11-16　运行菜单后显示的菜单

11.3　在顶层表单中设计菜单

一般情况下，生成的下拉菜单将出现在 Visual FoxPro 窗口上，如果希望菜单出现在自己设计的表单上，必须设置菜单的顶层表单(SDI)属性。同时，在顶层表单中也必须进行相应的设置，以调出菜单系统。

在顶层表单中设计菜单的步骤如下：

1) 创建菜单及子菜单

(1) 在菜单设计器中，创建菜单结构。

(2) 在"菜单设计器"方式下，选择"显示"菜单中的"常规选项"命令，将出现"常规选项"对话框。在对话框中选中"顶层表单"复选框，将菜单定位于顶层表单之中，如图 11-17 所示。

2) 编写菜单代码

在菜单设计器中，编写相应的代码程序。

3) 生成菜单码

完成菜单的设计后，选择主菜单中的"菜单"中的"生成"，将生成.mpr 的菜单文件。

4) 设计并修改表单

(1) 修改表单的 ShowWindows 属性为：2-作为顶层表单。

(2) 编写表单的 Init 事件代码如下：

```
DO 菜单文件.MPR WITH THIS, .T.
```

(3) 运行表单。

下面通过一些例题，说明顶层表单的创建及使用方法。

例 11.5 在第 10 章的例 10.14 中设计的表单上，添加顶层菜单，用菜单完成本题的全部功能。本题的功能为：在文本框中输入圆的半径，分别求出圆的面积和周长，面积和周长分别在两个标签中显示。设计的表单如图 11-18 所示。

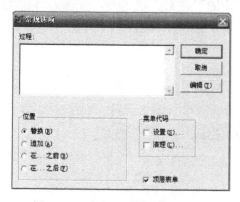

图 11-17　选中"顶层表单"复选框

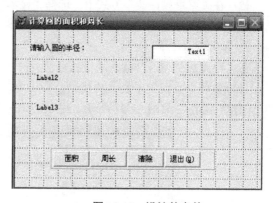

图 11-18　设计的表单

在顶层表单中设计菜单的步骤如下：

1) 创建菜单及子菜单

(1) 在菜单设计器中，创建菜单结构如下：

系统功能
　面积
　周长
　清除
　──
　退出

设计的主菜单和子菜单界面分别如图 11-19 和图 11-20 所示。

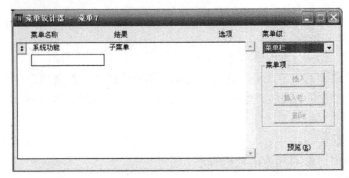

图 11-19　主菜单

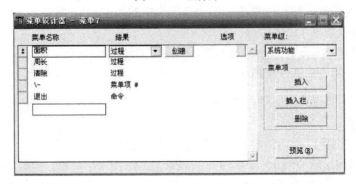

图 11-20　子菜单

（2）在"菜单设计器"方式下，选择"显示"菜单中的"常规选项"命令，将出现"常规选项"对话框。在对话框中选中"顶层表单"复选框，将菜单定位于顶层表单之中，如图 11-17 所示。

2）编写菜单代码

在"菜单设计器"中编写相应的代码程序。

（1）编写"面积"子菜单的代码：在"菜单设计器"中，单击"面积"子菜单的代码右侧的"创建"按钮，如图 11-21 所示。进入代码窗口，在代码窗口中输入代码，如图 11-22 所示。

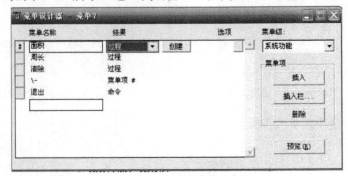

图 11-21　"菜单设计器"窗口

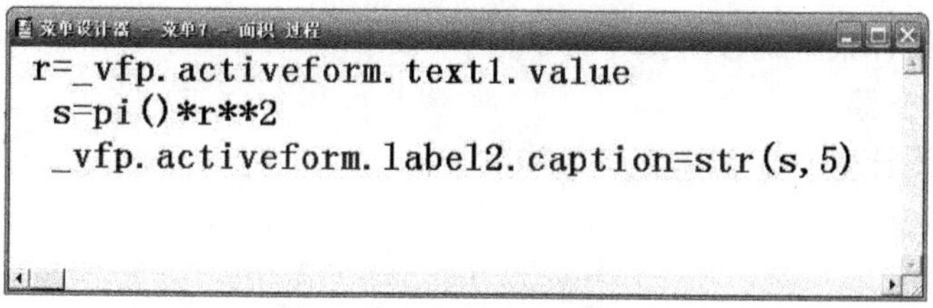

图 11-22　面积的过程代码

```
r=_vfp.activeform.text1.value
s=pi()*r**2
_vfp.activeform.label2.caption=str(s,5)
```

（2）编写"周长"子菜单的代码如下：

```
r=_vfp.activeform.text1.value
c=2*pi()*r
_vfp.activeform.label3.caption=str(c,5)
```

（3）编写"清除"子菜单的代码如下：

```
_vfp.activeform.text1.value=0
_vfp.activeform.label2.caption=""
_vfp.activeform.label3.caption=""
```

（4）编写"退出"子菜单的代码如下：

```
_vfp.activeform.release
```

注意事项如下：

在编写菜单的代码中，不能使用相对引用，必须使用绝对引用。定义菜单时，如果程序只有一条语句，那么，可以设置菜单的类型为"命令"或"过程"。如果程序有多条语句时，那么，只能设置菜单的类型为"过程"。

3）生成菜单码

选择主菜单中的"菜单"中的"生成"，将生成菜单文件 menu2.mpr。

4）设计并修改表单

（1）打开创建好的表单文件。

（2）修改表单的 ShowWindows 属性为：2-作为顶层表单。

（3）编写表单的 Init 事件代码如下：

```
DO menu2.MPR WITH THIS, .T.
```

（4）运行表单。运行后的表单界面如图 11-23 所示。

例 11.6 在第 10 章的例 10.24 中设计的表单上，添加顶层菜单，用菜单完成本题的全部功能。本题的功能为：在列表框中输出 100～200 之间能被 3 整除的所有数。设计的表单如图 11-24 所示。

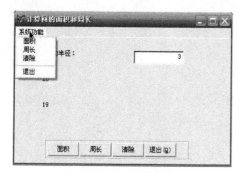

图 11-23　运行的表单

图 11-24　设计的表单

在顶层表单中设计菜单的步骤如下。

1）创建菜单及子菜单

（1）在"菜单设计器"中创建菜单结构如下：

```
本题功能
    开始
    清除
    ──
    关闭
```

设计的主菜单和子菜单界面分别如图 11-25 和图 11-26 所示。

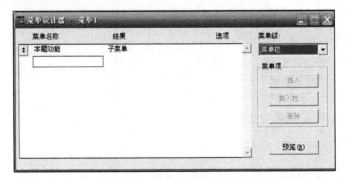

图 11-25　主菜单

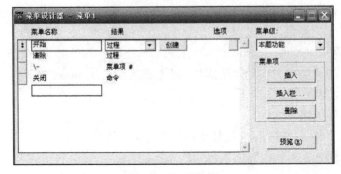

图 11-26　子菜单

（2）在"菜单设计器"方式下，选择"显示"菜单中的"常规选项"命令，将出现"常规选项"对话框，在对话框中选中"顶层表单"复选框，将菜单定位于顶层表单之中。

2）编写菜单代码

在菜单设计器中，编写相应的代码程序。

（1）编写"开始"子菜单的代码如下：

```
FOR i=100 TO 200
    IF i%3=0
        _vfp.activeform.list1.additem(STR(i,5))
    ENDIF
endfor
```

（2）编写"清除"子菜单的代码如下：

```
_vfp.activeform.list1.clear
```

(3) 编写"关闭"子菜单的代码如下：

```
_vfp.activeform.release
```

3）生成菜单码

选择主菜单中的"菜单"中的"生成"，将生成菜单文件 menu3.mpr。

4）设计并修改表单

(1) 打开创建好的表单文件。

(2) 修改表单的 ShowWindows 属性为：2-作为顶层表单。

(3) 编写表单的 Init 事件代码如下：

```
DO menu3.MPR WITH THIS, .T.
```

(4) 运行表单。运行后的表单界面如图 11-27 所示。

例 11.7 设计一个表单，在表单的数据环境中，添加"学生基本情况.DBF"表。其中，已经创建了"学生基本情况.CDX"结构复合索引文件，在索引文件中，有 4 个索引标记，分别为"学号"、"姓名"、"性别"、"出生日期"。该表单的功能是：分别按"学号"、"姓名"、"性别"、"出生日期"为排序依据，在表格控件中显示表的内容。要求使用下拉菜单完成此功能。表单界面如图 11-28 所示。

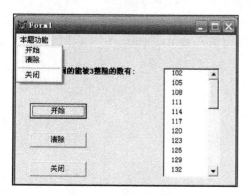

图 11-27　运行的表单

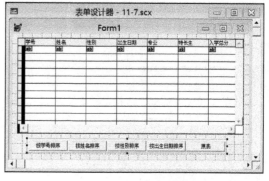

图 11-28　设计的表单

在顶层表单中设计菜单的步骤如下。

1）创建菜单及子菜单

(1) 在"菜单设计器"中，创建菜单结构如下：

　　　　显示表的内容
　　　　　　按学号排序
　　　　　　按姓名排序
　　　　　　按性别排序
　　　　　　按出生日期
　　　　　　显示原表

(2) 在"菜单设计器"方式下设置"顶层表单"。

2）编写菜单代码

在"菜单设计器"中，编写相应的代码程序。

(1) 编写"按学号排序"子菜单的代码如下：

```
set order to 1
_vfp.activeform.refresh
```

(2) 编写"按姓名排序"子菜单的代码如下：

```
set order to 2
_vfp.activeform.refresh
```

(3) 编写"按性别排序"子菜单的代码如下：

```
set order to 3
_vfp.activeform.refresh
```

(4) 编写"按出生日期"子菜单的代码如下：

```
set order to 4
_vfp.activeform.refresh
```

(5) 编写"显示原表"子菜单的代码如下：

```
set order to 0
_vfp.activeform.refresh
```

3）生成菜单码

选择主菜单中的"菜单"中的"生成"，将生成菜单文件 menu4.mpr。

4）设计并修改表单

(1) 创建表单文件，如图 11-28 所示。编写命令按钮组 CommandGroup1__Click( )的事件代码如下：

```
n=this.value
do case
    case n=1
        set order to 1
    case n=2
        set order to 2
    case n=3
        set order to 3
    case n=4
        set order to 4
    case n=5
        set order to 0
endcase
_vfp.activeform.refresh
```

(2) 修改表单的 ShowWindows 属性为：2-作为顶层表单。

(3) 编写表单的 Init 事件代码如下：

```
DO menu4.MPR WITH THIS , .T.
```

(4) 运行表单。运行后的表单界面如图 11-29 所示(本图选择的是原表的内容)。

例 11.8　创建一个内容如下的项层菜单结构(不要求写代码)。

信息录入	数据查询	数据修改	课程管理	退出
学生录入	成绩查询	成绩修改	课程修改	
成绩录入	学生查询	口令修改		
课程录入				

设计结果如图 11-30 所示。

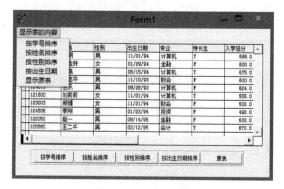

图 11-29　运行的表单

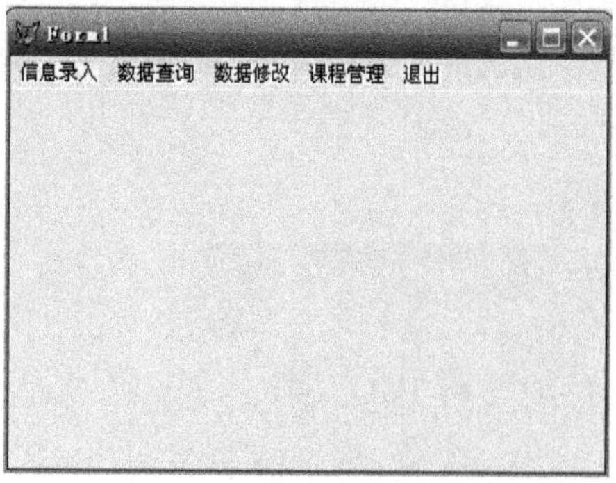

图 11-30　运行的表单

（1）"信息录入"菜单结构如图 11-31 所示。

（2）"数据查询"菜单结构如图 11-32 所示。

图 11-31　信息录入菜单结构

图 11-32　数据查询菜单结构

11.4　快捷菜单设计

"菜单设计器"除了可用来设计下拉式菜单外，还可设计快捷菜单。快捷菜单是一种单击鼠标右键才出现的弹出式菜单。实际上"菜单设计器"仅能生成快捷菜单的菜单本身，实现单击右键来弹出一个菜单的动作还需要编程来实现。

下面介绍快捷菜单的设计的具体步骤。

1）创建菜单及子菜单

选择"文件"菜单下的"新建"命令，选择创建的文件类型为"菜单"，进入"新建菜单"对话框，如图 11-33 所示。选择"快捷菜单"命令，进入"菜单设计器"。在"菜单设计器"中设计所需要的菜单结构（与下拉菜单相同）。

2）编写菜单代码

在"菜单设计器"中，编写相应的代码程序。

3）生成菜单码

完成菜单的设计后，选择主菜单中的"菜单"中的"生成"，将生成.mpr 的菜单文件。

4）设计并修改表单

（1）编写表单中对象的 RightClick( ) 事件代码如下：

```
DO　菜单文件.MPR
```

（2）运行表单。在相应对象上右击鼠标，出现快捷菜单。

下面通过一些例题，说明快捷菜单的创建及使用方法。

例 11.9 在例 11.5 中设计的表单上，添加快捷菜单，当在文本框（Text1）中右击鼠标时，出现快捷菜单。用快捷菜单完成本题的全部功能。本题的功能为：在文本框中输入圆的半径，分别求出圆的面积和周长。面积和周长分别在两个标签中显示。例 11.5 设计的表单如图 11-34 所示。

图 11-33　新建菜单对话框

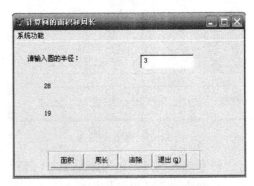

图 11-34　例 11.5 设计的表单

设计快捷菜单的步骤如下：

1）创建菜单及子菜单

选择"文件"菜单下的"新建"命令，选择创建的文件类型为"菜单"，进入"新建菜单"对话框，如图 11-33 所示。选择"快捷菜单"命令，进入"菜单设计器"。在"菜单设计器"中创建的菜单结构如下：

```
系统功能
    面积
    周长
    清除
    退出
```

2）编写菜单代码

（1）编写"面积"子菜单的代码如下：

```
r=_vfp.activeform.text1.value
s=pi()*r**2
_vfp.activeform.label2.caption=str(s,5)
```

（2）编写"周长"子菜单的代码如下：

```
r=_vfp.activeform.text1.value
c=2*pi()*r
_vfp.activeform.label3.caption=str(c,5)
```

（3）编写"清除"子菜单的代码如下：

```
_vfp.activeform.text1.value=0
_vfp.activeform.label2.caption=""
_vfp.activeform.label3.caption=""
```

（4）编写"退出"子菜单的代码如下：

```
_vfp.activeform.release
```

3）生成菜单码

选择主菜单中的"菜单"中的"生成"，将生成菜单文件 menu6.mpr。

4）设计并修改表单

（1）编写表单中文本框 Text1__RightClick（）事件代码如下：

```
DO  menu6.MPR
```

（2）运行表单。在文本框 Text1 上右击鼠标，出现快捷菜单，如图 11-35 所示。

例 11.10　在例 11.7 中设计的表单上添加快捷菜单，当鼠标在表格控件上右击时，能分别按"学号"、"姓名"、"性别"、"出生日期"为排序依据，在表格控件中显示表的内容。表单原来的功能界面如图 11-36 所示。

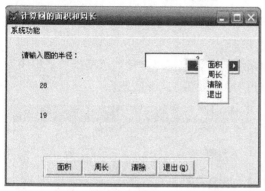

图 11-35　表单运行后，鼠标右击文本框的界面　　　　　图 11-36　表单的功能界面

设计快捷菜单的步骤如下：

1）创建菜单及子菜单

创建菜单结构如下：

显示表的内容
    按学号排序
    按姓名排序
    按性别排序
    按出生日期
    显示原表

2）编写菜单代码

在菜单设计器中，编写相应的代码程序。

（1）编写"按学号排序"子菜单的代码如下：

```
set order to 1
_vfp.activeform.refresh
```

（2）编写"按姓名排序"子菜单的代码如下：

```
set order to 2
_vfp.activeform.refresh
```

（3）编写"按性别排序"子菜单的代码如下：

```
set order to 3
_vfp.activeform.refresh
```

(4) 编写"按出生日期"子菜单的代码如下：

```
set order to 4
_vfp.activeform.refresh
```

(5) 编写"显示原表"子菜单的代码如下：

```
set order to 0
_vfp.activeform.refresh
```

3）生成菜单码

选择主菜单中的"菜单"中的"生成"，将生成菜单文件 menu7.mpr。

4）设计并修改表单

(1) 编写表单上的表格的 Grid1__RightClick() 事件代码如下：

```
DO  menu7.MPR
```

(2) 运行表单。运行后的表单界面如图 11-37 所示。

例 11.11　在例 11.10 中设计的表单上，添加系统菜单，包括"文件"、"编辑"、"程序"、"帮助"和"系统功能"，并完成本题的功能。设计的结果如图 11-38 所示。

图 11-37　运行的表单

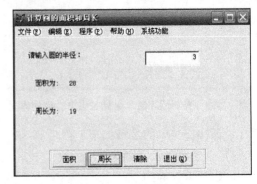

图 11-38　设计的表单

设计步骤如下：

1）创建快速菜单

详细步骤请参见例 11.1。创建的结果如图 11-39 所示。

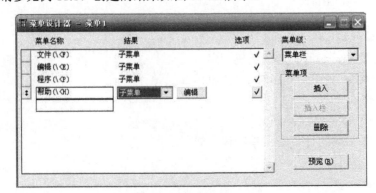

图 11-39　创建的快速菜单

2）添加下拉菜单

在快速菜单界面对话对话框中，添加下拉菜单如下：

```
系统功能
    面积
    周长
    清除
    ——
    退出
```

设计的菜单结果如图 11-40 所示。

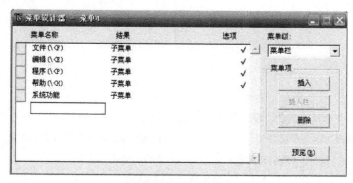

图 11-40　创建的下拉菜单

3) 设置顶层表单

编写"系统功能"子菜单中的各子菜单的程序代码。

(1) 编写"面积"子菜单的代码如下：

```
r=_vfp.activeform.text1.value
s=pi()*r**2
_vfp.activeform.label2.caption=str(s,5)
```

(2) 编写"周长"子菜单的代码如下：

```
r=_vfp.activeform.text1.value
c=2*pi()*r
_vfp.activeform.label3.caption=str(c,5)
```

(3) 编写"清除"子菜单的代码如下：

```
_vfp.activeform.text1.value=0
_vfp.activeform.label2.caption=""
_vfp.activeform.label3.caption=""
```

(4) 编写"退出"子菜单的代码如下：

```
_vfp.activeform.release
```

4) 生成菜单文件

选择主菜单中的"菜单"中的"生成"，将生成菜单文件 menu8.mpr。

5) 设置表单

打开表单例 11.7 的表单文件，并对表单文件进行设置。

(1) 修改表单的 ShowWindows 属性为：2-作为顶层表单。

(2) 编写表单的 Init 事件代码如下：

```
DO menu8.MPR  WITH  THIS, .T.
```

（3）运行表单。运行后的表单界面如图 11-34 所示。

说明：本题中，在表单上使用的菜单包括 3 种，下拉菜单、快捷菜单、快速菜单。其中，对于下拉菜单、快捷菜单要编写程序代码，而对于快速菜单，则不需要编写程序代码。

在几种菜单都使用的情况下，快速菜单要放到下拉菜单中使用，而不能放到快捷菜单中使用。

习　题　11

1．单项选择题

（1）在命令窗口中启动菜单设计器使用的命令是_____。

  A．RUN MENU <菜单文件名>　　　　　B．OPEN MENU <菜单文件名>

  C．CREATE MENU <菜单文件名>　　　　D．DO MENU <菜单文件名>

（2）"菜单设计器"窗口中可用于上、下级菜单之间切换的是_____。

  A．菜单级　　　　B．菜单项　　　　C．插入　　　　D．预览

（3）在"菜单设计器"的"结果"列为菜单指定的任务有 4 项，它们包括"填充名称"、"子菜单"、"过程"和_____。

  A．命令　　　　B．执行　　　　C．编辑　　　　D．查找

（4）将一个预览成功的菜单存盘，再运行该菜单，却不能执行。这是因为_____。

  A．没有个把菜单放到项目中　　　　B．没有生成菜单文件

  C．要用命令方式　　　　　　　　　D．没有编入程序

（5）设计菜单要完成的最终操作是_____。

  A．创建主菜单及子菜单　　　　　　B．指定各菜单任务

  C．浏览菜单　　　　　　　　　　　D．生成菜单程序

（6）假设已经生成了名为 mymenu 的菜单文件，执行该菜单文件的命令是_____。

  A．DO mymenu　　　　　　　　　　B．DO mymenu.mpr

  C．DO mymenu.pjx　　　　　　　　　D．DO mymenu.max

2．填空题

（1）在命令窗口中执行_____命令可以启动"菜单设计器"。

（2）在利用"菜单设计器"设计菜单时，当某菜单相对应的任务需要用多条命令来完成时，应利用_____选项来添加多条命令。

（3）快捷菜单实质上是一个弹出式菜单，要将某个弹出式菜单作为一个对象的快捷菜单，通常是在对象的_____事件代码中添加调用该弹出式菜单的程序命令。

（4）要将菜单项分组（即显示一条分隔线），可以在"菜单名称"栏中键入符号是_____。

（5）如果需要定义菜单的访问键，只需要在菜单项名称的任意位置键入_____。

3．简答题

（1）菜单在应用系统程序中的作用如何？

(2) 菜单分为哪两类？

(3) 简要说明菜单系统设计的步骤。

(4) 简要说明快速菜单的设计方法。

(5) 简要说明在表单上添加菜单的方法及步骤。

4. 设计题

(1) 创建一个"学生信息管理系统"内容如下的下拉式菜单，并定义访问键。下拉菜单的样式如图 11-41 所示。

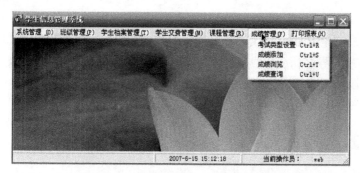

图 11-41　下拉菜单的样式

系统管理	班级管理	学生档案管理	学生交费管理	课程管理
添加用户	添加	添加	添加	基本设置
修改密码	浏览	浏览	浏览	班级设置
重新登录	修改	修改	修改	
--------		查询	查询	查询
打印报表				--------
退出系统				基本信息

(2) 在第(1)题中创建的菜单的最后增加"成绩管理"、"打印报表"菜单，其中"成绩管理"菜单的内容如图 11-42 所示。

图 11-42　"成绩管理"下拉菜单的样式

(3) 修改第(1)题中的"学生交费管理"下拉菜单，修改的结果如图 11-43 所示。

图 11-43　"学生交费管理"下拉菜单的样式

(4) 创建一个顶层表单，将第(3)题中的所有菜单加入顶层表单中。

(5) 在第(4)题中的顶层表单中，建立一个使用具有"学生档案管理"、"学生交费管理"、"系统管理"功能的快捷菜单。

第 12 章　报表与标签设计

教学提示：报表和标签主要以打印方式为用户提供信息，也为在打印文档中显示并且总结数据提供灵活的途径。在实际应用中常常需要把数据打印出来加以分析或报送，所以报表在数据库管理信息系统中占据极其重要的地位。在日常工作中，利用 VFP 可在打印文档中显示或打印报表和标签，总结特定的数据。报表由数据源和布局两个基本部分组成。数据源通常指数据库中的表、视图或查询等，布局则定义报表的打印格式。

教学目标：本章主要介绍报表与标签的设计，包括报表与标签的创建、"报表设计器"或"标签设计器"的使用内容。通过本章的学习，要求学生掌握报表及标签的创建方法，会使用向导、快速报表、"报表设计器"或"标签设计器"创建报表及标签；掌握报表及标签的编辑方法。

12.1　报表设计基础

设计报表时，可先用 VFP 提供的"快速报表"功能快速生成常用格式的报表，或者利用 VFP 提供的"报表向导"功能生成某种固定格式的报表，然后再利用"报表设计器"进行修改和加工，直至设计出满足设计者要求的报表。

报表文件的扩展名为.frx。

12.1.1　报表设计基础

创建报表主要涉及两方面的内容：报表的数据源和报表输出内容的布局。

1. 设定报表的数据源（数据环境的使用）

报表的数据源可以是：数据库表、自由表、临时表、视图、查询。

将数据源添加到报表的数据环境中的方法是：在如图 12-1 所示的"报表设计器"中，右击选择"数据环境设计器"，右击选择"添加"，如图 12-2 所示。然后选择所需要的数据源添加即可。添加后的结果如图 12-3 所示。

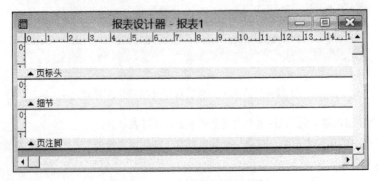

图 12-1　"报表设计器"界面

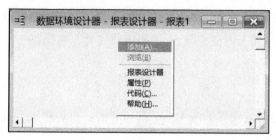
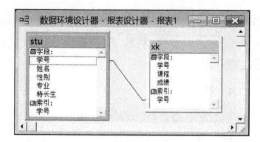

图 12-2 "数据环境设计器"界面　　　　图 12-3 添加了数据源的"数据环境设计器"

2. 设计报表布局

报表布局即报表内容的排列格式与打印输出形式。

报表的布局有：行报表(相当于表的编辑显示)、列报表(相当于表的浏览显示)、一对多报表(一对多关系)、多栏报表(包括多栏行报表和多栏列报表)、标签(相当于多栏报表)。

报表布局的样式如图 12-4 所示。

列报表　　　行报表　　　一对多报表　　　多栏报表　　　标签

图 12-4 报表布局的样式

为了帮助选择布局，这里给出报表布局的一些说明，以及它们的一般用途举例，如表 12-1 所示。

表 12-1 常规布局列表

布局类型	说　　明	用途举例
列	每行一条记录，每条记录的字段在页面上按水平方向放置	分组/总计报表 财政报表 存货清单 销售总结
行	一列的记录，每条记录的字段在一侧竖直放置	列表
一对多	一条记录或一对多关系	发票 会计报表
多栏	多栏的记录，每条记录的字段沿左边缘竖直放置	电话号码薄 名片
标签	多列记录，每条记录的字段沿左边缘竖直放置，打印在特殊纸上	邮件标签 名字标签

选定满足需求的报表布局后，便可以用"报表设计器"创建报表布局文件。

3. 报表的创建方法

方法 1：使用"报表向导"创建简单的单表或多表报表。
方法 2：使用"快速报表"创建简单、规范的报表。
方法 3：使用"报表设计器"创建或修改各种报表。
以上每种方法创建的报表布局文件都可以用"报表设计器"进行修改。"报表向导"是创建报表的最简单途径，它自动提供很多"报表设计器"的定制功能。"快速报表"是创建简单布局报表的最迅速途径。如果直接在"报表设计器"内创建报表，"报表设计器"将提供一个空白布局。

4. 报表的打印

（1）页面设置：选择"文件"→"页面设置"（设置纸张大小、打印方向、页边距），"页面设置"界面如图 12-5 所示。

（2）打印预览：右击报表设计器，选择"预览"，预览结果如图 12-6 所示。

（3）打印报表：选择"文件"→"打印"。

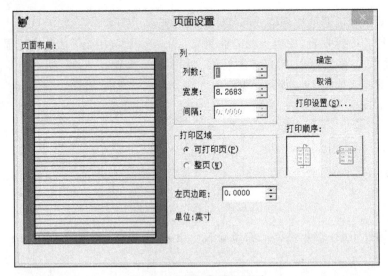

图 12-5 "页面设置"界面

<table>
<thead>
<tr><th colspan="7">学生基本情况</th></tr>
<tr><th colspan="7">08/13/13</th></tr>
<tr><th>学号</th><th>姓名</th><th>性别</th><th>出生日期</th><th>专业</th><th>特长生</th><th>入学总分</th></tr>
</thead>
<tbody>
<tr><td>121001</td><td>张明</td><td>男</td><td>11/01/94</td><td>计算机</td><td>Y</td><td>688.0</td></tr>
<tr><td>122005</td><td>刘金玲</td><td>女</td><td>01/29/94</td><td>金融</td><td>N</td><td>600.0</td></tr>
<tr><td>122006</td><td>高亮</td><td>男</td><td>06/15/94</td><td>计算机</td><td>Y</td><td>675.0</td></tr>
<tr><td>122004</td><td>张志平</td><td>男</td><td>11/10/93</td><td>财会</td><td>N</td><td>600.0</td></tr>
<tr><td>124018</td><td>王乐</td><td>男</td><td>08/28/93</td><td>计算机</td><td></td><td>624.0</td></tr>
<tr><td>121800</td><td>刘莉莉</td><td>女</td><td>11/01/94</td><td></td><td>Y</td><td>555.0</td></tr>
<tr><td>123003</td><td>郑姗</td><td></td><td>11/21/94</td><td>财会</td><td>N</td><td>500.0</td></tr>
<tr><td>124506</td><td>李刚</td><td>男</td><td>01/23/94</td><td>投资</td><td></td><td>490.0</td></tr>
<tr><td>122050</td><td>赵一</td><td></td><td>08/14/95</td><td>金融</td><td></td><td>630.0</td></tr>
</tbody>
</table>

图 12-6 预览结果

12.1.2 使用"报表向导"创建报表

使用向导是设计报表的捷径之一。当想设计一个报表而对报表的设计又不太熟悉时，可以使用"报表向导"来设计一个报表。这时，只要按照向导对话框中的步骤一步一步地操作，就能很快地完成报表设计任务。

打开"报表向导"，先选择菜单"文件"→"新建"，打开如图 12-7 所示的"新建"对话框。再选择其中的"报表"单选按钮，选择"向导"图标按钮，打开如图 12-8 所示的"向导选取"对话框。在"向导选取"对话框内有两种向导可供选择。如果建立的报表是单个表的报表，则选取"报表向导"选项即可；如果报表的数据源是父表及其包含的子表中的记录，则选择"一对多报表向导"选项。

图 12-7 "新建"对话框

图 12-8 "向导选取"对话框

下面分别举例说明适用于一个表的"报表向导"和适用于多个表的"一对多报表向导"的使用。

例 12.1 使用"报表向导"创建一个单表报表，将"学生信息"表中的所有记录的部分字段打印出来。

操作步骤如下：

（1）选择"文件"→"新建"→"报表"→"向导"，出现"向导选取"对话框，如图 12-8 所示。从中选取适用于单表的"报表向导"，出现"字段选取"对话框，从中选取所要的字段内容，如图 12-9 所示。

（2）单击"下一步"按钮，将出现如图 12-10 所示的"分组记录"对话框。如果选此项，表一定要索引。在本题中此项使用默认值。

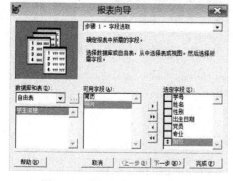

图 12-9 "字段选取"对话框

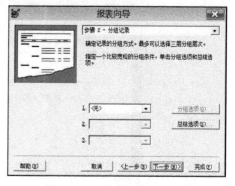

图 12-10 "分组记录"对话框

（3）单击"下一步"按钮，将出现如图 12-11 所示的"选择报表样式"对话框。在本题中此项使用默认值。

（4）单击"下一步"按钮，将出现如图 12-12 所示的"定义报表布局"对话框。在本题中此项使用默认值。

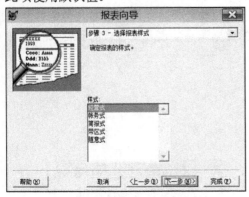

图 12-11 "选择报表样式"对话框

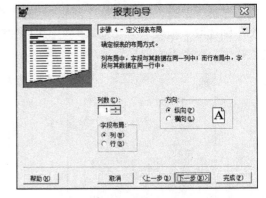

图 12-12 "定义报表布局"对话框

（5）单击"下一步"按钮，将出现如图 12-13 所示的"排序记录"对话框。在本题中此项使用默认值。

（6）单击"下一步"按钮，将出现如图 12-14 所示的"完成"对话框。

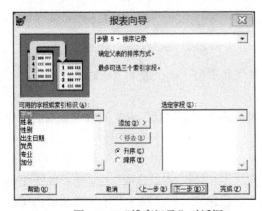

图 12-13 "排序记录"对话框

图 12-14 "完成"对话框

这时，单击"预览"按钮，结果如图 12-15 所示。最后保存即可。

图 12-15 产生的报表

（7）单击"完成"按钮。至此，整个的报表已经设计完成。

例 12.2 使用"报表向导"创建一个适用于多个表的一对多报表。建立的报表数据是从如图 12-16 所示的"学生成绩"数据库中的两个表中得来的，而且这两个数据库表是一对多的关系，因为某位学生可能对应于几个科目的考试成绩。

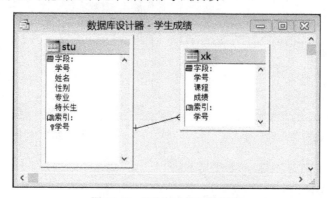

图 12-16 "学生成绩"数据库

操作步骤如下：

（1）打开如图 12-8 所示的"向导选取"对话框，选择"一对多报表向导"选项，将出现如图 12-17 所示的"从父表选择字段"对话框。选择父表 STU 中的字段内容，选择的结果如图 12-17 所示。

（2）单击"下一步"按钮，将出现如图 12-18 所示的"从子表选择字段"对话框。选择子表 XK 中的字段内容，选择的结果如图 12-18 所示。

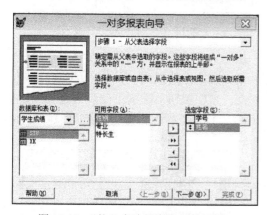

图 12-17 "从父表选择字段"对话框

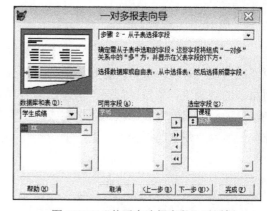

图 12-18 "从子表选择字段"对话框

（3）单击"下一步"按钮，将出现如图 12-19 所示的"为表建立关系"对话框。因为数据库的中的两个表已经建立了关联，此步骤按默认值即可。

（4）单击"下一步"按钮，将出现如图 12-20 所示的"排序记录"对话框。需要排序的记录只能是父表中的记录，选择的结果如图 12-20 所示。

（5）单击"下一步"按钮，将出现如图 12-21 所示的"选择报表样式"对话框。在这里选择"账务式"样式，并选中"纵向"打印方向，如图 12-21 所示。单击"总结选项"按钮，打开"总结选项"对话框，如图 12-22 所示。选中"成绩"、"平均值"对应的复选按钮，然后单击"确定"按钮。

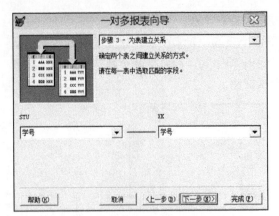

图 12-19 "为表建立关系"对话框

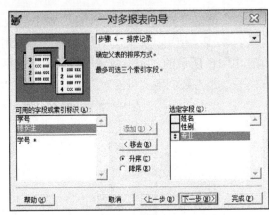

图 12-20 "排序记录"对话框

图 12-21 "选择报表样式"对话框

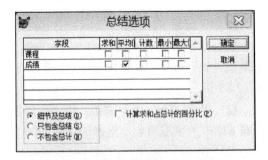

图 12-22 "总结选项"对话框

（6）单击"下一步"按钮，将出现如图 12-23 所示的"完成"对话框。在这里，用户可以修改报表的标题，选择保存报表的方式，还可以预览刚建立的报表。单击"预览"按钮，对报表的结果进行预览，如果不满意，可以单击"上一步"按钮，回到上一步进行修改，直到满意为止。修改报表标题为"学生成绩报表"，单击"预览"按钮，打开如图 12-24 所示的窗口，显示所生成的报表。

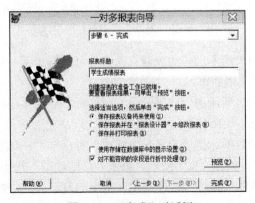

图 12-23 "完成"对话框

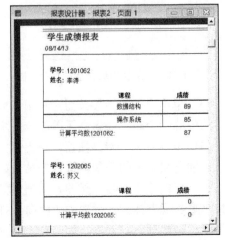

图 12-24 预览报表

（7）单击"完成"按钮，在"另存为"对话框中保存报表，命名为"学生成绩报表.frx"。

至此，整个的报表已经设计完成，全部所做的工作只是根据向导的提示做出回答，操作极为简单。

12.1.3　创建快速报表

若是初次设计报表，可用"快速报表"方式，然后在"报表设计器"中对生成的报表进行修改和定制，这样往往可以节省时间。

要使用快速报表功能，必须在"报表设计器"打开时才可以使用。

下面，以具体的实例说明快速报表的创建方法。

例 12.3　使用"快速报表"功能，将 STU 表中的所有记录的所有字段打印出来。

操作步骤如下：

（1）打开"报表设计器"，选择"文件"→"新建"→"报表"→"新建文件"命令，出现"报表设计器"界面，此时在主窗口中将增加一个"报表"菜单，如图 12-25 所示。

（2）选择"报表"菜单中的"快速报表"选项，将 STU 表添加进来，出现"快速报表"对话框，如图 12-26 所示。

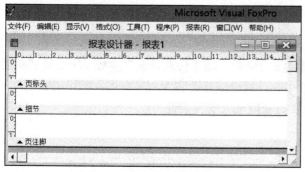

图 12-25　"报表设计器"界面

图 12-26　"快速报表"对话框

在"快速报表"窗口中，字段布局分为横排格式和竖排格式。这两种格式是以按钮方式设计的，单击某个按钮就选择了相应的格式。这里使用横排格式。

在窗口的下面有 3 个复选框。

· "标题"：将字段标题取出来放置到报表中。

· "添加别名"：在使用每个字段时，自动使用别名。

· "将表添加到数据环境中"：自动创建该报表的数据环境对象。

本例选中 3 个复选框。如果希望使用表中的一些字段，则单击"字段"按钮，将出现"字段选择器"对话框，在该对话框中可以选择数据库中已经打开的各个表，然后选择表中某些字段或全部字段。

（3）单击"确定"按钮，完成报表的快速创建，将出现如图 12-27 所示的结果。完成这些操作便得到初始的报表格式。在初始报表格式中，将字段名放在"页标头"中，将各字段变量名放在"细节"中，如图 12-27 所示。

（4）单击"预览"按钮，结果如图 12-28 所示。最后保存即可。

一般来说，使用"快速报表"生成的报表只能用作"草稿"，还需要在"报表设计器"中进行修改，最后设计出满足自己或用户要求的报表。这些内容将在"报表设计器"中介绍。

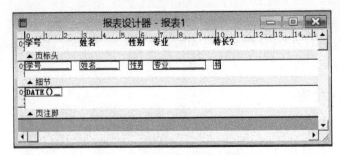

图 12-27　快速报表设计结果

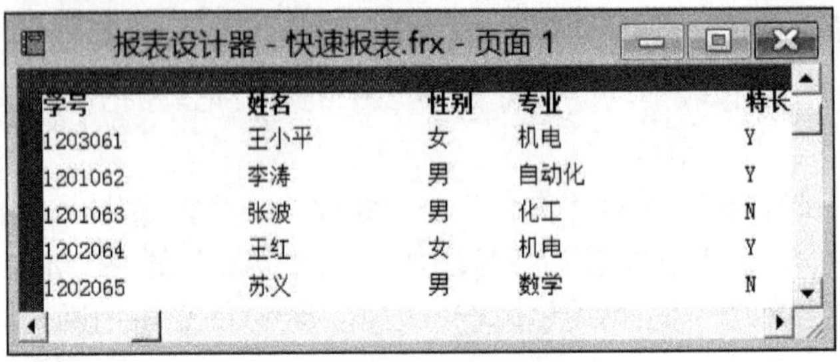

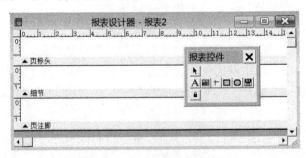

图 12-28　产生的报表

12.2　报表设计器

如果已有一个空白报表，或者已通过"报表向导"或"快速报表"生成了一个模式化的简单报表，下一步就可以在"报表设计器"中打开报表来修改和定制其布局。使用 VFP 的"报表设计器"可在格式编排、打印和总结数据时获取最大的灵活性。

12.2.1　报表设计器

1. 启动"报表设计器"

采用以下方法之一，均可启动"报表设计器"。
方法 1：选择"文件"菜单→"新建"→"报表"→"新建文件"命令。
方法 2：CREATE REPORT 命令，或者 MODIFY REPORT 命令。
启动"报表设计器"后，界面如图 12-29 所示。

图 12-29　"报表设计器"界面

2. "报表设计器"中的带区

报表中的每个白色区域，称为"带区"。它可以包含文本、来自表字段中的数据、计算值、用户自定义函数以及图片、线条和边框等。报表上可有各种不同类型的带区。

每个带区底部的灰色条称为分隔符栏。带区名称显示于靠近蓝箭头的栏，蓝箭头指示该带区位于栏之上，而不是之下。

如图 12-29 所示，在新创建的"报表设计器"中，只包含了"页标头"、"细节"、"页注脚" 3 个带区。如果需要，可以增加其他带区。

带区的作用是控制数据在页面上的打印位置的。表 12-2 列出了"报表设计器"中可以使用的各种带区及其作用。

表 12-2　带区及其作用

带区	作　用	添加或删除带区的方法
标题	每张报表开头打印一次	选择"报表"菜单→"标题/总结"
页标头	每页打印一次	默认
列标头	分栏时，每栏开头打印一次	选择"文件"菜单→"页面设置"，设置"列-列数">1
组标头	分组时，每组开头打印一次	选择"报表"菜单→"数据分组"
细节	每个记录打印一次	默认
组注脚	分组时，每组尾部打印一次	选择"报表"菜单→"数据分组"
列注脚	分栏时，每栏尾部打印一次	选择"文件"菜单→"页面设置"，设置"列-列数">1
页注脚	每个页面底部打印一次	默认
总结	每张报表最后一页打印一次	选择"报表"菜单→"标题/总结"带区

其中，"页标头"、"细节"、"页注脚" 3 个带区是"报表设计器"窗口中的基本带区，若要增加其他带区，可以采用以下一些方法。

（1）增加"标题"或"总结"带区的方法：选择"报表"菜单中的"标题/总结"，出现如图 12-30 所示的对话框。选择要增加的带区，结果如图 12-31 所示。用同样的方法，可以删除增加的"标题"或"总结"带区。

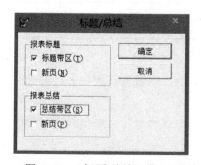

图 12-30　"标题/总结"带区对话框

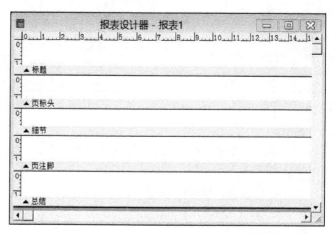

图 12-31　增加了"标题/总结"带区后的报表设计器

（2）增加"组标头"和"组注脚"带区方法：选择"报表"菜单中的"数据分组"，出现如图 12-32 所示的对话框。指定分组表达式创建分组报表时，可增加"组标头"和"组注脚"带区。

（3）增加"列标头"和"列注脚"带区方法：选择"文件"菜单中的"页面设置"，出现如图 12-33 所示的对话框。指定报表的列数创建多栏报表时，可增加"列标头"和"列注脚"带区。

图 12-32 "数据分组"对话框

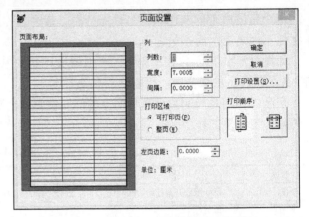

图 12-33 "页面设置"对话框

12.2.2 报表设计器中控件的使用

图 12-34 "报表控件"工具栏

可以使用"报表控件"工具栏在报表或标签上创建控件,"报表控件"工具栏如图 12-34 所示。工具栏中的工具从左往右分别是:选定对象、标签、域控件、线条、矩形、圆角矩形、图片/OLE 绑定控件、按钮锁定。工具栏中的各个工具的功能如表 12-3 所示。

表 12-3　报表控件工具栏中说明

按钮名称	说　　明
选定对象	选定、移动或更改控件的大小
标签	创建不希望用户改动的文本,如标题、说明性文字
字段(域控件)	用于显示字段、内存变量或其他表达式的内容
线条	添加水平或垂直的线段
矩形	添加矩形
圆角矩形	添加圆、椭圆和圆角矩形
图片/OLE 绑定控件	添加图片或者通用型字段的内容
按钮锁定	锁定控件按钮,方便添加多个同种类型控件的操作

说明:

(1) 单击需要的控件按钮,把鼠标指针移到报表上,然后单击报表来放置控件,并把控件调到适当大小。

(2) 在报表上设置控件以后,可以双击报表上的这个控件,显示一个对话框设置,修改其属性。

1. 标签控件

标签控件用于在报表中添加标题或说明性的文字。选定后,在报表的相应区域中单击,将出现一个闪烁的插入点,即可输入文字内容。使用"格式"菜单,可以对文字进行排版。

2. 线条、矩形与圆角矩形

选定后,在报表的相应区域中拖动,即可在报表内生成相应尺寸的线条或图形。使用"格式"菜单,可以对线条或图形进行排版。

3. 域控件(需要与数据源关联)

在报表中添加域控件的作用：可以实现将变量(字段变量或内存变量)或表达式的计算结果显示在报表中。

添加域控件的方法如下。

方法 1：在数据环境中，将字段直接拖到"报表设计器"中，将自动生成对应的域控件。

方法 2：从"报表控件"工具栏中选定域控件，在报表的相应区域中单击，将会弹出一个如图 12-35 所示的"报表表达式"对话框。此时，在该对话框的"表达式"文本框中输入相关的字段名即可。

说明：如果在该对话框的"表达式"文本框中输入的字段名是可计算的字段，那么可以单击该对话框的"计算"按钮，将出现如图 12-36 所示的界面，来为表达式选择一种计算方式。

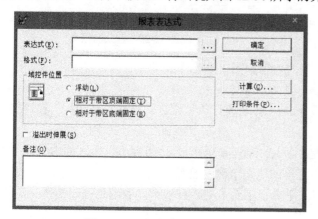

图 12-35 "报表表达式"对话框

图 12-36 "计算字段"对话框

12.3 常用报表设计示例

使用"报表设计器"可以根据需要设计出各种报表，这一节将通过几个实例加以说明。

例 12.4 设计带标题的报表。在例 12.3 创建的快速报表的基础上，添加标题，设计一个带有报表标题的学生基本信息报表。

操作步骤如下：

(1) 打开例 12.3 创建的快速报表"快速报表.frx"，如图 12-37 所示。

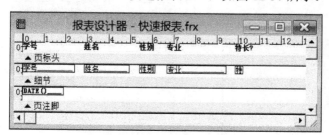

图 12-37 已创建的快速报表

(2) 增加"标题"带区：选择"报表"菜单中的"标题/总结"，在出现的对话框中，选择增加的"标题"带区。"标题"带区将出现在窗口的顶部。

(3) 拖动带区的标识栏，调整各带区的高度。

（4）用"标签"控件往"标题"带区中添加文字"学生基本信息"，并排版，然后将文字拖动到带区的中央区域。用"线条"控件往标题下面加两条线条，如图12-38所示。

（5）"打印预览"的结果如图12-39。预览完后保存。

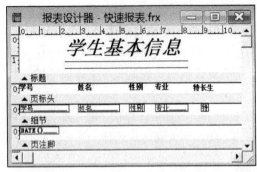

图 12-38　"标题"带区的排版效果

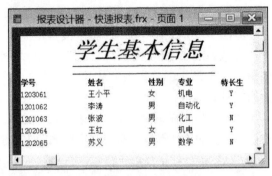

图 12-39　产生的报表

例 12.5 有一个数据表 order_list，表的内容如图12-40所示。

使用"报表设计器"建立一个报表，具体要求如下：

（1）报表的内容（"细节"带区）是 order_list 表的订单号、订购日期和总金额；在"页标头"带区分别添加订单号、订购日期、总金额字符，并与"细节"带区的字段对齐。

（2）增加数据分组，分组表达式是"order_list.客户号"，"组标头"带区的内容是"客户号"，"组注脚"带区的内容是该组订单的"总金额"合计。

（3）增加"标题"带区，标题是"订单分组汇总表（按客户）"，要求是：三号字、黑体，括号是全角符号。

（4）增加"总结"带区，该带区的内容是所有订单的总金额合计。最后将建立的报表文件保存为 report1.frx 文件。

操作步骤如下：

本题要用到数据分组，所以要对表按分组字段（客户号）进行索引。

（1）在"报表设计器"中，按"客户号"建立一个普通索引。

（2）在命令窗口输入命令：CREATE REPORT1，打开"报表设计器"。

（3）在数据环境中，将 order_list 表添加到数据环境中。

（4）将订单号、订购日期和总金额 3 个字段拖动到"细节"带区，结果如图12-41所示。

图 12-40　order_list 表的内容

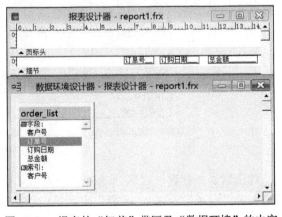

图 12-41　报表的"细节"带区及"数据环境"的内容

（5）用"报表控件"工具栏中的标签控件在"页标头"带区中分别添加"订单号"、"订购日期"、"总金额"字符标头，并与"细节"带区的字段对齐。

（6）选择"报表"菜单→"数据分组"，在分组表达式中输入"order_list.客户号"。

（7）在数据环境中，将"客户号"拖到"组标头"带区，并使用"报表控件"工具栏中的标签控件，在"客户号"字段的前面添加一个"客户号"标签。以同样的方法，在"组注脚"带区完成"总金额"的添加。

（8）双击域控件"总金额"，出现图 12-42 所示的界面。单击"计算"，在出现的如图 12-43 所示的界面中，选择"总和"。

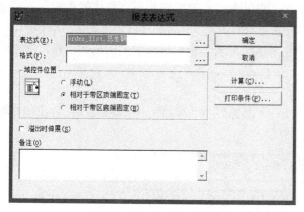

图 12-42　报表表达式对话框

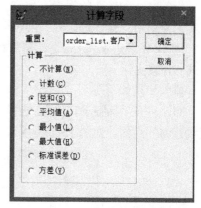

图 12-43　计算字段对话框

（9）选择"报表"菜单→"标题/总结"，为报表添加"标题"及"总结"带区；使用标签控件，为"标题"带区添加"订单分组汇总表(按客户)"文字，并按要求排版。

（10）使用标签控件为"总结"带区添加一个标签"总金额合计"；再添加一个域控件，在图 12-42 所示界面中，设置表达式为"order_list.总金额"，单击"计算"，在图 12-43 的界面中，选择"总和"。最后将建立的报表文件保存为 report1.frx 文件。

设计的报表如图 12-44 所示。运行报表的结果如图 12-45 所示。

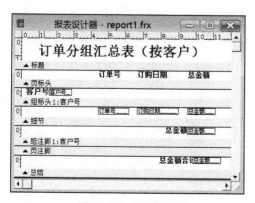

图 12-44　设计的报表

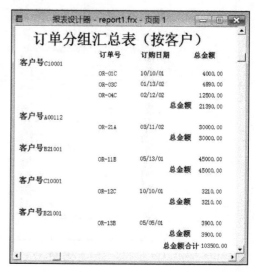

图 12-45　运行的报表

12.4 标 签 设 计

在前面的学习中已经介绍了用"报表设计器"设计报表,"标签设计器"和"报表设计器"很相像。它们使用相同的菜单和工具栏,甚至有的界面连名称都一样,主要的不同是"标签设计器"基于所选标签的大小自动定义页面和列。

若要快速创建一个简单的标签布局,可以像"报表设计器"中那样在"报表"菜单中选择"快速报表"命令。"快速报表"提示输入创建标签所需的字段和布局。

标签是一种特殊的报表,但和报表相比,它又有特殊的功能和不可替代的作用。下面通过实例介绍用"标签设计器"创建标签的方法与步骤。

例 12.6 使用"标签设计器"将"学生基本情况表"中的每个学生的基本信息以标签的形式打印输出。

操作步骤如下:

(1) 打开"标签设计器"。选择"文件"→"新建"→"标签"→"新建文件",出现"标签设计器"界面,如图 12-46 所示。

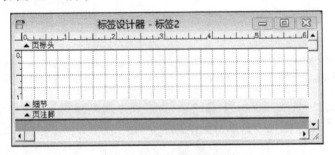

图 12-46　标签设计器界面

(2) 页面设置。选择"文件"→"页面设置",出现"页面设置"对话框,如图 12-47 所示。设置列数为 3;其他默认,结果如图 12-47 所示。

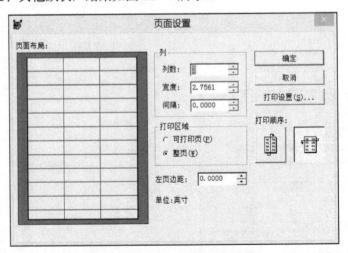

图 12-47　"页面设置"对话框

(3) 指定数据源。将"学生基本情况"表添加到"数据环境"中,如图 12-48 所示。

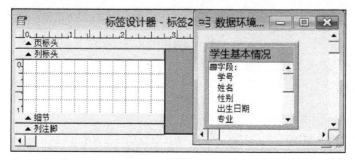

图 12-48 数据环境设计器

（4）添加控件。从"数据环境设计器"窗口中，把要在标签中输出的表中的有关字段拖动到"标签设计器"窗口的"细节"带区内，自动生成对应的字段域控件，并调整位置及大小，如图 12-49 所示。

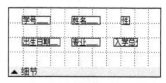

图 12-49 "细节"带区内容

（5）使用"圆角矩形"控件，在"细节"带区各控件的周围画一个边框。在"页标头"带区中添加一个"标签"控件，输入文字"学生基本情况"，并排版，完成结果如图 12-50 所示。

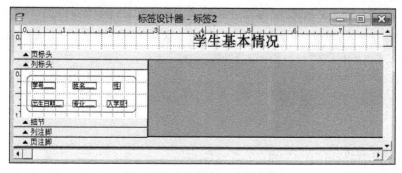

图 12-50 "标签设计器"界面

（6）单击"预览"按钮，结果如图 12-51 所示。最后保存为"标签 1.LBX"文件。

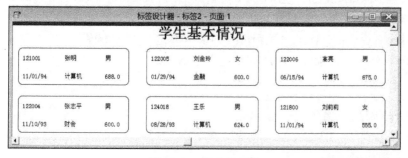

图 12-51 产生的标签

通过本例题，可以看到"标签设计器"窗口与"报表设计器"窗口完全相同。实际上，它们的设计、修改、预览、打印等操作方法也完全相同。

本章介绍了报表和标签的建立和使用方法，它们都可通过向导或相应的设计器建立。虽然报表和标签设计的主要内容是布局设计，但数据环境的设置也非常重要，因为数据环境为报表和标签提供了数据源。

习 题 12

1. 单项选择题

(1) 在 Visual FoxPro 中，报表的数据源可以是_____。

    A. 自由表和其他报表   B. 数据库表和表单

    C. 查询和菜单   D. 自由表、数据库表、查询和视图

(2) 在"报表设计器"中设计报表时，可以使用的控件包括_____。

    A. 域控件和线条   B. 标签、域控件和列表框

    C. 标签、文本框和列表框   D. 布局与数据源

(3) "报表设计器"窗口中默认的带区不包括_____。

    A. 页标头带区   B. 页注脚带区

    C. 细节带区   D. 标题带区

(4) 在创建快速报表时，基本带区包括_____。

    A. 标题、细节和总结   B. 页标头、细节和页注脚

    C. 组标头、细节和组注脚   D. 报表标题、细节和页注脚

(5) 如果要创建一个数据组分组报表，第一个分组表达式是"部门"，第二个分组表达式是"性别"，第三个分组表达式是"基本工资"，当前索引的索引表达式应当是_____。

    A. 部门+性别+基本工资   B. 部门+性别+STR(基本工资)

    C. STR(基本工资)+性别+部门   D. 性别+部门+STR(基本工资)

2. 填空题

(1) VFP 报表的创建主要包括两方面的工作，即设定_____和设计_____。

(2) 在使用向导创建报表时，"向导选取"对话框中的"报表向导"选项用于_____，而"一对多报表向导"选项用于_____。

(3) 创建分组报表需要按_____进行索引或排序，否则不能确保正确分组。如果已经对报表进行了数据分组，则此报表会自动包含_____和_____带区。

(4) 多栏报表的栏目数可以通过"页面设置"对话框中的_____来设置。

(5) 报表可以在打印机上输出，也可以通过_____浏览。

3. 简答题

(1) VFP 报表带区的种类有哪些？有何区别？

(2) 利用"报表控件"工具栏可以添加哪些对象？

(3) 简述设置报表数据环境的步骤。

(4) 如何向报表中添加字段控件？

(5) 如何使用"标签设计器"将表中的每个字段以标签的形式打印输出？

4. 设计题

(1) 先创建一个销售统计数据表，然后设计一个带标题和表格线的报表，打印输出该数据表中各个记录的内容。要求在报表的每一页上方打印当前日期，在每一页的下方打印页码。

（2）先创建一个图书信息表，然后调用"标签设计器"，用以实现将每本图书的有关信息以图书卡片的形式打印输出。

（3）使用"报表向导"对"学生情况.dbf"表创建报表，要求如下：显示所有字段，按专业分组，计算助学金的平均值和最大值，使用"经营式"外观，纵向布局，按学号排序。

（4）用"报表向导"设计报表，以行布局方式输出个表中每一个学生的课程情况，输出时要求按学生成绩从高到低顺序排列。

（5）使用"学生基本情况表"，用"报表向导"设计生成报表。要求报表输出学号、姓名、专业和入学总分，并在"总结"带区对入学总分求和，报表纵向输出。

参 考 文 献

范立南，张宇，王立武等．2007．Visual FoxPro 程序设计与应用教程．北京：科学出版社

范立南，张宇．2004．Visual FoxPro 程序设计与应用．北京：电子工业出版社

高怡新．2006．Visual FoxPro 程序设计．2 版．北京：人民邮电出版社

郭力平，雷东升，冷永杰等．2007．数据库技术与应用：Visual FoxPro．北京：人民邮电出版社

何玉洁．2007．数据库原理与应用．北京：人民邮电出版社

李春葆．2008．Visual FoxPro 程序设计．2 版．北京：清华大学出版社

刘海莎，陈娟，银红霞．2008．Visual FoxPro 程序设计实践教程．2 版．北京：人民邮电出版社

苗雪兰，宋歌．2009．数据库原理与应用技术．北京：电子工业出版社

萨师煊，王珊．2000．数据库系统概论．3 版．北京：高等教育出版社

申时凯，李海雁．2008．数据库应用技术（SQL Server 2005）．2 版．北京：中国铁道出版社

肖金秀，招华全．2006．Visual FoxPro 9.0 程序设计与实例教程．北京：冶金工业出版社

谢维成．2005．Visual FoxPro 8.0 实用教程．北京：清华大学出版社

余坚．2007．Visual FoxPro 程序设计实验与学习指导．北京：清华大学出版社

訾秀玲，于宁．2010．Visual FoxPro 数据库应用技术．2 版．北京：中国铁道出版社

Connolly T M，Begg C E．2006．数据库设计教程．何玉洁，黄婷儿等译．北京：机械工业出版社

Elmasi R，Navathe S B．2002．数据库系统基础．3 版．邵佩英，张坤龙等译．北京：人民邮电出版社